普通高等教育机电类系列教材

电 工 学

（上册：电工技术）

主　编　张继和
副主编　邵力耕　孙艳霞
参　编　付艳萍　张丽芳　黄艳玲　刘　洋

U0380572

机 械 工 业 出 版 社

本书介绍了电路的基本概念与基本定律、电路的分析方法、电路暂态分析、正弦交流电路、三相交流电路、磁路与变压器、交流电动机、直流电机与控制电机、继电接触器控制系统和可编程控制器等内容。

　　本书适用于高等学校机械类和近机械类相关本科专业的电工技术课程。根据具体专业人才培养目标及对电工技术知识的需求，教学内容可以进行适当取舍。建议授课学时为 48~64 学时，另外开设 16 学时的独立实验课程。

图书在版编目（CIP）数据

电工学．上册，电工技术／张继和主编．—北京：机械工业出版社，2022.5（2025.1 重印）

普通高等教育机电类系列教材

ISBN 978-7-111-70669-4

Ⅰ.①电…　Ⅱ.①张…　Ⅲ.①电工学-高等学校-教材 ②电工技术-高等学校-教材　Ⅳ.①TM

中国版本图书馆 CIP 数据核字（2022）第 073555 号

机械工业出版社（北京市百万庄大街 22 号　邮政编码 100037）
策划编辑：王玉鑫　　　　　　责任编辑：王玉鑫　周海越
责任校对：张晓蓉　李　婷　封面设计：张　静
责任印制：张　博
北京雁林吉兆印刷有限公司印刷
2025 年 1 月第 1 版第 3 次印刷
184mm×260mm · 14 印张 · 346 千字
标准书号：ISBN 978-7-111-70669-4
定价：39.80 元

电话服务　　　　　　　　　　网络服务
客服电话：010-88361066　　　机　工　官　网：www.cmpbook.com
　　　　　010-88379833　　　机　工　官　博：weibo.com/cmp1952
　　　　　010-68326294　　　金　书　网：www.golden-book.com
封底无防伪标均为盗版　　　机工教育服务网：www.cmpedu.com

前　　言

　　根据国家经济、社会发展对各类专业人才需求的变化，"十三五"期间教育部各专业教学指导委员会结合本专业教学改革实际情况，以及相关行业对本专业人才知识和能力结构的要求，重新研究制定了各专业的培养目标、培养规格和课程体系设计规范。根据教育部《普通高等学校本科专业目录和专业介绍》中机械类专业和近机械类专业人才培养要求的新标准，针对相应专业对电工、电子技术知识的不同需要确定的本书编写的指导原则为：面向培养应用型人才的省属一般高等学校，适应其相关专业的教学要求，理论知识力求简化，以需要为原则，突出实践知识和应用技术。

　　电气信息工程学覆盖的知识面很宽，主要由电路理论、电工技术和电子技术三大部分组成。电路理论是电工技术和电子技术的基础，知识内容是经典不变的。电工技术是处理强电问题的知识和方法，虽然比较成熟，但近年来发展了许多应用技术。因此，本书加强了电工应用技术和可编程序控制器的内容。电子技术知识还处在不断发展的时期，技术应用发展较快，生产实际应用面很广。因此，在编写下册时，考虑了不同专业对电子技术的不同要求，内容进行了适当的扩展。

　　在保证知识体系连贯性的前提下，本书淡化了知识的理论性，强调了知识的应用性。叙述知识时尽量与实际应用相结合，从有效使用出发，以对电工、电子技术知识的需要为依据进行编写。本书整体上体现了知识的系统连贯性和实用性，有利于教师的教学和学生的课后学习。本书中加"＊"的内容为理论上加深的内容，可以选学；加"△"的内容可根据专业的不同选学。本书选设了较多的典型例题，精心设计了习题，既设计了基本概念题，又有综合分析计算题，努力通过习题引导学生学习理论知识。

　　本书配有整套多媒体课件，以方便教师备课；对主要知识点和典型例题制作微课120个，为学生课后自主学习提供了丰富的线上教学课程资源。

　　本书由大连交通大学张继和任主编，邵力耕和孙艳霞任副主编。第1、2章由付艳萍编写；第3章由张丽芳编写；第4、5章由邵力耕编写；第6、7章由孙艳霞编写；第8章由黄艳玲编写；第9章由张继和编写；第10章由刘洋编写。刘洋负责上册视频制作，付艳萍负责上册课件制作。

　　由于编者水平有限，本书难免有不足之处，恳请读者提出宝贵意见，以便修订完善。

编　　者

目　　录

第1章

电路的基本概念与基本定律

电（electricity）给人类社会带来光明、提供动力、传递信息，创造社会财富，体现人类文明。电路作为人们利用电能的主要载体，其基本概念是伴随着电路的发展而逐步形成的。

本章主要介绍电路模型、电路的基本物理量、电路元件、电路的工作状态和基尔霍夫定律等，这些是分析与计算电路的基础。

1.1 电路的构成与作用

1.1.1 电路的构成

电路（electric circuit）是电流的通路。实际电路是根据某种需要，由若干电气设备（electric equipment）或元器件以一定方式连接而成的。因为需要实现各种不同的功能，所以电路的结构形式是多种多样的。但是，无论多么复杂的电路，主要由三部分组成：电源（power supply/source）、负载（load）和中间控制环节。

电源是提供电能（electric energy）的设备，负载是吸收或转换电能的设备，中间控制环节是控制电能传输和分配的设备。

在图 1.1 中，发电机（generator）是电源，它把热能、动能或核能等转换为电能，提供给负载。电灯、电炉和电动机等是负载，它们分别把电能转换为光能、热能和机械能等其他形式的能量。开关（switch）、继电器（relay）、变压器（transformer）和输电线是中间控制环节，按照需要将电能安全地传输、分配给用电设备。

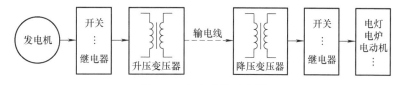

图 1.1 电力系统示意图

1.1.2 电路的作用

电路可以实现不同的功能，按作用不同可分为两大类：

一类是实现电能的传输和转换。在图 1.1 所示的电力系统示意图中，由发电机、变压器、控制设备及输电线等组成的电路，将发电机发出的电能，输送给各用电设备，并将电能分别转换成光能、热能和机械能等。

另一类是实现信号的传递和处理。在图 1.2 所示的电视机电路结构示意图中，将电视机接收的载有图像和声音的高频电视信号，通过高频电路、高放混频电路、中频解调电路进行放大和解调处理，再进行视频和音频放大，最后分别输出到显示器、扬声器。

图 1.2　电视机电路结构示意图

1.1.3　电路模型

实际电路都是按照需要设计的，由不同的元器件构成。为了便于对实际电路进行数学描述和分析，将实际元器件理想化。即在一定条件下，只考虑实际电路元件（电气设备）的主要电磁性能，忽略次要因素，近似地用理想电路元件来描述。例如，电炉可以只考虑它的电阻性，忽略其电感性和电容性，仅用理想电阻来描述它即可。

理想电路元件主要有理想电阻、理想电感、理想电容和理想电源等（理想两字常略去不写）。这些元件可以分别由相应的性能参数表征。

用理想电路元件代替实际电路中的元器件，以描述实际电路的主要电磁性能，就构成了实际电路的电路模型（circuit model）。

例如，常用的充电手电筒，实际电路由充电电池、LED 灯泡、开关和导线组成，其电路模型如图 1.3 所示。LED 灯泡是电阻元件，其参数为电阻 R；充电电池是电源元件，其参数为电动势 E 和内阻 R_0；导线和开关（电阻忽略不计）是连接电池和灯泡的中间环节。

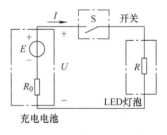

虽然实际电路多种多样，结构也比较复杂，但都可以用由理想电路元件组成的电路模型来描述。下文分析的都是电路模型，简称电路。在电路图中，各种电路元件用其图形符号表示。

图 1.3　手电筒的电路模型

把电路中电源（或信号源）的电动势或电激流称为电路的激励（excitation），而电路中的电压和电流称为电路的响应（response）。已知电路的激励求响应，称为电路分析（circuit analysis）。

1.2　电路的基本物理量

1.2.1　电流

电路中的基本物理量

电荷（electric charge）的定向移动形成电流（current），规定正电荷运动的方向为电流的实际方向。电流的大小用电流强度来描述。

电流是单位时间内通过某一导体（conductor）截面的电量。电流的国际单位是安培（A），电流较小时一般用毫安（mA）或微安（μA）作单位。

$$1A = 1 \times 10^3 mA = 1 \times 10^6 \mu A$$

图 1.3 中的手电筒电路是最简单的直流电路（direct current circuit），电路中电流的实际方向很容易判断：从电源的正极流出，经过灯泡流回电源的负极。

在复杂电路中，电流的方向不易判断，如图 1.4 所示。因此在分析和计算电路时，需要先假定电流的参考方向（reference direction），然后计算电流。有了参考方向，电流的计算结果就有正负之分：若电流的参考方向与实际方向一致，结果为正值；若电流的参考方向与实际方向相反，结果为负值。

若是交流电路，电流的大小和方向均随时间变化，是时间的函数。如果用一个函数表达式来表示电路中的电流，比如 $i = I_m \sin\omega t$，则这个电流有时为正，有时为负。为使该电流的正负有意义，必须先假定电流的参考方向。

综上所述，电流的参考方向就是事先假定一个方向为电流的正方向，故参考方向又称正方向。

电流的参考方向用箭头（或双下标）表示，如图 1.5 所示。

在图 1.6 中，在选定的参考方向下，电流的实际方向用虚线表示，则图 1.6a 中 $I = 3A$，图 1.6b 中 $I = -3A$，图 1.6c、d 中，在选定的参考方向下，电流的正负就代表了实际方向与参考方向相同与否。

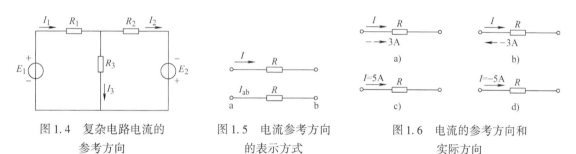

图 1.4 复杂电路电流的　　　图 1.5 电流参考方向　　　图 1.6 电流的参考方向和
　　　参考方向　　　　　　　　的表示方式　　　　　　　　实际方向

下文电路图中的电流方向都是参考方向。分析电路的电流时，需要事先规定电流的参考方向。

1.2.2 电压

电压（voltage）是衡量电场力对正电荷做功能力的物理量。a、b 两点之间的电压 U_{ab} 等于把单位正电荷从 a 点移动到 b 点电场力所做的功（work）。若电场力做正功，则 U_{ab} 为正，否则 U_{ab} 为负。电压的实际方向为电场力的方向。

电压的国际单位为伏特（V），单位还有千伏（kV）和毫伏（mV）。

$$1kV = 1 \times 10^3 V = 1 \times 10^6 mV$$

电压的参考方向用"＋""－"表示（"＋"表示高电位端、"－"表示低电位端），也可用箭头或者双下标来表示，如图 1.7 所示。

若电压的参考方向与实际方向相同，则电压为正；若电压的参考方向与实际方向相反，则电压为负。

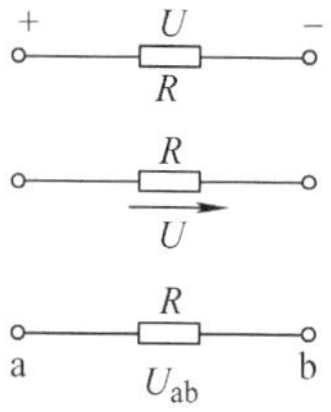

图 1.7 电压的参考方向

图 1.8a、b 虚线箭头为电压的实际方向，根据实际方向与参考方向的关系，得出电压的正负，或者在参考方向已知的前提下，根据电压的正负，确定电压的实际方向，如图 1.8c、d 所示。

$U_{ab} = -U_{ba}$，即在相反参考方向下，所得的数值的正负号应该相反。

可见电压的正负与参考方向相关，所以在计算电压时，也要先设定电压的参考方向，然后进行计算。

电路中负载两端的电压与流过负载的电流的方向总是相同的，因而一般将负载上电压与电流的参考方向设为一致，称为关联定向或相关定向。图 1.9a、b 中电压与电流的参考方向为相关定向，图 1.9c、d 中为非相关定向。

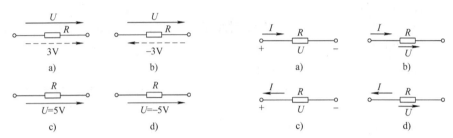

图 1.8　电压的参考方向和实际方向　　　　图 1.9　相关定向与非相关定向

1.2.3　电位

电路中某点电位（electric potential）等于将单位正电荷从该点移动到参考点，电场力所做的功（work）。从概念上来讲电位和电压是相同的，区别在于电压的两点是任意的，而电位的两点中有一个特殊点——参考点。参考点的电位是确定的，一般规定为零，所以也称作零电位参考点。电位是相对的，零电位参考点选取不同，则同一点的电位也不同。电位的方向始终指向零电位参考点，若指向与电场力方向相同，则电位为正，否则为负。所以，沿电场力方向是电位降落的方向。

电位的单位与电压相同，也是伏特（V）。

理论上，可以选择大地作零电位参考点。电路分析时，一般选择电路元件的公共连接点作为零电位参考点。参考点用零电位符号"⊥"表示。电位用符号 V 加下标表示，如图 1.10 所示，c 点为参考点，$V_c = 0$，a 点的电位记为 V_a，b 点的电位记为 V_b。

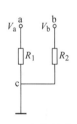

电压可以表示为两点之间的电位差（potential difference），如图 1.10 中 a 点到 b 点的电压为 $U_{ab} = V_a - V_b$。

参考点变化，电路中某点的电位就变化，而电路中两点间电压却不受其影响。所以，电位是相对的，电压是绝对的。

图 1.10　电位的参考点

1.2.4　电动势

电动势（electromotive force）是衡量电源力移动正电荷的做功能力的物理量。电源力（非电场力）对正电荷做功，使正电荷从低电位移动到高电位。因而，规定电动势的实际方向为电源力的方向，即由低电位指向高电位（与电场力的方向相反）。电动势 E_{ab} 的大小等于把单位正电荷从 a 点移动到 b 点电源力所做的功。电动势的单位也为伏特（V）。

在分析计算电路时，要先假定电源电动势的参考方向。若电动势的实际方向与参考方向相同，则结果为正值；若电动势的实际方向与参考方向相反，则结果为负值。电动势参考方向的表示方法和电压相同：双下标、箭头或正负极性，常用的是正负极性表示法，如图 1.11 所示。

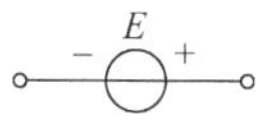

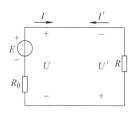

图 1.11　电动势参考方向的表示方法

【例 1.1】　在图 1.12 所示电路中，已知 $E > 0$，电阻 R 两端的电压为 2.8V，通过的电流为 0.28A，求在不同参考方向下电压、电流的值。

【解】　在电路图 1.12 上所标的电流、电压和电动势的方向，都是参考方向。

电压 U 的参考方向与实际方向一致，为正值，$U = 2.8V$。

电压 U' 的参考方向与实际方向相反，为负值，$U' = -2.8V$。

电流 I 的参考方向与实际方向一致，为正值，$I = 0.28A$。

电流 I' 的参考方向与实际方向相反，为负值，$I' = -0.28A$。

图 1.12　例 1.1 电路

注意：为了便于电路分析和计算，电流、电压和电动势假定的参考方向尽量与实际方向一致。

电动势的参考方向，无论用双下标表示，还是用箭头表示，都是由低电位指向高电位，所以与相同下标或者箭头方向的电压值相反，而用正负极性表示时，电动势和电压的正负极性没有区别。

1.2.5　功率与能量

在电场中，功率（power）是指单位时间内电场力所做的功，用 P 表示。电场力做正功，消耗或吸收电能（把电能转化为其他形式的能），$P > 0$；电场力做负功，产生或释放电能（由其他形式的能转化为电能），$P < 0$。

$$P = UI \qquad （关联参考方向）\qquad (1.1)$$

$$P = -UI \qquad （非关联参考方向）\qquad (1.2)$$

功率的国际单位为瓦特（W），小数量级有毫瓦（mW），大数量级有千瓦（kW）和兆瓦（MW）等。

$$1MW = 1 \times 10^3 kW = 1 \times 10^6 W = 1 \times 10^9 mW$$

电路中电源一般产生电能，而负载消耗电能，并且电源产生电能的多少由负载消耗的电能决定。所以电路中产生的功率必然和消耗的功率相等，即功率平衡。

电路中负载的大小，指的是负载功率的大小。

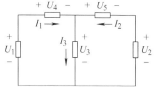

图 1.13　例 1.2 电路

【例 1.2】　在图 1.13 所示电路中，已知 $I_1 = 5A$，$I_2 = -3A$，$I_3 = 2A$，$U_1 = 35V$，$U_2 = -10V$，$U_3 = 15V$，$U_4 = 20V$，$U_5 = 25V$，求各元件消耗的功率，判断其在电路中的作用，并校验功率平衡。

【解】

$$P_1 = -U_1 I_1 = -35 \times 5W = -175W < 0（电源）$$

$$P_2 = -U_2 I_2 = -(-10) \times (-3)W = -30W < 0（电源）$$

$$P_3 = U_3 I_3 = 15 \times 2W = 30W > 0（负载）$$

$$P_4 = U_4 I_1 = 20 \times 5W = 100W > 0（负载）$$

$$P_5 = -U_5 I_2 = -25 \times (-3)W = 75W > 0（负载）$$

$P_1 + P_2 + P_3 + P_4 + P_5 = 0$，所以功率平衡。

【例 1.3】 A、B、C 三个电路元件如图 1.14 所示。如果电路元件是电池，它在电路中的作用是电源还是负载？并计算各电路元件的功率。

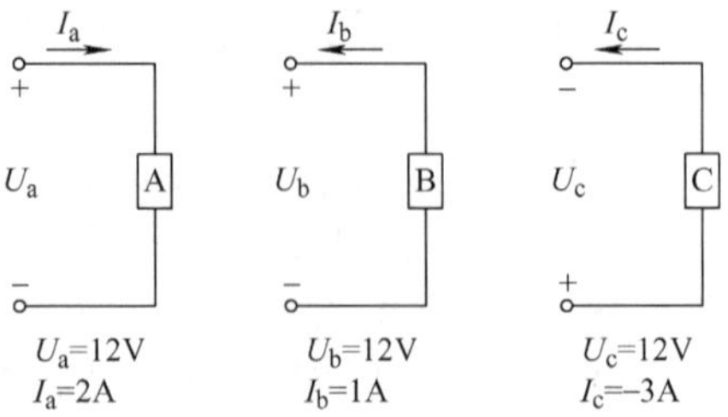

【解】 对电路元件 A，电流、电压关联参考方向，则

$$P_a = U_a I_a = 12 \times 2W = 24W > 0 \,(负载)$$

对电路元件 B，电流、电压非关联参考方向，则

$$P_b = -U_b I_b = -12 \times 1W = -12W < 0 \,(电源)$$

对电路元件 C，电压、电流关联参考方向，则

$$P_c = U_c I_c = 12 \times (-3)W = -36W < 0 \,(电源)$$

图 1.14　例 1.3 电路

能量（energy）即电能，如果用电场力做功来定义，就是在一定时间内，电场力所做功的总和，即功率在时间域内的积分。

$$W = \int p \mathrm{d}t$$

电能的国际单位为焦耳（J），1 焦耳等于 1 瓦秒（W·s），日常电能计量单位是千瓦时（kW·h）。

$$1kW \cdot h = 3.6 \times 10^6 J$$

电路分析主要是计算电路中的各种物理量，包括电位、电压、电流、功率和电能等。

1.3　基本电路元件

基本电路元件（electric element）是从实际电路元件中抽象而来的理想电路元件：有电阻、电感、电容和电源四种。

1.3.1　电阻

1. 电压和电流的关系

电流通过电阻（resistance）时受到阻碍，沿电流方向产生电压降。假设 u 和 i 的参考方向相同（关联参考方向），如图 1.15 所示，根据欧姆定律得出

$$u = iR \qquad (1.3)$$

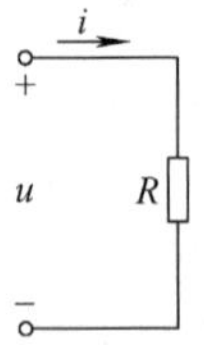

电阻元件的参数称为电阻，一般用 R 表示，它描述了材料对电流具有阻碍作用的物理性质。电阻的国际单位是欧姆（Ω）。计量高电阻时，常以千欧（kΩ）或兆欧（MΩ）为单位。

$$1M\Omega = 1 \times 10^3 k\Omega = 1 \times 10^6 \Omega$$

若电阻 R 为一常数，其两端电压与流过的电流成正比，称为线性电阻（linear resistance），否则就是非线性电阻。线性电阻的伏安特性（voltage-current characteristic）曲线是一条经过坐标原点的直线，如图 1.16 所示。

导体电阻值 R，与长度 l 成正比、与截面积 S 成反比。电阻率为

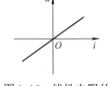

电路与电路元件

图 1.15　电阻元件

图 1.16　线性电阻的伏安特性曲线

ρ 的导体电阻为

$$R = \rho \frac{l}{S}$$

导体的电阻率 ρ 与导体材料的物理性质有关。

2. 功率和能量

关联参考方向下，电阻所消耗的功率为

$$p = ui \text{ 或 } p = i^2 R = \frac{u^2}{R} \tag{1.4}$$

非关联参考方向下，电阻所消耗的功率为

$$p = -ui = -(-iR)i = i^2 R = \frac{u^2}{R}$$

将功率对时间 t 积分，则得电阻上消耗的电能为

$$W = \int_0^t ui\mathrm{d}t = \int_0^t i^2 R\mathrm{d}t \tag{1.5}$$

电阻上消耗的能量总是大于或等于零，所以电阻是耗能元件。

1.3.2　电感

1. 电压和电流的关系

一个匝数为 N 的电感线圈（inductance coil）如图 1.17a 所示，通过电流后产生磁场。

通电线圈中产生了一个磁场，其磁通为 Φ。磁通 Φ 穿过 N 匝线圈产生了磁链 Ψ，大小为

$$\Psi = N\Phi \tag{1.6}$$

如果电感元件的磁链 Ψ 与电流成正比，称为线

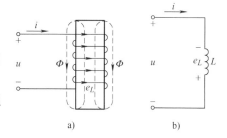

图 1.17　线圈与电感元件

性电感元件。线性电感元件的参数 L 称为电感量（简称电感），其大小为

$$L = \frac{\Psi}{i} = \frac{N\Phi}{i} \tag{1.7}$$

磁通和磁链的单位是韦［伯］（Wb），电感的单位是亨［利］（H）或毫亨（mH）。

电感线圈的电路模型如图 1.17b 所示。假设 u 和 i 的参考方向一致，而电流与磁通 Φ 的参考方向符合右手螺旋定则，且磁通与线圈内感应电动势（induction electromotive force）e_L 的参考方向也符合右手螺旋定则，那么感应电动势 e_L 的参考方向总是与电流 i 的参考方向一致。当电感元件中磁通 Φ（或电流 i）发生变化时，电感元件中的感应电动势为

$$e_L = -\frac{\mathrm{d}\Psi}{\mathrm{d}t} = -L\frac{\mathrm{d}i}{\mathrm{d}t}$$

式中负号表示感应电动势总是阻碍磁通的变化。

从图 1.17b 所示的参考方向可以得到电感元件的电压和电流的关系为

$$u = -e_L = L\frac{\mathrm{d}i}{\mathrm{d}t} \tag{1.8}$$

当电感元件通过直流电流时，感应电动势为零，其端电压为零，所以直流稳态时电感元件可视为短路。

2. 功率和能量

关联参考方向情况下，电感元件的功率为

$$p = ui = Li\frac{\mathrm{d}i}{\mathrm{d}t} \tag{1.9}$$

将功率对时间 t 积分，则得电感吸收的电能（存储）为

$$W = \int_0^t ui\mathrm{d}t = \int_0^t L\frac{\mathrm{d}i}{\mathrm{d}t}i\mathrm{d}t = \int_0^i Li\mathrm{d}i = \frac{1}{2}Li^2 \tag{1.10}$$

式（1.10）表明：当电感元件的电流增大时，储存的磁场能量增大（充电）；当电感元件的电流减小时，储存的磁场能量减小（放电）。在整个能量转换过程中，电感元件不消耗能量。所以，电感仅是储能元件。

电感中的电流和储能相关，所以称电流为电感的储能参数，或状态参数。

1.3.3 电容

1. 电压和电流的关系

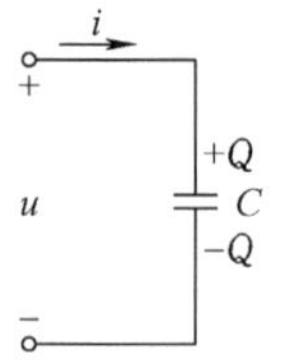

图1.18 电容元件

如图1.18所示，电容（capacitance）元件与电源接通后，两个极板上各聚集等量的异性电荷 Q，在极板间的介质中建立电场，两极板间产生电压 u。

电容两极板上的电量 Q 与电压 u 有关。如果电量 Q 与电压 u 成正比，那么电容为线性电容。电荷总电量 Q 和极板间电压 u 的比值作为电容元件的参数，称为电容量（简称电容）C，其值为

$$C = \frac{Q}{u} \tag{1.11}$$

电容的国际单位是法［拉］（F），由于法拉太大，工程上多使用微法（μF）或皮法（pF）作单位。

$$1\mathrm{F} = 1 \times 10^6\,\mu\mathrm{F} = 1 \times 10^{12}\,\mathrm{pF}$$

关联参考方向下，当电容元件两端电压发生变化时，通过电容的电流为

$$i = \frac{\mathrm{d}Q}{\mathrm{d}t} = C\frac{\mathrm{d}u}{\mathrm{d}t} \tag{1.12}$$

当电容元件两端加直流电压时，极板上的电荷不变，通过电容的电流为零。所以，直流稳态时电容元件相当于开路。

2. 功率和能量

在关联参考方向情况下，电容元件的功率为

$$p = ui = Cu\frac{\mathrm{d}u}{\mathrm{d}t} \tag{1.13}$$

将功率对时间 t 积分，则得电容吸收（存储）的能量为

$$W = \int_0^t ui\mathrm{d}t = \int_0^t C\frac{\mathrm{d}u}{\mathrm{d}t}u\mathrm{d}t = \int_0^u Cu\mathrm{d}u = \frac{1}{2}Cu^2 \tag{1.14}$$

式（1.14）表明：当电容元件两端的电压增大时，储存的电场能量增大（充电）；当电容元件两端的电压减小时，储存的电场能量减小（放电）。在能量转换过程中，电容元件不消耗能量。同电感一样，电容也仅是储能元件。

电容电压与储能相关，所以称电压为电容的储能参数，或状态参数。

1.3.4 电源

电源有独立电源和受控电源之分。独立电源就是其电压或电流不受外电路控制而独立存在的理想电路元件。相对而言，电压或电流受外电路（电压或电流）控制的电源则为受控源。

电源及其工作状态

电源还有实际电源和理想电源之分。理想电源是从实际电源中抽象来的，分为理想电压源和理想电流源两种。实际电源可看作理想电源和电阻元件的组合，分为电压源（voltage source）和电流源（current source）两种。

1. 理想电压源

输出电压恒定、输出电流由负载决定的电源称为理想电压源，简称恒压源。理想电压源电路符号及外特性如图 1.19 所示。

从理想电压源的外特性曲线可以看出，虽然电压固定不变，但电流是可变的，具体输出多大的电流由外电路决定。理想电压源可以串联，但一般不允许并联；理想电压源可以开路，但不允许短路。根据理想电压源的定义，当 $U_S = 0$ 时相当于短路（内部电阻等于零）。

2. 理想电流源

输出电流恒定、输出电压由负载决定的电源称为理想电流源，简称恒流源。理想电流源电路符号和外特性如图 1.20 所示。

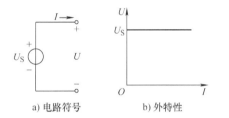

a) 电路符号　　b) 外特性

图 1.19　理想电压源电路符号及外特性

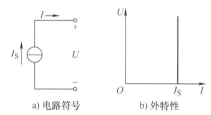

a) 电路符号　　b) 外特性

图 1.20　理想电流源电路符号及外特性

从理想电流源的外特性可以看出，其输出电流固定不变，而输出电压由外电路决定。理想电流源可以并联，但一般不可以串联；理想电流源可以短路，但不允许开路。根据理想电流源定义，当 $I_S = 0$ 时相当于开路（内部电阻无穷大）。

3. 实际电压源

实际电源既产生电功率，内部也消耗电功率。产生电功率可以用理想电压源来表征，消耗电功率可用电阻元件来表征。如果用一个恒压源 U_S 和电阻 R_0 串联的电路来描述，就构成了实际电压源电路模型（简称电压源），如图 1.21 所示。

根据图 1.21 所示的电路，可得

$$U = U_S - IR_0 \qquad (1.15)$$

电压源开路时，$I = 0$，$U = U_{OC} = U_S$；短路时，$U = 0$，$I = I_{SC} = \dfrac{U_S}{R_0}$。内阻 R_0 越小，电源内部损耗越小，带负载能力越强。电压源的外特性如图 1.22 所示。

一般情况下，实际电压源内阻都较小，所以不能短路，但可以开路。

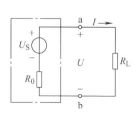

图 1.21　电压源

当 $R_0 = 0$ 时，输出电压 U 恒等于电压源电压 U_S，电流 I 完全由负载电阻 R_L 决定，即为理想电压源。理想电压源可以看作内阻为零的实际电压源。

4. 实际电流源

实际电源也可以用一个理想电流源 I_S 和电阻 R_0 并联来描述，称为电流源电路模型（简称电流源），如图 1.23 所示。

根据图 1.23 所示的电路，可得

$$I = I_S - \frac{U}{R_0} \tag{1.16}$$

式中，I_S 为电源的短路电流；I 为输出（负载）电流；$\frac{U}{R_0}$ 为电源内阻上的电流。

由式（1.16）可做出电流源的外特性，如图 1.24 所示。当电流源开路时，$I = 0$，$U = U_o = I_S R_0$；当电流源短路时，$U = 0$，$I = I_S$。内阻 R_0 越大，电源内部损耗越小，带负载能力越强。

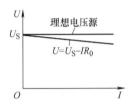

图 1.22 电压源的外特性

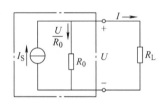

图 1.23 电流源

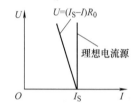

图 1.24 电流源的外特性

一般情况下，实际电流源内阻都较大，所以不能开路，但可以短路。

当 $R_0 \to \infty$（相当于 R_0 断开）时，电流 I 恒等于 I_S，电压 U 则由负载电阻 R_L 决定，即为理想电流源。理想电流源可以看作内阻无穷大的实际电流源。

5. 电压源和电流源的等效变换

一个实际的电源既可以等效成电压源，也可以等效成电流源，那么这两个等效电源一定等效，即具有相同的外特性。比较图 1.22 和图 1.24，如果两电源具有相同的外特性，只需要两外特性在横轴和纵轴有相同的截距，即

$$U_{OC} = U_S = I_S R_{02} \tag{1.17}$$

$$I_{SC} = \frac{U_S}{R_{01}} = I_S \tag{1.18}$$

纵轴截距（$I = 0$）用 U_{OC} 表示，横轴截距（$U = 0$）用 I_{SC} 表示，电流源内阻为 R_{02}，电压源内阻为 R_{01}。根据式（1.17）、式（1.18）可得

$$\begin{cases} R_{01} = R_{02} = R_0 \\ U_S = I_S R_0 \end{cases} \tag{1.19}$$

等效的电压源和电流源应具有相同的内阻，且该内阻为电压源的开路电压与电流源的短路电流的比值。

式（1.19）给出了两个等效电源的数值关系，而等效电流源的电流方向与等效电压源的电动势方向一致。

所谓等效只对外电路而言的，电源内部一般是不等效的。

理想电压源和理想电流源不能等效变换。

【例1.4】　电路及参数如图1.25所示，试求：（1）图1.25a、b的等效电源；
（2）图1.25c的等效电压源和图1.25d的等效电流源。

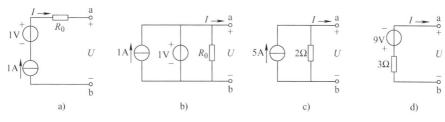

图1.25　例1.4电路图

【解】　在图1.25a中，3个元件串联，而与恒流源串联的元件对外电路不起作用，所以可等效为图1.26a的恒流源。由此可以推断，与恒流源串联的电路，对外电路而言，只等效为恒流源。

在图1.25b中，3个元件并联，而与恒压源并联的元件对外电路不起作用，所以可等效为图1.26b的恒压源。由此可以推断，与恒压源并联的电路，对外电路而言，只等效为恒压源。

图1.25c是一个电流源，可等效为图1.26c所示电压源。

图1.25d是一个电压源，可等效为图1.26d所示电流源。

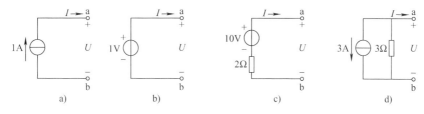

图1.26　例1.4等效电路图

1.4　电路的工作状态

下面以直流电路为例，分别讨论电路有载工作、开路与短路时的工作状态。

1.4.1　有载工作状态

将图1.27电路中的开关S闭合，接通电源和负载，电路处于有负载工作状态。

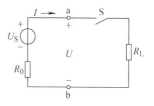

图1.27　电源有载工作

1. 电压和电流

根据欧姆定律可知，电阻R_L两端电压为IR_L，电源内阻R_0两端电压为IR_0，则有

$$U_S - IR_0 = IR_L$$

所以

$$I = \frac{U_S}{R_0 + R_L} \quad (1.20)$$

得出

$$U = U_S - IR_0 \quad (1.21)$$

由于电源有内阻，电源端电压 U 将随负载电流的增大而降低。

2. 功率与功率平衡

在电压、电流关联参考方向的情况下，功率可表达为

$$p(t) = u(t)i(t) \text{ 或 } p = ui \quad (1.22)$$

在直流电路中有

$$P = UI \quad (1.23)$$

式(1.21) 两边同乘以电流 I，则得到电路的功率平衡式为

$$UI = U_S I - I^2 R_0 \quad (1.24)$$

$$P = P_E - \Delta P \quad (1.25)$$

式中，P_E 为电源产生的功率；ΔP 为电源内阻消耗的功率；P 为负载获得的功率。

1.4.2 开路状态

在图 1.28 所示的电路中，当开关断开时，电源处于开路（open circuit）状态。开路时外电路的电阻对电源来说为无穷大，所以电路中的电流为零。这时电源开路电压 U_{OC} 等于电源电动势，电源不输出电能。

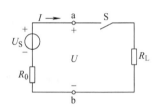

图 1.28　电源开路

当电源开路时

$$\begin{cases} I = 0 \\ U = U_{OC} = U_S \\ P = P_E = \Delta P = 0 \end{cases} \quad (1.26)$$

1.4.3 短路状态

因某种原因使电源发生短路（short circuit），如图 1.29 所示。当电源短路时，电源的外电路电阻可视为零，电流从短路线流过，电源所产生的电能全部消耗在内阻上。实际电路多为电压源，由于电源的内阻很小，所以短路时电源内电流很大。若不采取防范措施，会使电源烧毁。短路通常是一种严重事故，应该尽量避免。

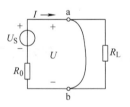

图 1.29　电源短路

当电源短路时

$$\begin{cases} U = 0 \\ I = \dfrac{U_S}{R_0} \\ P_E = \Delta P = I^2 R_0, \quad P = 0 \end{cases} \quad (1.27)$$

1.4.4 电气设备的额定值

各种电气设备的电压、电流和功率等，都有一个额定值（rated value）。额定值是电气

设备制造企业为了使产品能在给定的工作条件下正常运行，而规定的正常允许值。例如一盏电灯的电压为220V、功率为60W，这就是它的额定值。当电流超过额定值过多时，电气设备由于发热升温，绝缘材料将遭受损坏；当所加电压超过额定值过高时，绝缘材料可能被击穿。反之，如果电压和电流远低于额定值，电气设备也不能正常工作。

电气设备（或元器件）的额定值通常标在铭牌上或写在说明书中，要依据额定数据合理使用设备。额定电压（rated voltage）、额定电流（rated current）和额定功率（rated power）分别用 U_N、I_N 和 P_N 表示。

电气设备工作时，其电压、电流和功率的实际值不一定绝对等于它们的额定值，但应当接近。

在一定电压下，电源输出的功率取决于负载的大小。负载需要多少功率，电源就提供多少。所以电源通常不一定处于额定工作状态，但是一般不应超过额定值。对于电动机也是如此，输出的机械功率大小取决于轴上所带负载的大小。

1.5 基尔霍夫定律

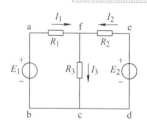

1845 年，德国物理学家基尔霍夫（Kirchhoff）提出了电路中的电流约束关系和电压约束关系，后称为电流定律和电压定律，两个定律统称为基尔霍夫定律。结合图 1.30 所示的电路，先介绍电路的 3 个概念。

支路（branch）：电路中流过同一电流的分支称为支路，流过支路的电流简称为支路电流。图 1.30 所示电路共有 3 条支路：cbaf、fc 和 cdef。

图 1.30　电路中的支路、节点和回路

节点（node）：电路中 3 条或者 3 条以上支路的连接点。图 1.30 所示电路共有 2 个节点：f 点和 c 点。

回路（loop）：电路中由一条或者多条支路所组成的闭合路径。图 1.30 所示电路共有 3 个回路：abcfa、cdefc 和 abcdefa。内部不含其他支路的回路称为网孔，它是回路的一种特殊形式。图 1.30 中，共有 2 个网孔：abcfa 和 cdefc。

1.5.1 基尔霍夫电流定律

基尔霍夫电流定律（Kirchhoff current law，KCL）用来确定在节点上各支路的电流约束关系。具体表述为：在任一时刻，流入任一节点的电流之和等于流出该节点的电流之和。即

$$\sum i_入 = \sum i_出 \tag{1.28}$$

在图 1.30 所示电路中，对节点 f 有

$$I_1 + I_2 = I_3$$
$$I_1 + I_2 - I_3 = 0 \tag{1.29}$$

在式（1.29）中，流入节点 f 的电流取正，流出节点 f 的电流取负，所有电流的代数和为零。故有基尔霍夫电流定律的第二种表述形式：任一时刻，任一节点，流入节点电流的代数和恒等于零，即

$$\sum i = 0 \tag{1.30}$$

13

基尔霍夫电流定律基于电荷守恒和电流的连续性，反映了电路中任一节点处各支路电流间的相互制约关系。

基尔霍夫电流定律也能够推广到广义节点——包围部分电路的假设闭合面。例如，图 1.31 所示闭合面包围的是三角形联结的电路，对其中的 3 个节点应用基尔霍夫电流定律可列出 3 个电流方程，即

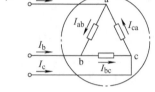

$$I_a + I_{ca} = I_{ab}$$
$$I_b + I_{ab} = I_{bc}$$
$$I_c + I_{bc} = I_{ca}$$

将 3 个电流方程相加，便得到广义节点的电流方程为

图 1.31　广义节点

$$I_a + I_b + I_c = 0$$

【例 1.5】　图 1.32 所示为某一局部电路，已知 $I_1 = 6A$，$I_2 = -3A$，$I_4 = 5A$，$I_6 = -7A$，$I_7 = 1A$。求电流 I_3、I_5。

【解】　对节点 a 列方程：

$$I_1 - I_2 - I_3 - I_4 = 0$$

即　　　　　　　　　$6A - (-3A) - I_3 - 5A = 0$

解得　　　　　　　　$I_3 = 4A$

对于包含节点 b、c、d 的假想闭合面列方程：

$$I_4 - I_5 + I_6 + I_7 = 0$$

可得

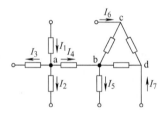

$$5A - I_5 + (-7A) + 1A = 0$$

$$I_5 = -1A$$

图 1.32　例 1.5 电路

1.5.2　基尔霍夫电压定律

基尔霍夫电压定律（Kirchhoff voltage law，KVL）用来确定回路中各部分电压间的关系，具体表述为：在任一时刻，从回路中任意一点出发，沿任一方向绕行一周，电位升（potential rise）之和等于电位降（potential drop）之和，即

$$\sum u_{电位升} = \sum u_{电位降} \qquad (1.31)$$

在图 1.33 中，对回路 abcdefa，从 a 点出发，沿逆时针方向绕行一周，可以列出

$$E_2 + U_3 = E_1 + U_4$$
$$E_1 - E_2 + U_4 - U_3 = 0 \qquad (1.32)$$

式（1.32）中，沿回路绕行方向，电位降落取正，电位升高取负（亦可反之），所有电压的代数和为零。故有基尔霍夫电压定律的第二种表述形式：任一时刻，任一回路，沿回路任一绕行方向，电位降落代数和恒等于零，即

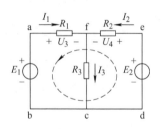

图 1.33　电路中的回路与绕行方向

$$\sum u = 0 \qquad (1.33)$$

基尔霍夫电压定律反映了回路中电压的约束关系，是由电位的单值性所决定的。

基尔霍夫电压定律可以推广到广义回路——部分电路和无支路的两点间电压组成闭合路径。

对图 1.34 所示的电路，只有一个真正的回路 abcfa。对 cdefc，可以把开路电压 U_{ed} 认为是电路的一部分，则 cdefc 可认为是广义回路。对广义回路 cdefc，列电压方程，即

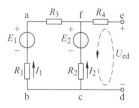

$$-U_{ed} + E_2 - I_2R_2 = 0$$

可得 ed 间的电压为

$$U_{ed} = E_2 - I_2R_2$$

图 1.34　电路中的广义回路

更进一步，只要找到两点间的计算路径，应用基尔霍夫电压定律可以求解电路中任意两点间的电压。首先选定一条计算的路径，从起点到终点，沿计算路径的方向，与计算路径方向相同的电压、电流取正，与计算路径方向相反的电压、电流取负。图 1.34 中 ed 间电压可直接确定计算路径 efcd，沿此计算路径可得（或沿 efabcd）

$$U_{ed} = E_2 - I_2R_2 = E_1 - I_1R_1 - I_1R_3$$

【例 1.6】　有一闭合回路如图 1.35 所示，各支路的元件是未知的。已知 $U_{ab} = 2V$，$U_{bc} = 3V$，$U_{ed} = -4V$，$U_{ae} = 6V$。试求 U_{cd} 和 U_{ad}。

【解】　按顺时针绕行回路 abcdea，列 KVL 方程

$$U_{ab} + U_{bc} + U_{cd} - U_{ed} - U_{ae} = 0$$

即

$$2V + 3V + U_{cd} - (-4V) - 6V = 0$$

解得

$$U_{cd} = -3V$$

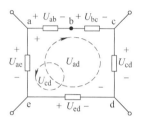

图 1.35　例 1.6 电路

也可以应用 KVL 直接求两点间电压，可得

$$U_{cd} = -U_{bc} - U_{ab} + U_{ae} + U_{ed} = -3V - 2V + 6V + (-4V) = -3V$$

$$U_{ad} = U_{ae} + U_{ed} = 6V + (-4V) = 2V$$

电路中电位的计算

1.6　电路中电位的计算

在 1.2.3 节中已经介绍过电位的概念。因电位即特殊的电压，所以电路中任一点电位的计算和电压的计算方法相同，只是路径变成从该点到零电位参考点。

显然，要先选定零电位参考点，才能计算某点的电位。零电位参考点选取不同，各点的电位也将相应改变。

【例 1.7】　电路如图 1.36 所示。已知 $E_1 = 32V$，$E_2 = 28V$，$I_1 = 3A$，$I_2 = 1A$，$I_3 = 4A$，$R_1 = 4\Omega$，$R_2 = 8\Omega$，$R_3 = 5\Omega$。求图 1.36a、b 中各点的电位。

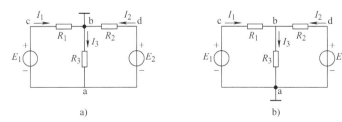

a)　　　　　　　　　　　b)

图 1.36　例 1.7 电路

【解】　图 1.36a 中，b 为零电位参考点，$V_b = 0V$。

$$V_a = -I_3 R_3 = -4 \times 5V = -20V$$

$$V_c = I_1 R_1 = 3 \times 4V = 12V$$

$$V_d = I_2 R_2 = 1 \times 8V = 8V$$

图 1.36b 中，a 为零电位参考点，$V_a = 0V$。

$$V_b = I_3 R_3 = 4 \times 5V = 20V$$

$$V_c = E_1 = 32V$$

$$V_d = E_2 = 28V$$

在图 1.36b 中，c、d 两点因与参考点之间有电压源连接，故两点电位即相应电压源电压，在画电路图时经常省去电压源支路，只标出两点的电位，电路如图 1.37 所示。

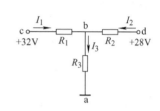

图 1.37　图 1.36b 的简化电路图

这种简化形式在电子电路中是非常常见的。实际工作中，通常也会选定参考点后，用万用表电压挡测各点电位，再计算电压。

遇到类似的简化电路，和正常电路一样分析即可。

【例 1.8】　如图 1.38 所示部分电路，已知 $R_1 = 8k\Omega$，$R_2 = 24k\Omega$，求 A 点电位 V_A。

【解】　设图 1.38 所示支路电流为 I，参考方向如图所示。

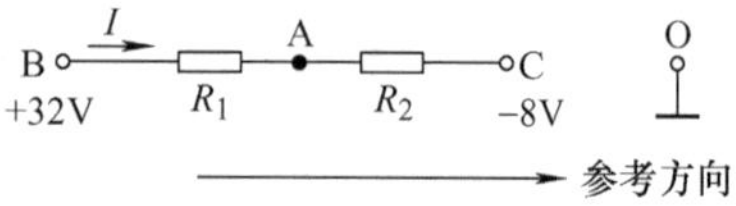

$$I = \frac{V_B - V_C}{R_1 + R_2} = \frac{32 - (-8)}{8 + 24}mA = 1.25mA$$

图 1.38　例 1.8 电路

计算 V_A 时，计算路径从 A 点指向参考点（图中 O 点），如选择路径 ACO，则

$$V_A = U_{AC} + U_{CO}$$

表达式中，如果各电压之间 "+" 相连，则下标最左端一定是计算点，最右端一定是参考点，且各下标间一定首尾相接。

$$V_A = I R_2 + V_C = (1.25 \times 24 - 8)V = 22V$$

思考：1. 如果某项系数为负，下标如何变化？

　　　2. 选择计算路径 ABO，计算 V_A，与上面的结果比较。

需要指出的是，图 1.38 中参考点为方便说明而添加，可以不必画出。电流和计算方向都可以自行设定。

【例 1.9】　电路如图 1.39 所示。已知 $E_1 = 6V$，$E_2 = 4V$，$R_1 = 4\Omega$，$R_2 = R_3 = 2\Omega$。求 A 点的电位 V_A。

【解】　根据 KCL 得

$$I_3 = 0$$

$$I_1 = I_2 = \frac{E_1}{R_1 + R_2} = \frac{6}{4+2}A = 1A$$

根据 KVL 得

$$V_A = R_3 I_3 - E_2 + R_2 I_2 = (0 - 4 + 2 \times 1)V = -2V$$

或　$V_A = R_3 I_3 - E_2 - R_1 I_1 + E_1 = (0 - 4 - 4 \times 1 + 6)V = -2V$

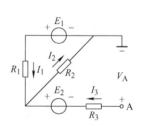

图 1.39　例 1.9 电路

习 题

填空题

1.1 某元件电流、电压的参考方向如图 1.40 所示，已知 $I = -2.5\text{A}$，则电流的实际方向与参考方向_____（填相同或相反）；$U = 5\text{V}$，则电压的实际方向与参考方向_____（填相同或相反）；该元件消耗的功率 $P =$ _____ W，因为电压、电流参考方向_____（填关联、非关联），应采用的计算公式为 $P =$ _____，该元件_____电能（填提供或消耗），在电路中是_____（填电源或负载）。

1.2 线性电阻具有线性的_____关系，图 1.41 所示电阻的伏安特性表达式为 $U =$ _____。

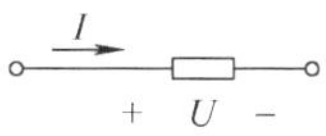

图 1.40 题 1.1 图

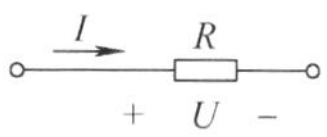

图 1.41 题 1.2 图

1.3 实际电压源如图 1.42 所示，则开路电压 $U_{OC} =$ _____，短路电流 $I_{SC} =$ _____。

1.4 实际电流源如图 1.43 所示，则开路电压 $U_{OC} =$ _____，短路电流 $I_{SC} =$ _____。

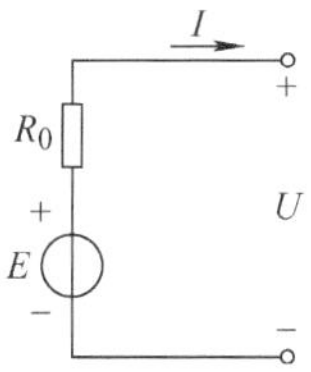

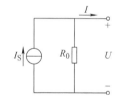

图 1.42 题 1.3 图

图 1.43 题 1.4 图

1.5 在图 1.44 所示电路中，电压源提供_____ W 的功率。

1.6 在图 1.45 所示电路中，$I =$ _____ mA。

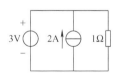

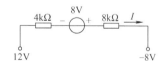

图 1.44 题 1.5 图

图 1.45 题 1.6 图

1.7 如图 1.46 所示元件，已知 $U = 10\text{V}$，$I = -5\text{A}$，则该元件为_____（填电源或负载）。

1.8 在图 1.46 所示电路中，元件产生 200W 功率，电流 $I = 2\text{A}$，则 $U =$ _____ V。

1.9 在图 1.47 所示电路中，已知 $E = 5\text{V}$，$I_S = 4\text{A}$，则 $U_{ab} =$ _____ V。

1.10 在电压、电流关联参考方向的前提下，线性电感瞬时伏安关系 $u =$ _____，线性电容瞬时伏安关系 $i =$ _____。

图1.46 题1.7、题1.8图

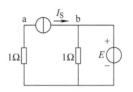

图1.47 题1.9图

选择题

1.11 电路如图1.48所示，当外接电阻R增大时，关于I、U变化的说法正确的是（　　）。

A. I增大，U不变　　B. I减小，U不变　　C. I不变，U增大　　D. I不变，U减小

1.12 电路如图1.49所示，当外接电阻R增大时，关于I、U变化的说法正确的是（　　）。

A. I增大，U不变　　B. I减小，U不变　　C. I不变，U增大　　D. I不变，U减小

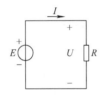

图1.48 题1.11图

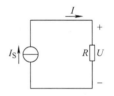

图1.49 题1.12图

1.13 电路如图1.50所示，3个电阻共消耗的功率为（　　）。

A. 15W　　　　　B. 9W　　　　　C. 8W　　　　　D. 无法计算

1.14 电路如图1.51所示，已知$E=5V$，$I_S=2A$，则提供电功率的是（　　）。

A. 电压源　　　　　　　　　B. 电流源

C. 电压源和电流源　　　　　D. 不可确定

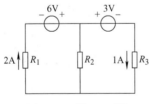

图1.50 题1.13图

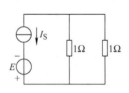

图1.51 题1.14图

1.15 直流电路如图1.52所示，已知$E=2V$，$I_S=2A$，$R=2\Omega$，则电压源E的工作状态是（　　）。

A. 产生2W功率　　　　　　　B. 消耗2W功率

C. 产生8W功率　　　　　　　D. 消耗4W功率

1.16 图1.53所示电路中电流源发出的功率为（　　）。

A. 4W　　　　　B. 6W　　　　　C. 8W　　　　　D. 10W

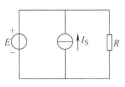

图 1.52　题 1.15 图

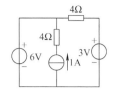

图 1.53　题 1.16 图

1.17　将额定值为 $100W/220V$ 的白炽灯接于 $110V$ 的交流电源上，其功率为（　　）W。

A. 200　　　　　　B. 100　　　　　　C. 50　　　　　　D. 25

1.18　在图 1.54 所示电路中，$U_{ab} = $（　　）。

A. 18V　　　　　　B. 2V　　　　　　C. $-2V$　　　　　　D. $-18V$

1.19　在图 1.55 所示电路中，$I = $（　　）A。

A. -1　　　　　　B. 0　　　　　　C. 1　　　　　　D. 7

图 1.54　题 1.18 图

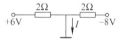

图 1.55　题 1.19 图

1.20　为了测量直流电动机励磁线圈的电阻 R，采用图 1.56 所示的"伏安法"。电压表读数为 $220V$，电流表读数为 $0.7A$，电流表内阻为 0.4Ω，则线圈的电阻约为（　　）。

A. 314.3Ω　　　　　　　　B. 313.9Ω

C. 300Ω　　　　　　　　　D. 400Ω

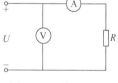

图 1.56　题 1.20 图

计算题

1.21　在图 1.57 所示电路中，已知 $V_a = 40V$，$V_b = 24V$，求 I_S、R_2 和 U_{ad}。

1.22　在图 1.58 所示电路中，已知 $I_1 = 1A$，$I_2 = 2A$，求 R 和 U_{ab}。

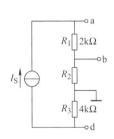

图 1.57　题 1.21 图

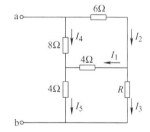

图 1.58　题 1.22 图

1.23　求图 1.59 所示电路中 A、B、C、D 各点电位。

1.24　求图 1.60 所示电路中的 I_2、I_4 和 I_5。

1.25　电路如图 1.61 所示，计算电流 I、电压 U 和电阻 R。

1.26　在某电池两端接上电阻 $R_1 = 14\Omega$ 时，测得电流 $I_1 = 0.4A$；若接上电阻 $R_2 = 23\Omega$ 时，测得电流 $I_2 = 0.35A$。试求此电池的电动势 E 和内阻 R_0。

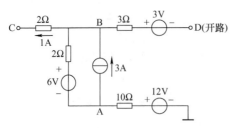

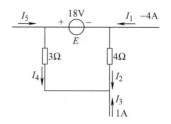

图 1.59　题 1.23 图　　　　　　　　　图 1.60　题 1.24 图

1.27　如图 1.62 所示，用截面积为 $6mm^2$ 的铝线从车间向 100m 外的临时工地送电，如果车间直流电源电压为 220V，线路的输送电流是 20A，试计算临时工地的电压 U_2 是多少？（铝线电阻率 $\rho = 0.026\Omega \cdot m$）

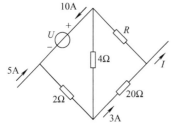

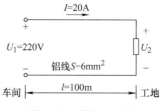

图 1.61　题 1.25 图　　　　　　　　图 1.62　题 1.27 图

第2章

电路的分析方法

电路分析就是已知电路的激励求电路的响应。根据电路结构的复杂程度，把电路分为简单电路和复杂电路。能够用电阻串并联化简分析的电路，称为简单电路；不能用电阻串并联化简分析的电路，称为复杂电路。

本章以电阻电路为例，介绍几种常用的电路分析方法：电阻等效变换、电源等效变换、支路电流法、节点电压法、叠加定理和戴维南定理等。

2.1 电阻串并联等效变换

在电路中，电阻的连接有多种形式，其中最基本和最常用的是串联和并联。

2.1.1 电阻的串联

如果电路中有两个或多个电阻顺序相连，并且这些电阻中流过同一电流，则这样的连接称为电阻的串联（series connection）。图 2.1a 所示为两个电阻串联的电路。

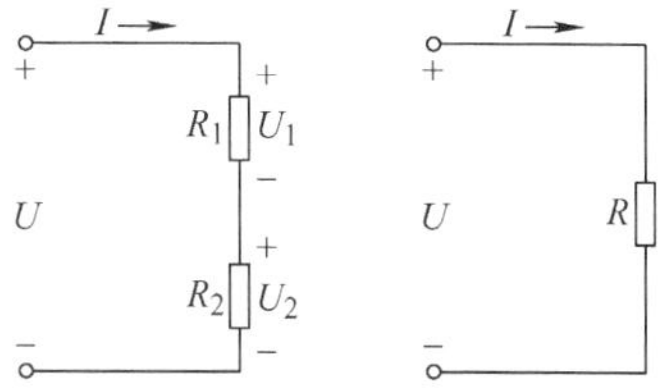

两个电阻串联可用一个等效电阻 R 来代替，如图 2.1b所示。等效条件是该支路两端的电压和流过的电流不变。因为

图 2.1 电阻的串联

$$U = U_1 + U_2 = IR_1 + IR_2 = I(R_1 + R_2) = IR$$

所以，等效电阻值等于各个串联电阻值之和

$$R = R_1 + R_2 \tag{2.1}$$

串联电阻的分压公式为

$$U_1 = IR_1 = \frac{R_1}{R_1 + R_2} U \tag{2.2}$$

$$U_2 = IR_2 = \frac{R_2}{R_1 + R_2} U \tag{2.3}$$

串联电阻上的电压分配与电阻大小成正比，这是串联电路的分压原理。

2.1.2　电阻的并联

如果电路中有两个或多个电阻并排连接在两点之间，各电阻承受同一电压，则这样的连接称为电阻的并联（parallel connection）。图 2.2a 所示为两个电阻并联的电路。

两个电阻并联也可用一个等效电阻 R 来代替，如图 2.2b 所示。等效条件是电阻两端的电压和流过的电流不变。因为

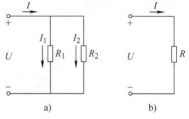

图 2.2　电阻的并联

$$I = I_1 + I_2 = \frac{U}{R_1} + \frac{U}{R_2} = \left(\frac{1}{R_1} + \frac{1}{R_2}\right)U = \frac{U}{R}$$

所以，并联等效电阻值的倒数等于并联各电阻值的倒数之和

$$\frac{1}{R} = \frac{1}{R_1} + \frac{1}{R_2} \tag{2.4}$$

式（2.4）可变换为

$$R = \frac{R_1 R_2}{R_1 + R_2} \tag{2.5}$$

并联电阻的分流公式分别为

$$I_1 = \frac{U}{R_1} = \frac{IR}{R_1} = \frac{R_2}{R_1 + R_2}I \tag{2.6}$$

$$I_2 = \frac{U}{R_2} = \frac{IR}{R_2} = \frac{R_1}{R_1 + R_2}I \tag{2.7}$$

并联电阻上流过的电流与电阻大小成反比，这是并联电路的分流原理。

电阻的倒数定义为电导 G，它是描述材料导电性能的参数。因此，式（2.4）可用电导表示为

$$G = G_1 + G_2 \tag{2.8}$$

即并联电路等效电导等于各并联电导之和。

并联电导的分流公式分别为

$$I_1 = G_1 U = G_1 \frac{I}{G} = \frac{G_1}{G_1 + G_2}I \tag{2.9}$$

$$I_2 = G_2 U = G_2 \frac{I}{G} = \frac{G_2}{G_1 + G_2}I \tag{2.10}$$

各并联电导上的电流与电导值成正比。

2.1.3　电阻的混联

电阻的混联是指电路中电阻之间既有串联又有并联。

【例 2.1】　求图 2.3 所示电路中 a、b 两点间的等效电阻 R_{ab}。

【解】　图 2.3a 所示电路可以转化为图 2.3b

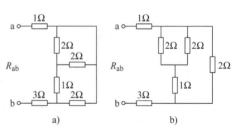

图 2.3　例 2.1 电路

所示电路，各电阻之间是混联关系。a、b 间的等效电阻为

$$R_{ab} = \left[1 + \frac{(2//2 + 1) \times 2}{(2//2 + 1) + 2} + 3 \right] \Omega = 5\Omega$$

*2.2 电阻星形联结与三角形联结等效变换

在计算电路时，将串联与并联的电阻化简为等效电阻，最为方便。但是有的电路，如图 2.4a 所示，电阻之间既非串联，又非并联，就不能直接用电阻的串并联来化简。

在图 2.4a 中，如果能将 a、b、c 三端间三角形（△）联结（triangular connection）的 3 个电阻（R_2、R_4、R_5）等效变换为星形（丫）联结（star connection）的另外 3 个电阻（R_2'、R_4'、R_5'），那么电路的结构就变成图 2.4b 的形式。显然变换后电路中 5 个电阻是串并联关系。这样，就很容易计算等效电阻了。

丫联结的电阻与△联结的电阻等效变换的条件是：对应端（如 a、b、c）流入或流出的电流（如 I_a、I_b、I_c）一一相等，对应端间的电压（如 U_{ab}、U_{bc}、U_{ca}）也一一相等，如图 2.5 所示。也就是说，经过这样变换后，不影响电路其他部分的电压和电流。

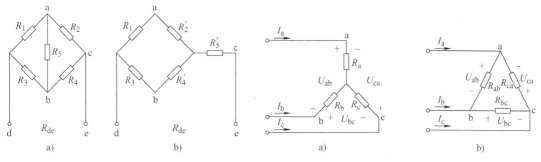

图 2.4 丫-△联结的复杂电路   图 2.5 丫-△等效变换

当满足上述等效条件后，在丫和△两种接法中，对应的任意两端间的等效电阻也必然相等。设某一对应端（如 c 端）开路时，其他两端（a 和 b）间的等效电阻为

$$R_a + R_b = \frac{R_{ab}(R_{bc} + R_{ca})}{R_{ab} + R_{bc} + R_{ca}}$$

同理

$$R_b + R_c = \frac{R_{bc}(R_{ca} + R_{ab})}{R_{ab} + R_{bc} + R_{ca}}$$

$$R_c + R_a = \frac{R_{ca}(R_{ab} + R_{bc})}{R_{ab} + R_{bc} + R_{ca}}$$

已知丫联结的电阻（R_a、R_b、R_c），等效变换为△联结的电阻（R_{ab}、R_{bc}、R_{ca}），则

$$R_{ab} = \frac{R_a R_b + R_b R_c + R_c R_a}{R_c} \tag{2.11}$$

$$R_{bc} = \frac{R_a R_b + R_b R_c + R_c R_a}{R_a} \tag{2.12}$$

$$R_{ca} = \frac{R_a R_b + R_b R_c + R_c R_a}{R_b} \tag{2.13}$$

已知△联结的电阻（R_{ab}、R_{bc}、R_{ca}），等效变换为丫联结的电阻（R_a、R_b、R_c），则

$$R_a = \frac{R_{ab}R_{ca}}{R_{ab} + R_{bc} + R_{ca}} \tag{2.14}$$

$$R_b = \frac{R_{bc}R_{ab}}{R_{ab} + R_{bc} + R_{ca}} \tag{2.15}$$

$$R_c = \frac{R_{ca}R_{bc}}{R_{ab} + R_{bc} + R_{ca}} \tag{2.16}$$

特别地，当丫联结或△联结的 3 个电阻相等时，即

$$R_a = R_b = R_c = R_丫, \quad R_{ab} = R_{bc} = R_{ca} = R_△$$

则可得出

$$R_丫 = \frac{1}{3}R_△ \text{ 或 } R_△ = 3R_丫 \tag{2.17}$$

【例 2.2】 电路如图 2.6a 所示，已知 $I_S = 1A$，$R_1 = 5\Omega$，$R_2 = R_3 = R_4 = 6\Omega$，$R_5 = R_6 = 4\Omega$，求电压 U。

【解】 电路中电阻存在△联结，所以不能用简单的电阻串并联等效来化简。必须先利用丫-△变换，将图 2.6a 中的△联结变换为图 2.6b 中的丫联结。

由式（2.17）可得

$$R = \frac{1}{3}R_△ = \frac{1}{3} \times 6\Omega = 2\Omega$$

利用电阻的串并联等效变换继续分析，如图 2.7 所示。

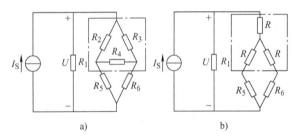

图 2.6 例 2.2 电路

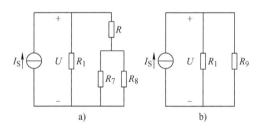

图 2.7 例 2.2 简化电路

在图 2.6b 中 $R_5 = R_6$，所以在图 2.7a 中

$$R_7 = R_8 = R + R_5 = (2 + 4)\Omega = 6\Omega$$

图 2.7b 中

$$R_9 = R + R_7 /\!/ R_8 = (2 + 6 /\!/ 6)\Omega = 5\Omega$$

所以

$$U = I_S(R_1 /\!/ R_9) = 1 \times (5 /\!/ 5)V = 2.5V$$

2.3 电源等效变换法

一个实际电源既可以用电压源表示，也可以用电流源表示，如图 2.8 所示。

电源等效变换

如果电压源的外特性和电流源的外特性相同，那么同一个负载电阻 R_L 接到电压源或电流源上，会得到同样电流和电压（对负载电阻 R_L 是等效的），可以进行等效变换。

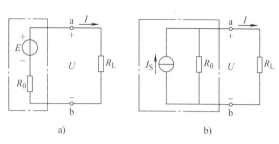

图 2.8　电源的两种电路模型

根据第 1 章，已知实际电压源和实际电流源等效变换条件为

$$\begin{cases} R_{01} = R_{02} = R_0 \\ U_S = I_S R_0 \end{cases}$$

则图 2.8 中，电压源变换成电流源：$I_S = \dfrac{E}{R_0}$，R_0 不变；电流源变换成电压源：$E = I_S R_0$，R_0 不变。

电源等效变换只对于外电路等效，而对电源内部是不等效的。例如在图 2.8a 中，当电压源开路时电流为零，电源内阻上不损耗功率；但在图 2.8b 中，当电流源开路时，电源内部仍有电流，内阻上有功率损耗。

【例 2.3】　有一台直流发电机，$E = 230V$，$R_0 = 1\Omega$。当负载电阻 $R_L = 22\Omega$ 时，用电源的两种电路模型分别求端电压 U 和负载电流 I，并计算电源内部的损耗功率和内阻电压降，比较其是否相等。

【解】　直流发电机的电压源电路和电流源电路可以参考图 2.8 所示的电路。

（1）计算电压和电流。

在图 2.8a 中

$$I = \frac{E}{R_L + R_0} = \frac{230}{22 + 1}A = 10A$$

$$U = IR_L = 10 \times 22V = 220V$$

在图 2.8b 中

$$I = \frac{R_0}{R_L + R_0}I_S = \frac{1}{22 + 1} \times \frac{230}{1}A = 10A$$

（2）计算内阻电压降和电源内部损耗的功率。

在图 2.8a 中

$$IR_0 = 10 \times 1V = 10V$$

$$\Delta P_0 = I^2 R_0 = 10^2 \times 1W = 100W$$

在图 2.8b 中

$$\Delta P_0 = \left(\frac{U}{R_0}\right)^2 R_0 = \frac{U^2}{R_0} = \frac{220^2}{1}W = 48.4kW$$

可以看出，电压源和电流源对外电路是等效的，但电源内部是不等效的。

需要指出的是，这种变换并不单纯限于实际电源本身。只要是某个电阻 R 与一个电动势为 E 的理想电压源串联的电路，都可以看作是电源的内阻——广义内阻，从而变换为这个电阻与一个电流为 I_S 的理想电流源相并联的等效电流源，反之亦然，如图 2.8 所示。等效关系为

$$I_S = \frac{E}{R} \text{或} E = I_S R \qquad (2.18)$$

变换前后电阻 R 不变，如图 2.9 所示。

理想电压源和理想电流源之间不能进行等效变换。

电压源和电流源的等效变换只是一种电路分析计算的方法。一般化简串联支路，要将电流源变换成电压源；化简并联电路，要将电压源变换为电流源。

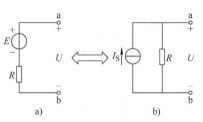

图 2.9 电源等效变换

【例 2.4】 用电压源和电流源等效变换，计算图 2.10a 所示电路中 ab 支路的电流 I。

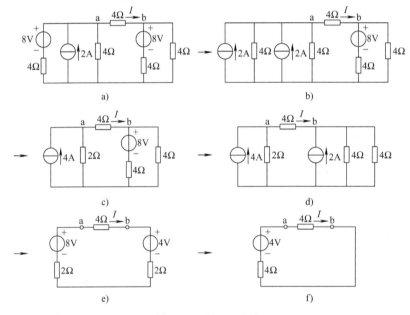

图 2.10 例 2.4 电路

【解】 等效变换过程如图 2.10b ~ f 所示，最后化简为图 2.10f 所示的电路。根据 KVL 列电压方程

$$4V - 4\Omega \times I - 4\Omega \times I = 0V$$

解得

$$I = \frac{4}{4+4}A = 0.5A$$

【例 2.5】 在图 2.11a 电路中，已知 $E = 20V$，$I_S = 1A$，$R_1 = 5\Omega$，$R_2 = 10\Omega$，利用电源等效变换计算电流 I_1 和 I_2。

【解】 本题有两种解答方法。一种方法是把电流源 I_S 和电阻 R_2 转换为电压源，如图 2.11b 所示，$E' = 10V$。

选择逆时针方向作回路绕行方向，根据 KVL 列方程

$$E - I_1 R_1 - I_1 R_2 - E' = 0$$

代入数据，可得

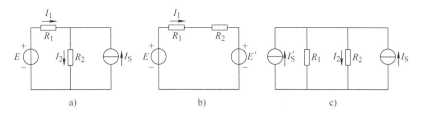

图 2.11 例 2.5 电路

$$I_1 = \frac{E - E'}{R_1 + R_2} = \frac{20 - 10}{5 + 10}\text{A} \approx 0.67\text{A}$$

再由原电路，计算电流 I_2。根据 KCL 列方程

$$I_2 = I_1 + I_S = (0.67 + 1)\text{A} = 1.67\text{A}$$

另一种方法是把电压源 E 和电阻 R_1 转换为电流源，如图 2.11c 所示，$I'_S = 4\text{A}$。根据并联电路的分流原理，可得

$$I_2 = \frac{R_1}{R_1 + R_2}(I_S + I'_S) = \frac{5}{5 + 10} \times (1 + 4)\text{A} \approx 1.67\text{A}$$

再由原电路，计算电流 I_1。根据 KCL 列方程

$$I_1 = I_2 - I_S = (1.67 - 1)\text{A} = 0.67\text{A}$$

电源等效变换方法适用于求解某单独支路的电压或电流，经等效变换后，可以将多电源问题转换成简单的单电源问题。通常负载支路不参与变换。

一般求解变量较多时，不建议采用该方法。

2.4 支路电流法

支路电流法（branch current method）是以支路电流为未知量，应用基尔霍夫定律分别对电路中的节点和回路列方程，然后求解出各支路电流。在计算复杂电路的各种分析方法中，支路电流法是最基本的方法。

设电路中的支路数为 b、节点数为 n。以图 2.12 所示的两个电源并联的电路为例，来说明支路电流法。电路中的支路数 $b = 3$、节点数 $n = 2$，计算 3 个支路电流，需要列出 3 个独立方程。

首先，应用 KCL 对节点 a 列方程

$$I_1 + I_2 - I_3 = 0 \tag{2.19}$$

对节点 b 列方程

$$-I_1 - I_2 + I_3 = 0 \tag{2.20}$$

将式（2.20）稍做变换即可得到式（2.19），它是非独立方程。因此，对具有两个节点的电路，应用 KCL 只能列出一个独立方程。

支路电流法

图 2.12 两个电源并联的电路

一般来讲，对具有 n 个节点的电路，应用 KCL 只能得到 $n - 1$ 个独立方程。

其次，在图 2.12 中共有 3 个回路，其中 2 个是网孔。

对左侧的网孔可列出

$$E_1 - E_2 + I_2 R_2 - I_1 R_1 = 0 \qquad (2.21)$$

对右侧的网孔可列出

$$E_2 - I_3 R_3 - I_2 R_2 = 0 \qquad (2.22)$$

对最外面的回路可列出

$$E_1 - I_3 R_3 - I_1 R_1 = 0 \qquad (2.23)$$

式(2.21)和式(2.22)相加可得式(2.23)，此3个方程线性相关，需要去掉一个方程。对于具有3个回路的电路，应用KVL能列出2个独立方程。一般网孔方程是独立的，优选网孔列方程。

一般地说，应用KVL可列出 $b-(n-1)$ 个独立方程。

应用KVL和KCL一共可列出 $(n-1)+[b-(n-1)]=b$ 个独立方程，所以能够求解出 b 个支路电流。

用支路电流法分析电路的步骤为：

1）设各支路电流为未知量，设定各支路电流的参考方向。

2）根据KCL，对节点列写 $n-1$ 个独立电流方程。

3）根据KVL，对回路列写 $b-(n-1)$ 个独立电压方程。

4）联立求解方程组，求出各支路电流。

【例2.6】 在图2.13所示电路中，已知 $E_1=10\text{V}$，$E_2=20\text{V}$，$R_1=5\Omega$，$R_2=10\Omega$，$R_3=2\Omega$，用支路电流法求支路电流 I_1、I_2 和 I_3。

【解】 （1）设3个支路电流分别为 I_1、I_2 和 I_3，规定参考方向如图2.13所示。

（2）对节点a列电流方程

$$I_1 + I_2 - I_3 = 0$$

（3）对两个网孔列电压方程

$$I_1 R_1 + I_3 R_3 = E_1$$
$$I_2 R_2 + I_3 R_3 = E_2$$

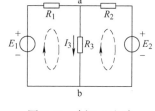

图2.13 例2.6电路

（4）联立解方程组

$$\begin{cases} I_1 + I_2 - I_3 = 0 \\ 5I_1 + 2I_3 = 10 \\ 10I_2 + 2I_3 = 20 \end{cases}$$

解得

$$I_1 = 1\text{A}$$
$$I_2 = 1.5\text{A}$$
$$I_3 = 2.5\text{A}$$

可用回路电压关系校验计算结果：

取未曾用过的回路列写KVL方程，可得电压的代数和，即

$$\sum U = -I_1 R_1 + I_2 R_2 - E_2 + E_1 = (-5 + 15 - 20 + 10)\text{V} = 0$$

一般用两种方法验算计算结果：

1）选用求解时未用过的回路，应用KVL进行验算。

2）用电路中的功率平衡关系进行验算。

【例2.7】　在图2.14所示电路中，$R_1 = 4\Omega$，$R_2 = 8\Omega$，$R_3 = 5\Omega$，用支路电流法求支路电流 I_1、I_2 和 I_3。

【解】　以各支路电流为未知量，得到方程组

$$\begin{cases} I_1 + I_2 - I_3 = 0 \\ 4I_1 + 5I_3 = 32 \\ 8I_2 + 5I_3 = 28 \end{cases}$$

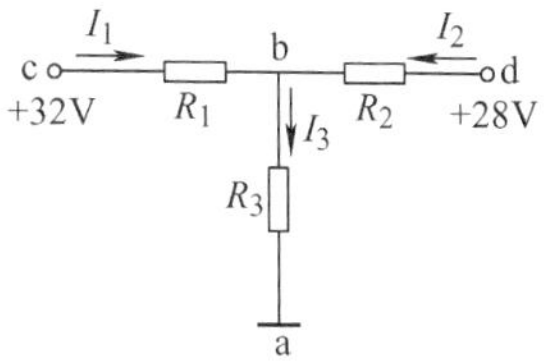

解方程组可得：$I_1 = 3\text{A}$，$I_2 = 1\text{A}$，$I_3 = 4\text{A}$。

虽然支路电流法是计算复杂电路的基本方法，但当支路数较多时，求解过程就变得比较复杂。

图2.14　例2.7电路

2.5　节点电压法

对于支路多、节点少的电路，可以把节点电压作为未知量，根据基尔霍夫定律列方程求解。这种方法称为节点电压法。

在电路分析中，常会碰到只有两个节点的电路。以两个节点间的电压为未知量，应用基尔霍夫定律列方程，然后求解出节点间电压的方法，称为弥尔曼定理（Millman theorem）。

在图2.15所示的电路中只有两个节点 a 和 b。假设节点间的电压为 U，各支路的电流可由广义回路列 KVL 方程，求得

$$U = E_1 - I_1 R_1$$

$$I_1 = \frac{E_1 - U}{R_1} \tag{2.24}$$

$$U = E_2 - I_2 R_2$$

$$I_2 = \frac{E_2 - U}{R_2} \tag{2.25}$$

$$U = E_3 + I_3 R_3$$

$$I_3 = \frac{-E_3 + U}{R_3} \tag{2.26}$$

$$U = I_4 R_4$$

$$I_4 = \frac{U}{R_4} \tag{2.27}$$

可见，在已知电源电动势和电阻的情况下，只要求得节点电压 U，就可计算出各支路电流。

在图2.15中，对节点 a 列电流方程

$$I_1 + I_2 - I_3 - I_4 = 0 \tag{2.28}$$

将式（2.24）~式（2.27）代入式（2.28），可得

$$\frac{E_1 - U}{R_1} + \frac{E_2 - U}{R_2} - \frac{-E_3 + U}{R_3} - \frac{U}{R_4} = 0$$

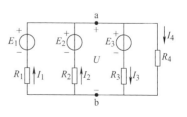

图2.15　两个节点的复杂电路

推导出计算节点电压的公式为

$$U = \frac{\dfrac{E_1}{R_1} + \dfrac{E_2}{R_2} + \dfrac{E_3}{R_3}}{\dfrac{1}{R_1} + \dfrac{1}{R_2} + \dfrac{1}{R_3} + \dfrac{1}{R_4}} = \frac{\sum \dfrac{E}{R}}{\sum \dfrac{1}{R}} \tag{2.29}$$

其中，分母的各项总为正；分子的各项可正，也可负。当电动势与节点电压的参考方向相反（电源产生的电流流入节点）时取正号，相同时则取负号，而与各支路电流的参考方向无关。

【例 2.8】 用节点电压法计算例 2.6。

【解】 图 2.13 所示的电路只有两个节点 a 和 b，节点电压为

$$U_{ab} = \frac{\dfrac{E_1}{R_1} + \dfrac{E_2}{R_2}}{\dfrac{1}{R_1} + \dfrac{1}{R_2} + \dfrac{1}{R_3}} = \frac{\dfrac{10}{5} + \dfrac{20}{10}}{\dfrac{1}{5} + \dfrac{1}{10} + \dfrac{1}{2}} \text{V} = 5\text{V}$$

计算各支路电流。

$$I_1 = \frac{E_1 - U_{ab}}{R_1} = \frac{10-5}{5}\text{A} = 1\text{A}$$

$$I_2 = \frac{E_2 - U_{ab}}{R_2} = \frac{20-5}{10}\text{A} = 1.5\text{A}$$

$$I_3 = \frac{U_{ab}}{R_3} = \frac{5}{2}\text{A} = 2.5\text{A}$$

2.6 叠加定理

在线性电路中有两个或两个以上的独立电源时，各支路的电流和电压是由各独立电源共同作用产生的。叠加定理（superposition theorem）：对于线性电路，任何一条支路的电流（或电压），等于各个独立电源单独作用时，在该支路中所产生电流（或电压）的代数和。

独立电源单独作用是指在多电源的电路中，假设只有一个独立电源起作用，其余电源不起作用。对不起作用电源的处理为：理想电压源短路（$U_S = 0$），理想电流源开路（$I_S = 0$）。

以求解图 2.16a 中的支路电流 I_1 和 I_2 为例，应用 KVL 与 KCL 列出方程组

$$E = I_1 R_1 + I_2 R_2 \qquad I_1 - I_2 + I_S = 0$$

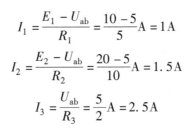

a)   b)   c)

图 2.16 叠加定理等效电路

解得

$$I_1 = \frac{E}{R_1 + R_2} - \frac{R_2}{R_1 + R_2}I_S \tag{2.30}$$

$$I_2 = \frac{E}{R_1 + R_2} + \frac{R_1}{R_1 + R_2}I_S \tag{2.31}$$

现在应用叠加定理计算。

当电压源 E 单独作用时，电流源 I_S 用开路代替，电路如图 2.16b 所示，在支路中所产生的电流为

$$I'_1 = I'_2 = \frac{E}{R_1 + R_2} \tag{2.32}$$

当电流源 I_S 单独作用时，电压源 E 用短路代替，电路如图 2.16c 所示，在支路中所产生的电流为

$$I''_1 = \frac{-R_2}{R_1 + R_2}I_S \tag{2.33}$$

$$I''_2 = \frac{R_1}{R_1 + R_2}I_S \tag{2.34}$$

根据叠加定理，电路中的电流等于各个独立电源单独作用时电流的代数和，可得

$$I_1 = I'_1 + I''_1 \tag{2.35}$$

$$I_2 = I'_2 + I''_2 \tag{2.36}$$

从数学上看，叠加定理反映了线性方程的可加性。因为应用基尔霍夫定律列出的都是电流（或电压）的线性代数方程，所以电流或电压都可以用叠加定理来求解。

要注意功率与电流（电压）是非线性关系，不能用叠加定理计算功率。

用叠加定理计算线性复杂电路，就是把一个多电源的复杂电路化为几个单电源电路来计算。叠加定理是计算线性电路的普遍方法。

叠加定理求解问题的一般步骤如下：

1）画出各电源单独作用的分量电路图，设定各未知分量的参考方向。

2）在各分量电路图中求解未知分量。

3）将所得结果直接进行代数求和（或对相反方向的分量相减）。

【例 2.9】 图 2.16a 所示电路，已知 $E = 15V$，$I_S = 2A$，$R_1 = 10\Omega$，$R_2 = 5\Omega$。用叠加定理计算电路中电阻 R_2 两端的电压 U_2。

【解】 当电压源 E 单独作用时，电路如图 2.16b 所示。

$$U'_2 = \frac{R_2}{R_1 + R_2}E = \frac{5}{10 + 5} \times 15V = 5V$$

当电流源 I_S 单独作用时，电路如图 2.16c 所示。

$$U''_2 = I_S \frac{R_1 R_2}{R_1 + R_2} = 2 \times \frac{10 \times 5}{10 + 5}V \approx 6.67V$$

根据叠加定理，可得

$$U_2 = U'_2 + U''_2 = (5 + 6.67)V = 11.67V$$

【例 2.10】 在图 2.17a 所示的电路中，已知 $E_1 = 140V$，$E_2 = 90V$，$R_1 = 20\Omega$，$R_2 = 5\Omega$，

$R_3 = 6\Omega$，用叠加定理计算各支路电流。

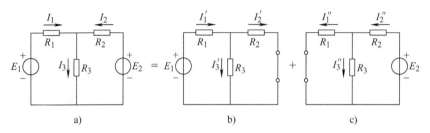

图 2.17　例 2.10 电路

【解】　当电压源 E_1 单独作用时，电路如图 2.17b 所示。

$$I_1' = \frac{E_1}{R_1 + \dfrac{R_2 R_3}{R_2 + R_3}} = \frac{140}{20 + \dfrac{5 \times 6}{5 + 6}} \text{A} = 6.16\text{A}$$

$$I_2' = \frac{R_3}{R_2 + R_3} I_1' = \frac{6}{5 + 6} \times 6.16\text{A} = 3.36\text{A}$$

$$I_3' = \frac{R_2}{R_2 + R_3} I_1' = \frac{5}{5 + 6} \times 6.16\text{A} = 2.80\text{A}$$

当电压源 E_2 单独作用时，电路如图 2.17c 所示。

$$I_2'' = \frac{E_2}{R_2 + \dfrac{R_1 R_3}{R_1 + R_3}} = \frac{90}{5 + \dfrac{20 \times 6}{20 + 6}} \text{A} = 9.36\text{A}$$

$$I_1'' = \frac{R_3}{R_1 + R_3} I_2'' = \frac{6}{20 + 6} \times 9.36\text{A} = 2.16\text{A}$$

$$I_3'' = \frac{R_1}{R_1 + R_3} I_2'' = \frac{20}{20 + 6} \times 9.36\text{A} = 7.20\text{A}$$

根据叠加定理，可得

$$I_1 = I_1' + (-I_1'') = [6.16 + (-2.16)]\text{A} = 4\text{A}$$

$$I_2 = (-I_2') + I_2'' = (-3.36 + 9.36)\text{A} = 6\text{A}$$

$$I_3 = I_3' + I_3'' = (2.80 + 7.20)\text{A} = 10\text{A}$$

【例 2.11】　在图 2.18a 所示电路中，已知 $R_1 = 3\Omega$，$R_2 = 4\Omega$，$R_3 = 2\Omega$，$E = 9V$，$I_S = 6A$，用叠加定理计算电压 U_3，并计算电阻 R_3 消耗的功率。

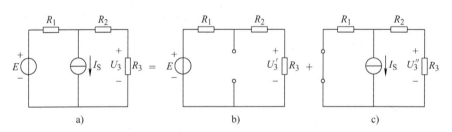

图 2.18　例 2.11 电路

【解】 当电压源 E 单独作用时，如图 2.18b 所示。

$$U_3' = \frac{R_3}{R_1 + R_2 + R_3}E = \frac{2}{3 + 4 + 2} \times 9\text{V} = 2\text{V}$$

当电流源 I_S 单独作用时，如图 2.18c 所示。

$$U_3'' = -\frac{R_1}{R_1 + R_2 + R_3}I_S R_3 = -\frac{3}{3 + 4 + 2} \times 6 \times 2\text{V} = -4\text{V}$$

根据叠加定理，可得

$$U_3 = U_3' + U_3'' = [2 + (-4)]\text{V} = -2\text{V}$$

电阻 R_3 消耗的功率为

$$P = \frac{U_3^2}{R_3} = \frac{(-2)^2}{2}\text{W} = 2\text{W}$$

2.7 戴维南定理和诺顿定理

戴维南定理

2.7.1 有源二端网络

计算线性复杂电路中的某一个支路电量时，可将这个支路从电路中独立出来，把其余具有两个出线端的部分电路看作二端网络（two-terminal network）。内部含有电源的二端网络称为有源二端网络。有源二端网络无论多么复杂，对所要计算的支路而言，相当于一个电源。因此，一个线性有源二端网络一定可以化简为一个等效电源。等效是指用电源代替有源二端网络，对外提供的电压和电流特性相同。

对图 2.19a 所示的线性电路，断开负载 R_L 所在的支路，可以得到一个线性有源二端网络，如图 2.19b 所示。

一个实际电源既可以用电压源模型表示，也可以用电流源模型表示。因此，线性有源二端网络用电压源等效，得出戴维南定理；用电流源等效，得出诺顿定理。

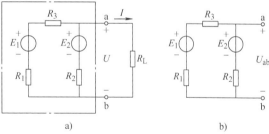

图 2.19 有源二端网络

2.7.2 戴维南定理

任何一个线性有源二端网络，都可以用一个电压为 U_S、内阻为 R_0 的电压源来等效代替，如图 2.20 所示。等效电压源的电压 U_S 就等于线性有源二端网络两端的开路电压 U_{OC}，等效电压源的内阻 R_0 等于线性有源二端网络对应的无源二端网络两端之间的等效电阻。这就是戴维南定理（Thévenin's theorem）。

戴维南等效电路（equivalent circuit）的一般形式如图 2.21 所示。

典型题分析二

利用戴维南定理分析电路的步骤如下：

1）断开待求支路，得到一个线性有源二端网络。

2）计算线性有源二端网络的开路电压，作为等

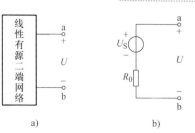

图 2.20 线性有源二端网络等效为电压源

效电压源的电压（电动势）。

3）将线性有源二端网络转化为线性无源二端网络，计算线性无源二端网络的等效电阻，作为等效电压源的内阻。

4）画出原电路的戴维南等效电路，计算所求支路的未知量。

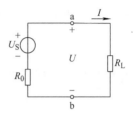

图 2.21 戴维南等效电路的一般形式

【例 2.12】 求图 2.22a 所示有源二端网络的戴维南等效电路。

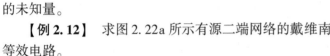

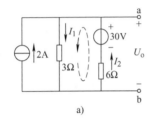 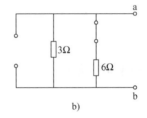 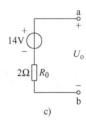

图 2.22 例 2.12 电路

【解】 对于图 2.22a 所示的电路，可列 KVL 和 KCL 方程，即

$$-I_1 + I_2 + 2 = 0$$
$$30 - 3I_1 - 6I_2 = 0$$

解得

$$I_1 = \frac{14}{3}\text{A}, \ I_2 = \frac{8}{3}\text{A}$$

再根据推广的 KVL 列方程，求得开路电压为

$$U_{OC} = 3I_1 = 3 \times \frac{14}{3}\text{V} = 14\text{V}$$

画出对应的无源二端网络如图 2.22b 所示，其等效电阻为

$$R_0 = \frac{3 \times 6}{3 + 6}\Omega = 2\Omega$$

图 2.22a 所示有源二端网络的戴维南等效电路如图 2.22c 所示。

【例 2.13】 试用戴维南定理求图 2.23a 所示电路中的电流 I。

【解】 （1）将待求电流 I 所在支路上的元件移开得到一个有源二端网络，如图 2.23b 所示。

（2）求有源二端网络的开路电压 U_{OC}。

$$U_{OC} = \left(\frac{4}{4+4} \times 8 - \frac{4}{4+4} \times 2\right)\text{V} = 3\text{V}$$

（3）求等效电阻 R_0。有源二端网络对应的无源二端网络如图 2.23c 所示，其等效电阻为

$$R_0 = (4 /\!/ 4 + 4 /\!/ 4)\Omega = 4\Omega$$

（4）求电流 I 的戴维南等效电路如图 2.23d 所示，因此

$$I = \frac{3 - 10}{4 + 3}\text{A} = -1\text{A}$$

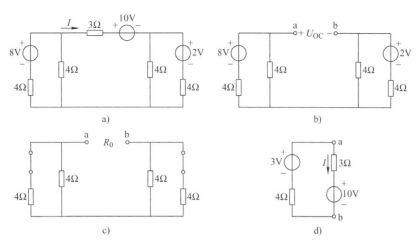

图 2.23 例 2.13 电路

【例 2.14】 在图 2.24a 所示的电桥（electric bridge）电路中，已知 $E = 12\text{V}$，$R_1 = R_2 = 5\Omega$，$R_3 = 10\Omega$，$R_4 = 5\Omega$。中间支路是一检流计，其电阻 $R_G = 10\Omega$。试用戴维南定理求电流 I_G。

【解】 （1）将待求电流 I_G 所在的支路断开，得到一个有源二端网络，如图 2.24b 所示。

（2）求二端网络的开路电压 U_{OC}。

$$I' = \frac{E}{R_1 + R_2} = \frac{12}{5 + 5}\text{A} = 1.2\text{A}$$

$$I'' = \frac{E}{R_3 + R_4} = \frac{12}{10 + 5}\text{A} = 0.8\text{A}$$

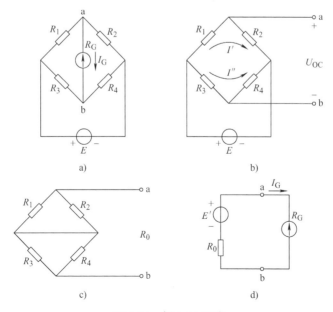

图 2.24 例 2.14 电路

开路电压为

$$U_{OC} = R_3 I'' - R_1 I' = (10 \times 0.8 - 5 \times 1.2)V = 2V$$

（3）对应的无源二端网络如图 2.24c 所示，其等效电阻为

$$R_0 = \frac{R_1 R_2}{R_1 + R_2} + \frac{R_3 R_4}{R_3 + R_4} = \left(\frac{5 \times 5}{5 + 5} + \frac{10 \times 5}{10 + 5}\right)\Omega \approx 5.83\Omega$$

（4）原电路的戴维南等效电路如图 2.24d 所示。检流计所在支路的电流为

$$I_G = \frac{E'}{R_0 + R_G} = \frac{2}{5.83 + 10}A = 0.126A$$

无源二端网络的获得：将有源二端网络中电压源短路、电流源开路。

2.7.3 负载获得最大功率的条件

图 2.25 中，接在有源二端网络两端的负载 R_L 获得的功率为

$$P_L = \left(\frac{E}{R_0 + R_L}\right)^2 R_L \qquad (2.37)$$

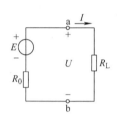

图 2.25 负载获得
最大功率

将 R_L 看作变量，负载获得最大功率发生在 $\dfrac{dP_L}{dR_L} = 0$ 的条件下，即

$$\frac{dP_L}{dR_L} = E^2 \frac{(R_0 + R_L)^2 - 2R_L(R_0 + R_L)}{(R_0 + R_L)^4} = 0$$

可得

$$R_L = R_0 \qquad (2.38)$$

当负载电阻 R_L 与有源二端网络等效电压源的内阻相等时，负载 R_L 获得最大功率，称 R_L 与 R_0 达到匹配。匹配条件下负载 R_L 获得的最大功率为

$$P_{Lmax} = \left(\frac{E}{R_0 + R_L}\right)^2 R_L = \frac{E^2}{4R_L} \qquad (2.39)$$

【例 2.15】 图 2.26a 所示电路中，已知 $E = 50V$，$R_1 = 20\Omega$，$R_2 = 5\Omega$。求负载 R_L 获得最大功率时的电阻值，并求此最大功率。

【解】 将负载电阻 R_L 从电路中移开，得到有源二端网络如图 2.26b 所示，其开路电压为

$$U_{OC} = \frac{R_2}{R_1 + R_2}E = \frac{5}{20 + 5} \times 50V = 10V$$

有源二端网络对应的无源二端网络如图 2.26c 所示，其等效电阻为

$$R_0 = \frac{R_1 R_2}{R_1 + R_2} = \frac{20 \times 5}{20 + 5}\Omega = 4\Omega$$

原电路的戴维南等效电路如图 2.26d 所示。

当 $R_L = R_0 = 4\Omega$，负载电阻的功率最大，最大功率为

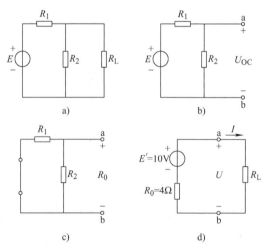

图 2.26 例 2.15 电路

$$P_{\text{Lmax}} = \frac{U_{\text{OC}}^2}{4R_{\text{L}}} = \frac{10^2}{4 \times 4}\text{W} = 6.25\text{W}$$

在匹配条件下,负载 R_{L} 获得的功率虽然最大,但传递效率却很低。当 $R_{\text{L}} = R_0$ 时,电源发出的功率只有一半供给负载,另一半消耗在有源二端网络的内部。因此,匹配条件只适用于小功率信息传递电路。

2.7.4 诺顿定理

任何一个线性有源二端网络(见图 2.27a)都可以用一个电流为 I_{S} 和内阻为 R_0 的电流源来等效代替。等效电流源的电流 I_{S} 就等于线性有源二端网络两端的短路电流,等效电流源的内阻 R_0 等于线性有源二端网络对应的无源二端网络两端之间的等效电阻,这就是诺顿定理(Norton theorem)。

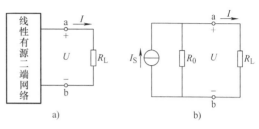

图 2.27 诺顿等效电路

由图 2.27b 的等效电路,可以得到电流为

$$I = \frac{R_0}{R_0 + R_{\text{L}}}I_{\text{S}} \tag{2.40}$$

【例 2.16】 求图 2.28a 中线性有源二端网络的诺顿等效电路。

【解】 先将 a、b 两端短路,如图 2.28b 所示,求短路电流 I_{S}。根据叠加原理,可得

$$I_{\text{S}} = \left(3 + \frac{20}{4}\right)\text{A} = 8\text{A}$$

对应的无源二端网络如图 2.28c 所示,求得等效电阻为

$$R_0 = \frac{4 \times 4}{4 + 4}\Omega = 2\Omega$$

图 2.28a 中有源二端网络的诺顿等效电路如图 2.28d 所示。

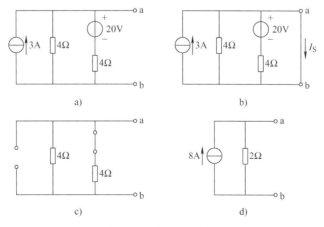

图 2.28 例 2.16 电路

【例 2.17】 如图 2.29a 所示,已知 $E_1 = 120\text{V}$,$E_2 = 140\text{V}$,$R_1 = 120\Omega$,$R_2 = 280\Omega$,负

载电阻 $R_L = 16\Omega$。用诺顿定理求电阻 R_L 所在的支路电流 I。

【解】 移开负载电阻 R_L，得到有源二端网络如图 2.29b 所示。首先求出 a、b 间的短路电流为

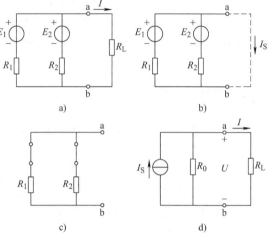

$$I_S = \frac{E_1}{R_1} + \frac{E_2}{R_2} = \left(\frac{120}{120} + \frac{140}{280}\right)A = 1.5A$$

对应的无源二端网络如图 2.29c 所示，其等效电阻为

$$R_0 = \frac{R_1 R_2}{R_1 + R_2} = \frac{120 \times 280}{120 + 280}\Omega = 84\Omega$$

原电路的诺顿等效电路如图 2.29d 所示。通过负载电阻 R_L 的电流为

$$I = \frac{R_0}{R_0 + R_L} I_S = \frac{84}{84 + 16} \times 1.5A = 1.26A$$

图 2.29　例 2.17 电路

*2.8　非线性电阻电路

如果电阻两端的电压与通过的电流成正比，说明电阻是一个常数，不随电压或电流而变化，即线性电阻。

如果电阻不是一个常数，而是随着电压或电流发生变化，那么这种电阻称为非线性电阻。非线性电阻两端电压与通过电流的比不是常数，不能用简单数学公式表示，而是用电压与电流的函数 $U = f(I)$ 或 $I = f(U)$ 来表示。对应的曲线就是非线性电阻的伏安特性（通常是通过实验得到的）。

在实际电路中非线性电阻很普遍。图 2.30 和图 2.31 所示为白炽灯和二极管的伏安特性曲线。图 2.32 所示为非线性电阻的图形符号。

非线性电阻有两种描述方式：静态电阻和动态电阻。

非线性电阻的工作电压、工作电流在伏安特性曲线上对应的点为工作点，如图 2.33 所示。工作点所对应的电压和电流之比为该工作点的静态电阻（或称为直流电阻），即

$$R = \frac{U}{I}$$

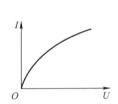

图 2.30　白炽灯的伏安特性曲线

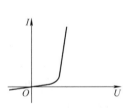

图 2.31　二极管的伏安特性曲线

图 2.32　非线性电阻的图形符号

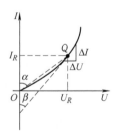

图 2.33　静态电阻和动态电阻的图解

由图 2.33 可见，Q 点处的静态电阻正比于 $\tan\alpha$。

动态电阻（或称交流电阻）等于 Q 点附近的电压微变量 ΔU 与电流微变量 ΔI 之比的极限，即

$$r = \lim_{\Delta I \to 0} \frac{\Delta U}{\Delta I} = \frac{\mathrm{d}U}{\mathrm{d}I}$$

动态电阻用小写字母 r 表示。由图 2.33 可见，Q 点处的动态电阻正比于 $\tan\beta$。

因为非线性电阻的伏安特性不是线性关系，所以不能用欧姆定律来计算。但是，基尔霍夫定律反映的是电路的结构约束关系，与电路元件的性质无关，可以用来分析非线性电阻电路。

非线性电阻电路的分析方法很多，其中图解法是最常用的方法。下面主要介绍图解法。

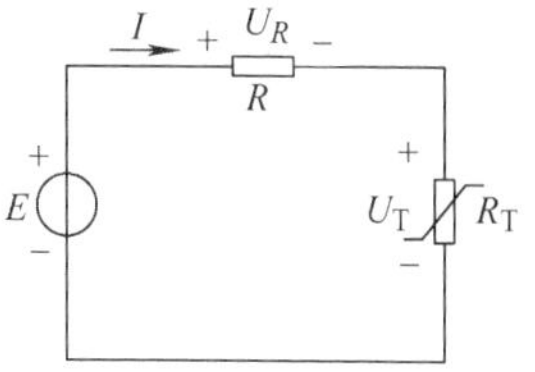

图 2.34 所示为非线性电阻电路。图 2.35 所示为用图解法确定工作点，图中包含非线性电阻 R_T 的伏安特性曲线 $I = f(U)$。分析在电压源 E 作用下电路的工作电流 I、电阻的端电压 U_R 和 U_T。

根据 KVL，电路的回路电压方程为

$$IR + U = E$$

即

$$U = E - IR \tag{2.41}$$

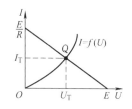

图 2.34 非线性电阻电路

显然式（2.41）表示的是一个直线方程，在图 2.35 中画出这条直线，与 U、I 坐标轴的交点坐标分别为 $(E, 0)$ 和 $\left(0, \dfrac{E}{R}\right)$，与电阻 R_T 的 $I = f(U)$ 曲线交点为 Q。Q 点对应的 U_T、I_T 既满足非线性电阻的伏安特性，又满足电路的电压方程式（2.41）。因此，Q 点对应的电压 U_T 即为非线性电阻 R_T 的端电压，对应的电流 I_T 为电路的工作电流。

图 2.35 图解法确定工作点

线性电阻 R 的端电压可由欧姆定律求出，$U_R = I_T R$；或由电压方程求出，$U_R = E - U_T$。

电路的工作状态由式（2.41）表示的负载线与非线性电阻 R_T 的伏安特性曲线交点 Q 确定。它既表示了非线性电阻 R_T 上电压与电流的关系，也符合电路中电压与电流的关系。

当非线性电阻电路比较复杂时，可以将非线性元件以外的线性网络变换成戴维南等效电路，再进行分析。

【例2.18】 在图 2.36a 所示电路中，设非线性电阻 R 的伏安特性为 $I = 2U^2$（mA），其中 U 为 R 两端的电压（单位为 V）。求非线性电阻两端的电压 U 和流过的电流 I。

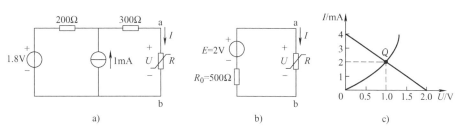

图 2.36 例 2.18 电路

【解】 在图2.36a所示电路中，除了非线性电阻R以外，其余均为线性元件。因此，可将非线性电阻R之外的电路等效为一个电压源。求出其电动势为2V，等效内阻为500Ω，得到图2.36b所示的戴维南等效电路。

根据KVL，电压方程为

$$U = E - IR_0 = 2 - 500I$$

当$U = 0$时，$I = 4mA$，负载线交于纵轴交点为（0，4）；当$I = 0$时，$U = E = 2V$，负载线交于横轴（2，0）。

负载线与非线性电阻的伏安特性曲线相交于Q点，如图2.36c所示。所以，求得非线性电阻两端的电压$U = 1V$，通过的电流$I = 2mA$。

这道例题也可以通过解析法来联立电压方程和非线性电阻R的伏安特性方程求解得到相同的结果。但通常情况下，非线性电阻的伏安特性曲线只是一个近似的描述，采用解析法计算比较烦琐。因此，一般通过实验方法得出非线性电阻的伏安特性数据后，用图解法进行分析计算比较方便。

习 题

填空题

2.1　在图2.37所示电路中，已知电压源提供288W功率，则$R = $_____Ω。

2.2　如图2.38所示电阻网络，试求a、b端的等效电阻$R_{ab} = $_____Ω。

2.3　叠加定理适用于_____电路，可以求解支路上的_____和_____，不能用叠加定理来求支路的_____。不作用的电压源用_____来代替，而不作用的电流源用_____来代替。

2.4　戴维南定理求电源等效内阻时，无源二端网络是通过将有源二端网络内部的电压源用_____来代替，电流源用_____来代替而获得的，这种处理方法和叠加定理中对不作用电源的处理方法一致，因为从本质上来讲，都是要将对应的电源置零。

2.5　实际电压源如图2.39所示，已知负载电阻$R = 6Ω$时，$I = 2.5A$；$R = 8Ω$时，$I = 2A$，则该电压源参数$E = $_____V，$R_0 = $_____Ω。

2.6　实际电流源如图2.40所示，已知负载电阻$R = 6Ω$时，$I = 2.5A$；$R = 8Ω$时，$I = 2A$，则该电压源参数$I_S = $_____A，$R_0 = $_____Ω。该电流源与题2.5中电压源具有相同的外特性，所以对外电路来说，可以等效替换。

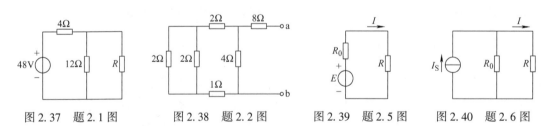

图2.37　题2.1图　　　图2.38　题2.2图　　　图2.39　题2.5图　　　图2.40　题2.6图

2.7　用节点电压法计算图2.41所示电路A点电位，$V_A = $_____V。若C点电位为$+4V$，则$V_A = $_____V。

2.8 电路如图 2.42 所示，A 点的电位 $V_A = $ _____ V，B 点的电位 $V_B = $ _____ V，电流 $I = $ _____ A。

2.9 如图 2.43 所示电路，电压源单独作用时，$I = $ _____ A，电流源单独作用时，$I = $ _____ A。

2.10 图 2.44 所示线性有源二端网络的戴维南等效电路中，$E = $ _____ V，$R_0 = $ _____ Ω。

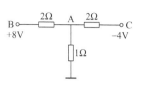

图 2.41 题 2.7 图

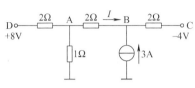

图 2.42 题 2.8 图

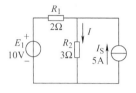

图 2.43 题 2.9 图

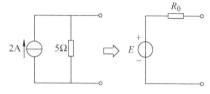

图 2.44 题 2.10 图

选择题

2.11 在图 2.45 所示电路中，当电阻 R_2 增大时，则电流 I 将（ ）。

A. 变大   B. 不变   C. 变小   D. 无法确定

2.12 图 2.46 所示电路中，当电阻 R_2 增大时，则电压 U 将（ ）。

A. 变大   B. 不变   C. 变小   D. 无法确定

2.13 在图 2.47 所示的电阻并联电路中，电阻 R_2 支路电流 I_2 等于（ ）。

A. $\dfrac{R_2}{R_1+R_2}I$ B. $\dfrac{R_1}{R_1+R_2}I$ C. $\dfrac{R_1+R_2}{R_1}I$ D. $\dfrac{R_1+R_2}{R_2}I$

2.14 图 2.48 所示电路中，已知 U 不变，R 增加时，U_{ab}（ ）。

A. 增加   B. 不变   C. 减小   D. 无法确定

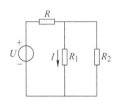

图 2.45 题 2.11 图

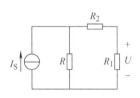

图 2.46 题 2.12 图

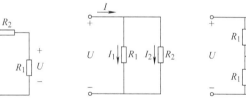

图 2.47 题 2.13 图

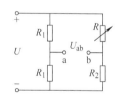

图 2.48 题 2.14 图

2.15 图 2.49 所示的有源二端网络，若将其等效为电压源，则 U_S 与 R_0 为（ ）。

A. $U_S = 16V$，$R_0 = 4\Omega$ B. $U_S = 30V$，$R_0 = 4\Omega$

C. $U_S = 40V$，$R_0 = 4\Omega$ D. $U_S = 10V$，$R_0 = 4\Omega$

2.16 图 2.50 所示的有源二端网络，若将其等为等效电流源，其电流 I_S 和内阻 R_0 为（ ）。

A. $I_S = 4A$，$R_0 = 2\Omega$ B. $I_S = 5A$，$R_0 = 2\Omega$

C. $I_S = 6.5A$，$R_0 = 4\Omega$ D. $I_S = 3A$，$R_0 = 2\Omega$

2.17 图 2.51 所示电路可以等效为一个（ ）。

A. 理想电压源   B. 理想电流源   C. 实际电压源   D. 实际电流源

2.18　图2.52所示电路可以等效为一个（　　）。

A. 理想电压源　　　B. 理想电流源　　　C. 实际电压源　　　D. 实际电流源

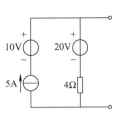

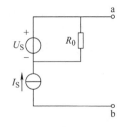

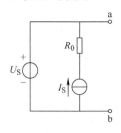

图2.49　题2.15图　　　图2.50　题2.16图　　　图2.51　题2.17图　　　图2.52　题2.18图

2.19　有一个220V/1000W的电炉，今欲接在380V的电源上使用，可串联的变阻器是（　　）。

A. 100Ω/3A　　　B. 50Ω/5A　　　C. 30Ω/10A　　　D. 20Ω/5A

2.20　图2.53所示电路中，$U_S > 0$，$I_S > 0$，电压源单独作用时，2Ω电阻的功率为2W，电流源单独作用时，该电阻的功率也是2W，则两电源共同作用时，该电阻的功率为（　　）W。

A. 0　　　B. 2

C. 4　　　D. 8

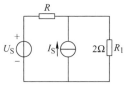

图2.53　题2.20图

计算题

2.21　用支路电流法求图2.54所示电路中各支路电流。

2.22　用电源等效变换法求图2.55所示电路中的电流I。

2.23　用节点电压法求图2.56所示电路的电流I。

2.24　电路如图2.57所示，试用节点电压法求各支路电流。

2.25　电路如图2.58所示，已知$R_1 = 50\Omega$，$R_2 = R_3 = 30\Omega$，$R_4 = 60\Omega$，$E = 60V$，$I_S = 3A$，用叠加定理求各支路电流。

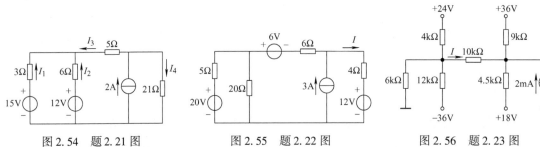

图2.54　题2.21图　　　图2.55　题2.22图　　　图2.56　题2.23图

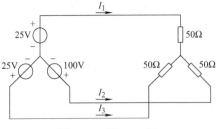

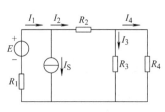

图2.57　题2.24图　　　图2.58　题2.25图

2.26 在图 2.59 所示电路中，已知 $E = 4V$，$I_S = 3A$，$R_1 = R_2 = 1\Omega$，$R_3 = R_4 = 4\Omega$，用戴维南定理求电流 I。

2.27 在图 2.60 所示电路中，已知 $E_1 = 18V$，$E_2 = 8V$，$R_1 = 2\Omega$，$R_2 = 4\Omega$，$R_3 = 1\Omega$，$I = 2A$，用戴维南定理求 E_3 的值。

2.28 电路如图 2.61 所示，已知 $R_1 = 2\Omega$，$R_2 = 3\Omega$，$R_3 = 6\Omega$，$R_4 = 5\Omega$，$E = 10V$，$I_S = 2A$，用诺顿定理计算电流 I_2。

2.29 电路如图 2.62 所示，非线性电阻的伏安特性 $I = 0.2U^2$，试求其工作电流和两端电压。

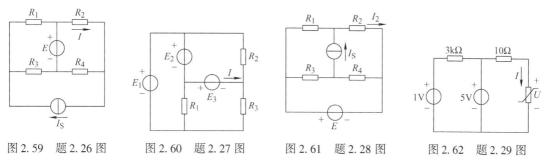

图 2.59 题 2.26 图　　图 2.60 题 2.27 图　　图 2.61 题 2.28 图　　图 2.62 题 2.29 图

2.30 在图 2.63a 所示电路中，已知 $E = 6V$、$R_1 = R_2 = 2k\Omega$，非线性电阻 R_3 的伏安特性曲线如图 2.63b 所示。试求：（1）非线性电阻 R_3 中的电流 I 及其两端电压 U；（2）工作点 Q 处的静态电阻和动态电阻。

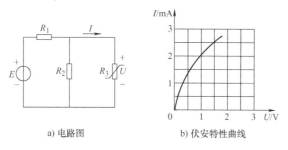

a) 电路图　　　　b) 伏安特性曲线

图 2.63 题 2.30 图

第3章

电路暂态分析

在电阻电路中，当接通或断开电源时，电路瞬间达到稳定状态。但当电路中含有电感或电容，接通或断开电源时，电路不会立即达到稳态，要经过一个暂态过程，最终达到稳态。本章主要分析暂态过程中，电路的电压和电流随时间变化的规律。

3.1 储能元件与换路定则

3.1.1 储能元件

由第 1 章可知，在电路中电阻是耗能元件，电感和电容是储能元件。电感储存的能量为 $\frac{1}{2}Li^2$、电容储存的能量为 $\frac{1}{2}Cu^2$。因为能量需要积累，不能突变，所以电感电流和电容电压不能突变，只能连续变化。

3.1.2 稳态与暂态

电路的结构和元件参数一定时，电路的电压和电流是稳定的，也称电路处于稳定状态（steady state），简称稳态。

电路的结构或元件参数发生变化（指电路的接通、断开、短路，电源参数或元件参数改变等），称为换路（switching）。对含电感或电容的电路，换路后，电路要从一个稳定状态变化到另一个稳定状态，这个变化过程称为电路的暂态过程（也称过渡过程）。出现暂态过程的根本原因是，储能元件中的能量储存或释放需要一定时间。

因此，含有储能元件是电路产生暂态过程的内因，而换路是产生暂态过程的外因。

利用电路暂态过程可获得特定波形的电信号，如锯齿波、三角波、尖脉冲等，广泛应用于电子电路。另外，暂态过程开始的瞬间可能产生过电压、过电流而使电气设备或元件损坏，必须积极避免。

暂态过程试验电路如图 3.1 所示，假设开关 S 原处于断开状态，灯泡 D_1、D_2、D_3 都不亮。

当开关 S 闭合后，电路发生换路，出现以下现象：

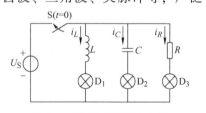

图 3.1 暂态过程试验电路

1）灯泡 D_1 由暗逐渐变亮，最后亮度达到稳定。

2）灯泡 D_2 在开关闭合的瞬间突然闪亮，随着时间的推移逐渐暗下去，直到完全熄灭。

3）灯泡 D_3 在开关闭合的瞬间立即变亮，而且亮度稳定不变。

分析如下：

1）灯泡 D_1 与电感串联，接通电源后，因电感电流不能突变，灯泡的电流只能由零逐渐上升到最大。因此，灯泡 D_1 由暗逐渐变亮，最后亮度达到稳定。

2）灯泡 D_2 与电容串联，电源接通后，因电容两端的电压不能突变，只能从 0 逐渐上升到电源电压，则灯泡 D_2 两端的电压必然从最高逐渐降低到零。所以，灯泡 D_2 在开关闭合的瞬间突然闪亮，随着时间的推移逐渐暗下去，直到完全熄灭。

3）灯泡 D_3 与电阻串联，电源接通后电路直接进入稳态，通过灯泡 D_3 的电流瞬间达到稳定值。所以灯泡 D_3 在开关闭合的瞬间立即变亮，而且亮度稳定不变。

3.1.3 换路定则

换路定则与初始值计算

换路使电路的状态发生改变，但因电感中储存有 $\frac{1}{2}Li^2$ 的能量，所以电感中的电流不能突变，而电容中储存有 $\frac{1}{2}Cu^2$ 的能量，所以电容两端的电压不能突变。

设换路瞬间用 $t=0$ 表示，换路前瞬间用 $t=0_-$ 表示，换路后瞬间 $t=0_+$ 表示。从 $t=0_-$ 到 $t=0_+$ 瞬间，储能元件中的能量不能突变，所以电感中的电流和电容上的电压都不能突变，称为换路定则。换路定则的数学表达式为

$$i_L(0_+)=i_L(0_-) \tag{3.1}$$
$$u_C(0_+)=u_C(0_-) \tag{3.2}$$

换路定则仅适用于换路瞬间，用来确定电容上电压和电感中电流的初始值。如果换路前电容电压或电感电流已知，可以直接根据其连续性，获得初始值。如果换路前电容或电感的储能来自外部的独立电源或信号源所提供的能量，则需要根据具体的电路来计算换路前的储能参数。在这一章里，外部激励皆为阶跃激励，即换路前、后激励不同，但均可看做直流激励。

根据第 1 章的知识，直流激励下，如果换路前电路已达稳态，电感可视作短路，即 $u_L(0_-)=0$，电容视作开路，即 $i_C(0_-)=0$，在此条件下求储能元件的状态参数 $u_C(0_-)$、$i_L(0_-)$。

3.1.4 初始值计算

1）由换路前（$t=0_-$）的等效电路（或根据 $u_L(0_-)=0$、$i_C(0_-)=0$）求出 $u_C(0_-)$、$i_L(0_-)$。

2）根据换路定则得出 $u_C(0_+)$、$i_L(0_+)$。

3）在换路后（$t=0_+$）的电路中，在 $u_C(0_+)$、$i_L(0_+)$ 已知的前提下，求出其他待求电压和电流的初始值。

换路瞬间，除电容电压$u_C(t)$与电感电流$i_L(t)$不能突变外，其他电量均可突变，所以没有必要求$t=0_-$时刻的数值。

【例3.1】 图3.2所示电路在换路前处于稳态，求开关S断开后瞬间电容电流初始值$i_C(0_+)$。

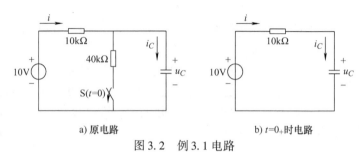

图3.2 例3.1电路

【解】 （1）由于图3.2a所示电路（$t=0_-$时）已处于稳态，故电容视作开路，电路是一个简单的单回路，电容电压即40kΩ电阻所分得的电压，即

$$u_C(0_-) = \frac{10}{10+40} \times 40\text{V} = 8\text{V}$$

由换路定则得 $$u_C(0_+) = u_C(0_-) = 8\text{V}$$

（2）$t=0_+$时电路如图3.2b所示，电容电压$u_C(0_+)$已知，解得

$$i_C(0_+) = \frac{10-8}{10}\text{mA} = 0.2\text{mA}$$

注意：电容电流在换路瞬间发生了跃变，即$i_C(0_-) \neq i_C(0_+)$。

【例3.2】 图3.3所示电路在换路前处于稳态，$t=0$时开关闭合，求电感电压初始值$u_L(0_+)$。

【解】 （1）首先由图3.3所示电路（$t=0_-$时）求电感电流，此时电感处于短路状态，如图3.4a所示。

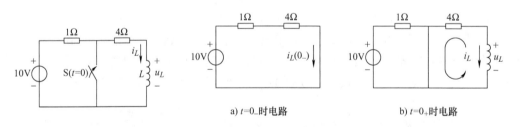

图3.3 例3.2电路　　　　　　图3.4 例3.2等效电路

$$i_L(0_-) = \frac{10}{1+4}\text{A} = 2\text{A}$$

由换路定则得

$$i_L(0_+) = i_L(0_-) = 2\text{A}$$

（2）画出$t=0_+$时电路如图3.4b所示，利用KVL求得
$$u_L(0_+) = -4\,i_L(0_+) = -4 \times 2\text{V} = -8\text{V}$$

注意：电感电压在换路瞬间发生了跃变，即$u_L(0_-) \neq u_L(0_+)$。

【例3.3】 图3.5所示电路原处于稳定状态，$t=0$时闭合开关，求电感电压$u_L(0_+)$和

电容电流 $i_C(0_+)$。

【解】 （1）把图 3.5 所示电路（$t = 0_-$ 时）中的电感短路、电容开路，等效电路如图 3.6a所示，则

$$i_L(0_+) = i_L(0_-) = I_S$$

$$u_C(0_+) = u_C(0_-) = I_S R$$

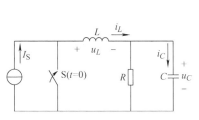

图 3.5 例 3.3 电路

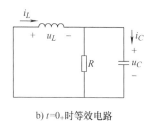

a) $t = 0_-$时等效电路   b) $t = 0_+$时等效电路

图 3.6 例 3.3 等效电路

（2）$t = 0_+$ 时等效电路如图 3.6b 所示，应用基尔霍夫定律，可以求得

$$i_C(0_+) = i_L(0_+) - \frac{u_C(0_+)}{R} = 0$$

$$u_L(0_+) = -I_S R$$

【例 3.4】 图 3.7 所示电路原处于稳态，当 $t = 0$ 时开关 S 闭合。求在开关闭合后瞬间各支路电流和电感电压。

【解】 （1）将图 3.7 中的电感短路、电容开路，得到 $t = 0_-$ 时等效电路如图 3.8a 所示。

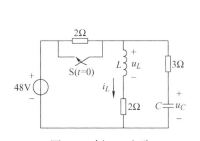

图 3.7 例 3.4 电路

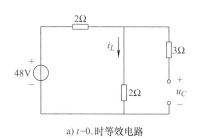

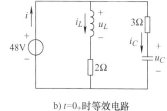

a) $t = 0_-$时等效电路   b) $t = 0_+$时等效电路

图 3.8 例 3.4 等效电路

$$i_L(0_+) = i_L(0_-) = \frac{48}{2+2} A = 12A$$

$$u_C(0_+) = u_C(0_-) = 2 \times 12V = 24V$$

（2）$t = 0_+$ 时等效电路如图 3.8b 所示，解得

$$i_C(0_+) = \frac{48-24}{3} A = 8A$$

$$i(0_+) = (12+8) A = 20A$$

$$u_L(0_+) = (48 - 2 \times 12) V = 24V$$

在暂态过程分析中，计算电压或电流的稳态值也很重要。稳态值是指换路后 $t = \infty$ 时，电

路达到新的稳定状态时的电压或电流值。换路后电路达到新稳态时，电感可视作短路（即$u_L(\infty)=0$），电容可视作开路（即$i_C(\infty)=0$），求其他电量的稳态值。

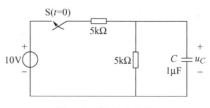

图3.9　例3.5电路

【例3.5】　电路如图3.9所示，开关S在$t=0$时闭合，求电路达到稳态时电容两端的电压$u_C(\infty)$。

【解】　将电容视作开路，则

$$u_C(\infty)=\frac{10}{5+5}\times5\text{V}=5\text{V}$$

【例3.6】　电路如图3.10所示，开关S在$t=0$时闭合，求电路稳定时电感电流$i_L(\infty)$。

【解】　将电感视作短路，则

$$i_L(\infty)=6\times\frac{6}{6+6}\text{mA}=3\text{mA}$$

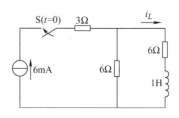

图3.10　例3.6电路

3.2　RC 电路的暂态分析

3.2.1　RC 电路的零输入响应

RC 电路暂态分析

零输入响应（zero-input response）：无输入激励，仅由电容元件存储的电场能产生的响应。

分析 RC 电路的零输入响应，实际上就是分析它的放电过程。电路如图3.11所示，在开关S切换位置前电容 C 已充满电，在 $t=0$ 时开关S从位置1合到位置2，使电路脱离电源，电容开始放电，此时 $u_C(0_-)=U_0$。根据KVL可得

$$u_R+u_C=0$$

将 $u_R=iR$、$i=C\dfrac{\mathrm{d}u_C}{\mathrm{d}t}$ 代入上式，可得齐次微分方程

$$RC\frac{\mathrm{d}u_C}{\mathrm{d}t}+u_C=0 \qquad (3.3)$$

此方程的通解为

$$u_C(t)=Ae^{pt}$$

代入上式得特征方程为

图3.11　RC 零输入响应电路

$$RCp+1=0$$

特征根为

$$p=-\frac{1}{RC}$$

因此式(3.3)微分方程通解为

$$u_C(t)=Ae^{pt}=Ae^{-\frac{t}{RC}}$$

代入初始值 $A=u_C(0_+)=U_0$，得

$$u_C(t)=u_C(0_+)e^{-\frac{t}{RC}}=U_0e^{-\frac{t}{RC}}\qquad t\geqslant0 \qquad (3.4)$$

放电电流为

$$i(t) = -\frac{u_C}{R} = -\frac{U_0}{R}e^{-\frac{t}{RC}} \quad t \geqslant 0 \tag{3.5}$$

或

$$i(t) = C\frac{du_C}{dt} = -\frac{U_0}{R}e^{-\frac{t}{RC}} \quad t \geqslant 0$$

从式(3.4)、式(3.5) 可知：

（1）电容上电压和放电电流是随时间按同一指数规律衰减的，如图 3.12 所示。

（2）电压和电流衰减得快慢与时间常数 $\tau(RC)$ 有关，τ 的量纲是秒。

$$\tau = RC = [\Omega][F] = [\Omega]\left[\frac{C}{V}\right] = [\Omega]\left[\frac{A \cdot s}{V}\right] = [s]$$

时间常数 τ 的大小决定了电路暂态过程的快慢。τ 越大，暂态过程越慢，持续的时间越长；τ 越小，暂态过程越快，持续的时间越短，如图 3.13 所示。

理论上讲，电路经过很长（$t = \infty$）时间才能达到稳态。表 3.1 中的数据表明经过 5τ，电容电压衰减到原来电压的 0.7%。因此，工程上认为，经过（$3 \sim 5$）τ，暂态过程结束，电路达到稳态。

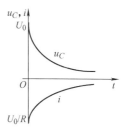

图 3.12 电压和电流的变化曲线

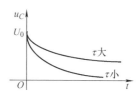

图 3.13 不同 τ 值的电压衰减差别

表 3.1 $u_C(t)$ 随时间衰减情况

t	0	τ	2τ	3τ	4τ	5τ
$U_0 e^{-\frac{t}{\tau}}$	U_0	$U_0 e^{-1}$	$U_0 e^{-2}$	$U_0 e^{-3}$	$U_0 e^{-4}$	$U_0 e^{-5}$
u_C	U_0	$0.368U_0$	$0.135U_0$	$0.050U_0$	$0.018U_0$	$0.007U_0$

（3）在放电过程中，电容释放的能量全部被电阻消耗，即

$$W_R = \int_0^\infty i^2 R dt = \int_0^\infty \left(\frac{U_0}{R}e^{-\frac{t}{RC}}\right)^2 R dt = \frac{U_0^2}{R}\left(-\frac{RC}{2}e^{-\frac{2t}{RC}}\right)\Big|_0^\infty = \frac{1}{2}CU_0^2$$

3.2.2 RC 电路的零状态响应

零状态响应（zero-state response）：换路前电容无储能（储能参数为零），换路后由电源激励所产生的响应。

分析 RC 电路的零状态响应，就是分析它的充电过程。电路如图 3.14 所示，开关 S 闭合之前电容无储能，即电容电压 $u_C(0_-) = 0$。开关 S 闭合后，根据 KVL 可得

$$u_R + u_C = U_S$$

将 $i = C\frac{du_C}{dt}$、$u_R = Ri$ 代入上式，得微分方程为

$$RC\frac{du_C}{dt} + u_C = U_S$$

解的结构为

$$u_C = u_C' + u_C''$$

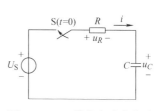

图 3.14 RC 零状态响应电路

49

其中，u_C'' 为特解，也称强制分量或稳态分量，是与输入激励的变化规律有关的量。因为稳态时 $\dfrac{du_C}{dt}=0$，可以得到微分方程的稳态分量，即 $u_C''=U_S$。u_C' 为齐次方程的通解，也称自由分量或暂态分量。

方程 $RC\dfrac{du_C}{dt}+u_C=0$ 的通解为

$$u_C'=Ae^{-\frac{t}{RC}}$$

因此 $\qquad u_C(t)=u_C'+u_C''=U_S+Ae^{-\frac{t}{RC}}$

由初始条件 $u_C(0_+)=0$，得积分常数 $A=-U_S$，则

$$u_C(t)=U_S-U_Se^{-\frac{t}{RC}}=U_S(1-e^{-\frac{t}{RC}})\quad t\geqslant0\quad(3.6)$$

由式（3.6）可以得出电流为

$$i(t)=C\dfrac{du_C}{dt}=\dfrac{U_S}{R}e^{-\frac{t}{RC}}\quad t\geqslant0\quad(3.7)$$

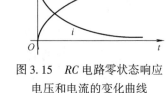

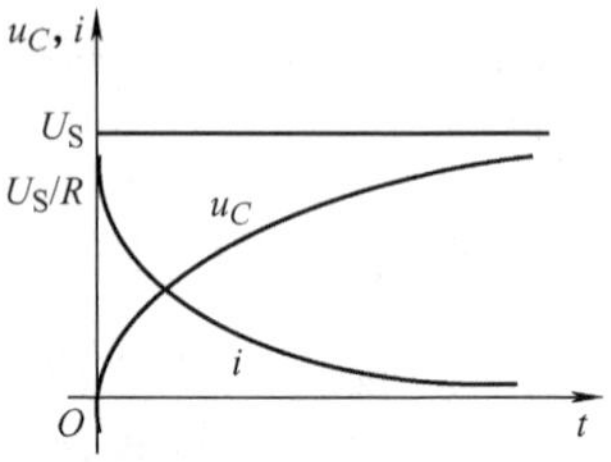

图 3.15　RC 电路零状态响应电压和电流的变化曲线

电压和电流的变化曲线如图 3.15 所示。

【例 3.7】 图 3.16 所示电路中，在 $t=0$ 时，开关 S 闭合。已知 $u_C(0_-)=0$，试求：（1）$t\geqslant0$ 时电容的电压和电流；（2）电容充电至 80V 时所花费的时间 t。

【解】 （1）这是 RC 电路充电问题，时间常数为

$$\tau=RC=500\times10\times10^{-6}\text{s}=5\times10^{-3}\text{s}$$

电容电压为

$$u_C=U_S(1-e^{-\frac{t}{RC}})=100(1-e^{-200t})\text{V}\quad t\geqslant0$$

充电电流为

$$i=C\dfrac{du_C}{dt}=\dfrac{U_S}{R}e^{-\frac{t}{RC}}=0.2e^{-200t}\text{A}\quad t\geqslant0$$

（2）设经过 t 秒，$u_C=80$V，即 $80=100(1-e^{-200t})$，解得

$$t=8.045\text{ms}$$

所以电容充电至 80V 时所用时间为 8.045ms。

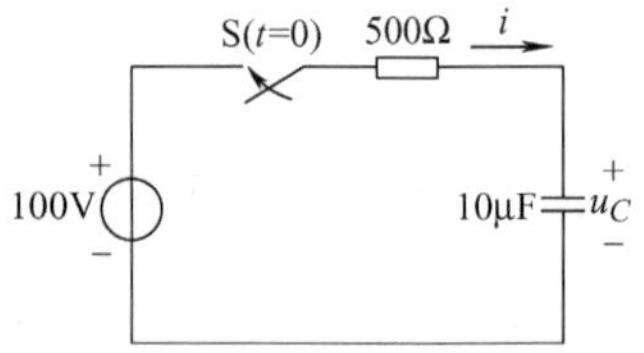

图 3.16　例 3.7 电路

3.2.3　RC 电路的全响应

全响应（complete response）：电源激励和初始状态 $u_C(0_+)$ 均不为零时的电路响应。

电路如图 3.17a 所示，设 $u_C(0_-)=U_0$，开关 S 闭合后，电路的微分方程为

$$RC\dfrac{du_C}{dt}+u_C=U_S$$

方程的解为

$$u_C=u_C'+u_C''$$

令微分方程的导数为零，得稳态解

$$u_C''=U_S$$

暂态解 $u_C' = Ae^{-\frac{t}{\tau}}$，其中 $\tau = RC$，因此

$u_C(t) = u_C' + u_C'' = U_S + Ae^{-\frac{t}{RC}}$　$t \geqslant 0$

由换路定则得

$u_C(0_+) = u_C(0_-) = U_0$

代入上述方程得

$u_C(0_+) = A + U_S = U_0$

解得

$A = U_0 - U_S$

全响应为

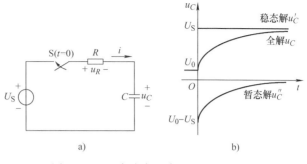

图 3.17　RC 全响应电路及电压变化曲线

$$u_C(t) = U_S + Ae^{-\frac{t}{\tau}} = U_S + (U_0 - U_S)e^{-\frac{t}{\tau}}　t \geqslant 0 \tag{3.8}$$

电容电压 $u_C(t)$ 的波形如图 3.17b 所示。

全响应的两种分解方式：

（1）式（3.8）的第一项是稳态解，第二项是暂态解，因此

全响应 = 稳态分量 + 暂态分量

（2）把式（3.8）改写成 $u_C(t) = U_S(1 - e^{-\frac{t}{\tau}}) + U_0 e^{-\frac{t}{\tau}}$，$t \geqslant 0$。显然第一项是零状态解，第二项是零输入解，因此

全响应 = 零状态响应 + 零输入响应

此种分解形式可用叠加原理来描述，如图 3.18 所示。

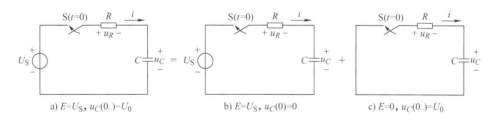

a) $E = U_S$, $u_C(0_-) = U_0$　　　b) $E = U_S$, $u_C(0) = 0$　　　c) $E = 0$, $u_C(0_-) = U_0$

图 3.18　RC 全响应叠加原理等效电路

3.3　RL 电路的暂态分析

3.3.1　RL 电路的零输入响应

电路如图 3.19 所示，电路在开关 S 闭合前处于稳定状态。开关 S 在 $t = 0$ 时闭合，电感电流的初值为

$$i_L(0_+) = i_L(0_-) = \frac{U_S}{R_1 + R} = I_0$$

根据换路后电路，可得

$$u_R + u_L = 0$$

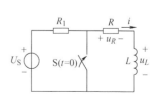

RL 电路暂态
分析

图 3.19　RL 零输入响应电路

把 $u_L = L \dfrac{\mathrm{d}i}{\mathrm{d}t}$，$u_R = Ri$ 代入上式，得微分方程为

$$L \frac{\mathrm{d}i}{\mathrm{d}t} + Ri = 0 \quad t \geqslant 0$$

微分方程的通解为

$$i(t) = A\mathrm{e}^{pt}$$

特征方程为

$$Lp + R = 0$$

特征根

$$p = -\frac{R}{L}$$

将初始值 $i(0_+) = I_0$ 代入通解得

$$A = I_0$$

通过电感电流为

$$i(t) = I_0 \mathrm{e}^{pt} = \frac{U_S}{R_1 + R} \mathrm{e}^{-\frac{t}{L/R}} \quad t \geqslant 0 \tag{3.9}$$

电感上电压为

$$u_L(t) = L \frac{\mathrm{d}i_L}{\mathrm{d}t} = -R I_0 \mathrm{e}^{-\frac{t}{L/R}} \quad t \geqslant 0 \tag{3.10}$$

从式(3.9)、式(3.10) 可知：

（1）电感上电压和通过的电流是随时间按同一指数规律变化的，如图 3.20 所示。

（2）电压和电流变化快慢与时间常数 $\tau = \dfrac{L}{R}$ 有关，τ 量纲为

$$\tau = \frac{L}{R} = \left[\frac{H}{\Omega}\right] = \left[\frac{Wb}{A \cdot \Omega}\right] = \left[\frac{V \cdot s}{A \cdot \Omega}\right] = [\,s\,]$$

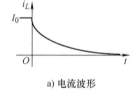 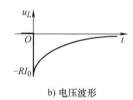

a) 电流波形　　　　　b) 电压波形

图 3.20　RL 电路零输入响应电流、电压变化曲线

（3）在暂态过程中，电感释放的能量被电阻全部消耗，即

$$W_R = \int_0^\infty i^2 R\mathrm{d}t = \int_0^\infty (I_0 \, \mathrm{e}^{-\frac{t}{L/R}})^2 R\mathrm{d}t = I_0^2 R \left(-\frac{L/R}{2} \mathrm{e}^{-\frac{2t}{RC}} \right) \Big|_0^\infty = \frac{1}{2} L I_0^2$$

3.3.2　RL 电路的零状态响应

图 3.21 所示电路，在开关 S 闭合前处于稳定状态，电感电流 $i_L(0_-) = 0$，开关 S 在 $t = 0$ 时闭合，根据换路后电路，可得

$$u_R + u_L = U_S$$

把 $u_L = L \dfrac{\mathrm{d}i}{\mathrm{d}t}$，$u_R = Ri$ 代入上式，得微分方程为

$$L \frac{\mathrm{d}i_L}{\mathrm{d}t} + Ri_L = U_S$$

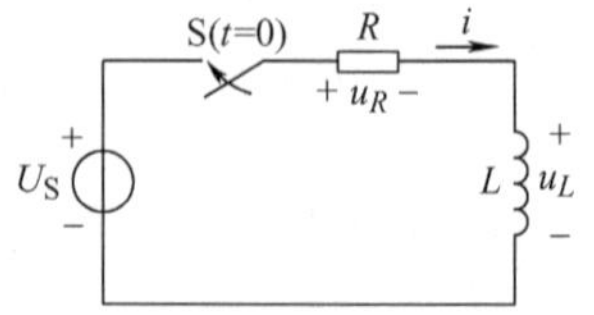

其解为

图 3.21　RL 零状态响应电路

$$i_L = i'_L + i''_L$$

因为稳态时 $\dfrac{\mathrm{d}i}{\mathrm{d}t}=0$，得到稳态解为

$$i''_L = \frac{U_S}{R}$$

因此

$$i_L = \frac{U_S}{R} + A\mathrm{e}^{-\frac{Rt}{L}}$$

由初始条件 $i_L(0_+)=0$，得 $A = -\dfrac{U_S}{R}$，则

$$i_L = \frac{U_S}{R}\left(1 - \mathrm{e}^{-\frac{Rt}{L}}\right) \tag{3.11}$$

$$u_L(t) = L\frac{\mathrm{d}i_L}{\mathrm{d}t} = U_S\mathrm{e}^{-\frac{Rt}{L}} \quad t \geqslant 0 \tag{3.12}$$

u_L、i_L 随时间按同一指数规律变化，如图 3.22 所示。

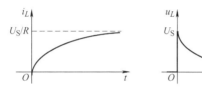

图 3.22 电感的电流、电压变化曲线

【例 3.8】 图 3.23 所示电路原处于稳定状态，在 $t=0$ 时，打开开关 S。求 $t \geqslant 0$ 时电感的电流和电压及电流源的端电压随时间变化的规律。

【解】 应用戴维南定理，得到开关打开后的等效电路如图 3.24 所示，有

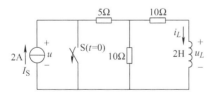

图 3.23 例 3.8 电路

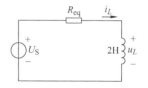

图 3.24 例 3.8 等效电路

$$R_{\mathrm{eq}} = (10 + 10)\,\Omega = 20\,\Omega$$

$$U_S = 2 \times 10\,\mathrm{V} = 20\,\mathrm{V}$$

$$\tau = \frac{L}{R_{\mathrm{eq}}} = \frac{2}{20}\mathrm{s} = 0.1\,\mathrm{s}$$

把电感短路，得电感电流的稳态解为

$$i_L(\infty) = \frac{U_S}{R_{\mathrm{eq}}} = 1\,\mathrm{A}$$

则

$$i_L(t) = \frac{U_S}{R_{\mathrm{eq}}}\left(1 - \mathrm{e}^{-\frac{Rt}{L}}\right) = (1 - \mathrm{e}^{-10t})\,\mathrm{A} \quad t \geqslant 0$$

$$u_L(t) = U_S - i_L(t)R_{eq} = U_S e^{-\frac{Rt}{L}t} = 20e^{-10t}V \quad t \geq 0$$

电流源的端电压为

$$u(t) = 5I_S + 10i_L + u_L = (20 + 10e^{-10t})V \quad t \geq 0$$

3.3.3　*RL* 电路的全响应

电路如图 3.25 所示，开关 S 处于位置 1 时电路处于稳定状态，当 $t = 0$ 时，开关 S 从位置 1 合向位置 2。根据换路后电路列电压方程。

$$u_R + u_L = U$$

$$Ri_L + L\frac{di_L}{dt} = U$$

微分方程的通解为

$$i_L = i'_L + i''_L = \frac{U}{R} + Ae^{-\frac{t}{\tau}}$$

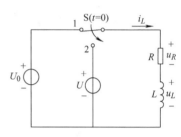

图 3.25　*RL* 全响应电路

根据初始值确定积分常数 A。由换路定则得

$$i_L(0_+) = i_L(0_-) = \frac{U_0}{R}$$

$t = 0_+$ 时，有

$$A = \frac{U_0}{R} - \frac{U}{R}$$

$$i_L = \frac{U}{R} + \left(\frac{U_0}{R} - \frac{U}{R}\right)e^{-\frac{t}{\tau}} = \frac{U}{R}(1 - e^{-\frac{t}{\tau}}) + \frac{U_0}{R}e^{-\frac{t}{\tau}}$$

全响应 = 零状态响应 + 零输入响应

3.4　一阶线性电路的三要素法

只含有一个储能元件或可等效为一个储能元件的线性电路，其电压或电流的微分方程是一阶常系数线性微分方程，此类电路称为一阶线性电路。

一阶电路三要素法

在分析一阶线性电路的经典法基础上，总结出计算一阶线性电路的三要素法。所谓的三要素法，就是对待求的电路响应变量，先求出其初始值、稳态值及时间常数，然后代入公式。

$$f(t) = f(\infty) + [f(0_+) - f(\infty)]e^{-\frac{t}{\tau}} \quad (3.13)$$

这是分析一阶线性电路暂态过程中任意变量的一般公式。式中，$f(t)$ 是暂态过程中待求的电流或电压，$f(0_+)$ 是初始值，$f(\infty)$ 是稳态值，τ 是时间常数。只要求得 $f(0_+)$、$f(\infty)$ 和 τ 这三个"要素"，就能直接写出电路的响应。

典型题分析

【例 3.9】　图 3.26 所示电路原处于稳态，$t = 0$ 时开关 S 闭合。已知 $u_C(0_-) = 1V$，$C = 1F$，求开关闭合后的电容电压 u_C 和电流 i_C 及电流源两端的电压 u。

【解】　（1）应用三要素法求电容电压 $u_C(t)$。

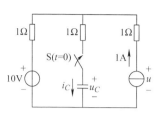

图 3.26 例 3.9 电路

$$u_C(0_+) = u_C(0_-) = 1\text{V}$$

$$u_C(\infty) = (1 \times 1 + 10)\text{V} = 11\text{V}$$

$$\tau = RC = (1 + 1) \times 1\text{s} = 2\text{s}$$

$$u_C(t) = u_C(\infty) + [u_C(0_+) - u_C(\infty)]e^{-\frac{t}{\tau}}$$

$$= [11 + (1 - 11)e^{-\frac{t}{2}}]\text{V} = (11 - 10e^{-0.5t})\text{V} \quad t \geq 0$$

（2）电容电流

$$i_C(t) = C\frac{\mathrm{d}u_C}{\mathrm{d}t} = 5e^{-0.5t}\text{A} \quad t \geq 0$$

（3）电流源两端的电压

$$u(t) = 1 \times 1 + 1 \times i_C + u_C = (12 - 5e^{-0.5t})\text{V} \quad t \geq 0$$

【例 3.10】 图 3.27 所示电路原处于稳定状态，$t = 0$ 时开关 S 闭合。求开关闭合后的电容电压 u_C，并画出波形图。

【解】 这是 RC 电路全响应问题，应用三要素法分析。

$$u_C(0_+) = u_C(0_-) = 1 \times 2\text{V} = 2\text{V}$$

$$u_C(\infty) = (2/\!/1) \times 1\text{V} \approx 0.667\text{V}$$

$$\tau = RC = (2/\!/1) \times 3\text{s} = 2\text{s}$$

电容电压为

$$u_C(t) = u_C(\infty) + [u_C(0_+) - u_C(\infty)]e^{-\frac{t}{\tau}}$$

$$= [0.667 + (2 - 0.667)e^{-0.5t}]\text{V} = (0.667 + 1.333e^{-0.5t})\text{V} \quad t \geq 0$$

电容电压随时间变化的波形如图 3.28 所示。

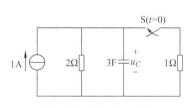

图 3.27 例 3.10 电路

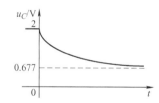

图 3.28 电容电压随时间变化的波形

【例 3.11】 图 3.29 所示电路原处于稳定状态，$t = 0$ 时开关 S 闭合，求开关闭合后各支路电流的变化规律。

【解】 这是 RL 电路全响应问题，应用三要素法分析。

$$i_L(0_+) = i_L(0_-) = \frac{10}{5}\text{A} = 2\text{A}$$

$$i_L(\infty) = \left(\frac{10}{5} + \frac{20}{5}\right)\text{A} = 6\text{A}$$

$$\tau = \frac{L}{R} = \frac{0.5}{5/\!/5}\text{s} = 0.2\text{s}$$

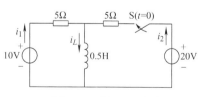

图 3.29 例 3.11 电路

电感电流为

$$i_L(t) = i_L(\infty) + [i_L(0_+) - i_L(\infty)]e^{-\frac{t}{\tau}}$$

$$= [6 + (2 - 6)e^{-5t}]\text{A} = (6 - 4e^{-5t})\text{A} \quad t \geq 0$$

$$u_L(t) = L\frac{\mathrm{d}i_L}{\mathrm{d}t} = 0.5 \times (-4\mathrm{e}^{-5t}) \times (-5)\mathrm{V} = 10\mathrm{e}^{-5t}\mathrm{V} \quad t \geqslant 0$$

其他支路电流为

$$i_1 = \frac{10 - u_L}{5} = (2 - 2\mathrm{e}^{-5t})\mathrm{A} \quad t \geqslant 0$$

$$i_2 = \frac{20 - u_L}{5} = (4 - 2\mathrm{e}^{-5t})\mathrm{A} \quad t \geqslant 0$$

微分电路与
积分电路

3.5 微分电路与积分电路

微分电路与积分电路是指电容元件充放电的 RC 电路。由矩形脉冲激励，选取不同的时间常数，可使输出电压与输入电压之间存在特定（微分或积分）的关系。

3.5.1 RC 微分电路

RC 微分电路（differentiating circuit）如图 3.30 所示。它为一无源双口网络，在 1、2 端加输入信号电压 u_1，从 3、4 端取输出信号电压 u_2。

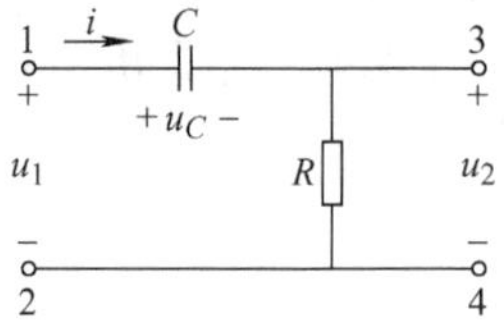

图 3.30 RC 微分电路

构成 RC 微分电路应具有两个条件：①输出电压从电阻 R 端取出；②电路时间常数 $\tau = RC \ll t_\mathrm{p}$（脉冲宽度）。

当输出端开路时，有 $u_2 = Ri = RC\dfrac{\mathrm{d}u_C}{\mathrm{d}t}$，即输出电压 u_2 与电容电压 u_C 对时间的微分成正比。

由 KVL 列电压方程得

$$u_1 = u_C + u_2$$

由于 $\tau = RC \ll t_\mathrm{p}$，当 R 很小时，则 $u_R(u_2)$ 很小，$u_C \gg u_2$，则 $u_1 \approx u_C$。于是

$$u_2 = i_C R = RC\frac{\mathrm{d}u_C}{\mathrm{d}t} \approx RC\frac{\mathrm{d}u_1}{\mathrm{d}t} \tag{3.14}$$

由此可知，该电路的输出电压与输入电压对时间的微分近似成正比。

可见，为了使电路具有"微分"功能，电阻 R 和电容 C 必须都很小，以保证电路时间常数 $\tau(RC)$ 很小。

下面分析 RC 微分电路在输入为矩形脉冲信号时的输出电压波形。输入信号电压波形如图 3.31a 所示，其数学定义为

$$u_1 = \begin{cases} 0 & t < t_1, t > t_2 \\ U & t_1 \leqslant t \leqslant t_2 \end{cases}$$

设电路的时间常数 $\tau = RC \ll t_\mathrm{p}$，电路响应可分段分析：

1) 当 $0 < t < t_1$ 时，$u_1 = 0$，电容 C 无电荷积累或释放，电路中 $i = 0$，$u_2 = 0$。

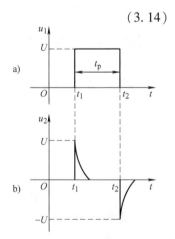

图 3.31 RC 微分电路的
输入、输出电压波形

2）当 $t_1 \leq t \leq t_2$ 时，$u_1 = U$，电路处于零状态响应，电容充电，输出电压为

$$u_2 = Ri = R\frac{U}{R}e^{-\frac{t-t_1}{\tau}} = Ue^{-\frac{t-t_1}{\tau}} \qquad t_1 \leq t \leq t_2$$

3）当 $t > t_2$ 时，$u_1 = 0$，电容 C 放电，RC 电路处于零输入响应。这时初始条件 $U_C(0_-) = U$，输出电压为

$$u_2 = -u_C = -Ue^{-\frac{t-t_2}{\tau}} \qquad t > t_2$$

输出电压波形如图 3.31b 所示。由于 $\tau \ll t_p$，充放电过程很快，输出电压的绝对值随时间迅速地按指数规律衰减，从而形成尖脉冲。充电时，输出电压为一正尖脉冲；放电时，输出电压为一负尖脉冲。RC 微分电路输出的双向尖脉冲是由于输入矩形脉冲"前沿"正跳变和"后沿"负跳变产生的。所以，RC 微分电路的作用是突出输入信号的变化部分。

在脉冲电路中，常应用 RC 微分电路把矩形脉冲变换为尖脉冲，作为触发信号。

3.5.2 RC 积分电路

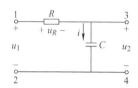

RC 积分电路（integrating circuit）如图 3.32 所示。它是一无源双口网络，在 1、2 端加输入信号电压 u_1，从 3、4 端取输出信号电压 u_2。

图 3.32 RC 积分电路

构成 RC 积分电路应具有两个条件：①输出电压从电容 C 端取出；②电路时间常数 $\tau(RC) \gg t_p$（脉冲宽度）。

当输出端开路时，在零初始条件下，有 $u_2 = u_C = \frac{1}{C}\int i\,dt = \frac{1}{RC}\int u_R\,dt$，即输出电压 u_2 与电阻电压 u_R 对时间的积分成正比例。

由 KVL 列电压方程得

$$u_1 = u_R + u_2$$

由于 $\tau = RC \gg t_p$，R、C 都很大，则 $u_R \gg u_C$，所以 $u_1 \approx u_R$，则 $i \approx \frac{u_1}{R}$。于是

$$u_2 = u_C = \frac{1}{C}\int i\,dt \approx \frac{1}{RC}\int u_1\,dt \tag{3.15}$$

由此可知，该电路的输出电压与输入电压对时间的积分近似成正比。

下面分析 RC 积分电路在输入矩形脉冲信号时的输出电压波形。输入电压信号波形如图 3.33a 所示，其数学定义为

$$u_1 = \begin{cases} 0 & t < 0, t > t_p \\ U & 0 \leq t \leq t_p \end{cases}$$

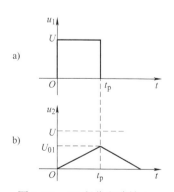

设电路 $\tau = RC \gg t_p$，电路响应可分段分析如下：

1）当 $t < 0$ 时，电容 C 无电荷积累或释放，电路中 $i = 0$、$u_2 = 0$。

2）当 $0 \leq t \leq t_p$ 时，电容 C 充电，由于 $\tau = RC \gg t_p$，输出电压 u_2 增长缓慢，这时

$$u_2 = u_C = U(1 - e^{-\frac{t}{\tau}}) \qquad 0 \leq t \leq t_p$$

图 3.33 RC 积分电路输入、输出电压波形

其增长率为$\dfrac{\mathrm{d}u_2}{\mathrm{d}t}=\dfrac{U}{\tau}\mathrm{e}^{-\frac{t}{\tau}}\approx\dfrac{U}{\tau}$。因为$t\ll\tau$，则$\mathrm{e}^{-\frac{t}{\tau}}\approx1$，所以输出电压信号$u_2$和时间$t$近似呈线性关系，在充电过程中输出电压大部分降落在电阻R上。

3）当$t>t_\mathrm{p}$时，输入信号电压为零，电容C开始放电。这时输出电压和电阻上的电压分别是

$$u_2=U_{01}\mathrm{e}^{-\frac{t}{\tau}},\quad u_R=-U_{01}\mathrm{e}^{-\frac{t}{\tau}}$$

式中，$U_{01}=U\left(1-\mathrm{e}^{-\frac{t_p}{\tau}}\right)$。

对RC积分电路，在输入端加上一个矩形信号后，在输出端会得到一个锯齿波电压信号，输出电压波形如图3.33b所示。时间常数越大，充放电的过程就越缓慢，锯齿波的线性度就越好。

在脉冲电路中，可应用RC积分电路把矩形脉冲变换为锯齿波电压，常用作扫描信号。

习　题

填空题

3.1　在直流电路中，换路前如果电容没有储能，在换路瞬间电容元件可视为_____；换路前如果电感中没有储能，在换路瞬间电感元件可视为_____。

3.2　当电感元件中的电流恒定时，其上的电压为零，故电感元件可视为_____。

3.3　已知直流电路处于稳态时，电感和电容都储有能量，则在换路发生后瞬间，电感L可视为_____，电容C可视为_____。

3.4　图3.34所示电路中，开关 S 在$t=0$瞬间闭合，若$u_C(0_-)=-4\mathrm{V}$，则$u_R(0_+)=$_____ V。

3.5　图3.35所示电路中，开关 S 在$t=0$瞬间闭合，换路前电路已达稳态，则$i_2(0_+)=$_____ A。

3.6　图3.36所示电路中，开关 S 在$t=0$瞬间闭合，若$u_C(0_-)=0\mathrm{V}$，则$i_L(0_+)=$_____ A。

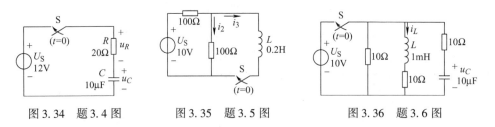

图3.34　题3.4图　　　　图3.35　题3.5图　　　　图3.36　题3.6图

3.7　图3.37所示电路中，$t=0$时刻开关 S 断开，换路前电路已达稳态，则$i_C(0_+)=$_____ A。

3.8　一阶RC电路的时间常数$\tau=RC$；一阶RL电路的时间常数$\tau=$_____。

3.9　图3.38所示为3条电容的放电曲线，其中时间常数τ最小、放大速度最快的是曲线_____。

3.10　如图3.39所示电路，已知开关闭合后$u_C=10(1-\mathrm{e}^{-100t})\mathrm{V}$，则图中电阻$R=$_____ Ω。

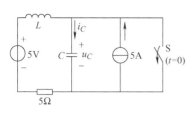 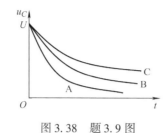 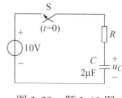

图3.37 题3.7图　　　　图3.38 题3.9图　　　　图3.39 题3.10图

选择题

3.11 全响应是指电源激励和储能元件的初始状态均不为零时电路的响应，也就是零输入响应和零状态响应的叠加，这是（　　）在一阶线性电路暂态分析中的应用。

A. 戴维南定理　　　B. 诺顿定理　　　C. 叠加定理　　　D. 节点电压法

3.12 换路定则适用于换路瞬间，下列描述正确的是（　　）。

A. $i_L(0_-)=i_L(0_+)$　　　　　　　　B. $u_L(0_-)=u_L(0_+)$

C. $i_C(0_-)=i_C(0_+)$　　　　　　　　D. $u_R(0_-)=u_R(0_+)$

3.13 RC 电路的初始储能为零，在 $t=0$ 时由外加激励所引起的响应称为（　　）响应。

A. 暂态　　　B. 零输入　　　C. 零状态　　　D. 全

3.14 图3.40所示电路在换路前处于稳态，则换路后电流 i 的初始值 $i(0_+)$ 和稳态值 $i(\infty)$ 分别为（　　）。

A. 0A，6A　　　B. 6A，2A　　　C. 1.5A，3A　　　D. 6A，0A

3.15 电路如图3.41所示，开关断开后，一阶电路的时间常数 $\tau=$（　　）。

A. $\dfrac{R_1R_2}{R_1+R_2}C$　　　B. R_2C　　　C. $(R_1+R_2)C$　　　D. $\dfrac{(R_1+R_2)R_3}{R_1+R_2+R_3}C$

3.16 电路如图3.42所示，$U_S=20\text{V}$，$R_1=R_2=10\Omega$，$L=1\text{H}$，其零状态响应电流 $i(t)=$（　　）。

A. $2(1-e^{-5t})\text{A}$　　　B. $2(1-e^{-0.2t})\text{A}$　　　C. $2(1-e^{-0.1t})\text{A}$　　　D. $(1-e^{-10t})\text{A}$

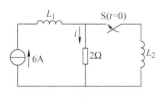 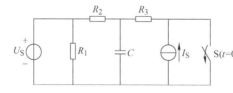 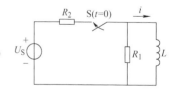

图3.40 题3.14图　　　图3.41 题3.15图　　　图3.42 题3.16图

计算题

3.17 如图3.43所示电路，已知S合上前电路为稳态，当 $t=0$ 时将S合上。求 i_L 和 u_L 的初始值和稳态值。

3.18 在图3.44所示电路中，已知 $U_S=5\text{V}$，$I_S=5\text{A}$，$R=5\Omega$，开关S断开前电路已稳定。求开关S断开后 R、C、L 的电压、电流的初始值和稳态值。

3.19 图3.45所示电路已处于稳态，$t=0$ 时开关闭合，试求 $t\geq0$ 时 $u_C(t)$ 和 $i_C(t)$。

3.20 电路如图3.46所示，已知 $U_S=18\text{V}$，$R_1=R_2=R_3=6\text{k}\Omega$，S闭合前电路为稳态，当 $t=0$ 时S闭合。求 $u_C(t)$ 和 $i(t)$。

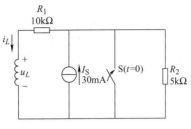

图 3.43　题 3.17 图

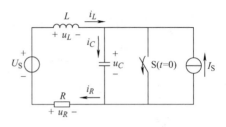

图 3.44　题 3.18 图

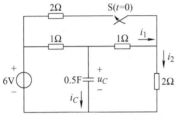

图 3.45　图 3.19 图

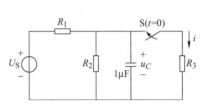

图 3.46　题 3.20 图

3.21　电路如图 3.47 所示，电路处于稳定状态，$t=0$ 时开关闭合，试用三要素法求 u_C。

3.22　电路如图 3.48 所示，试用三要素法求 $t \geqslant 0$ 时 i_1、i_2 及 i_L。已知换路前电路处于稳态。

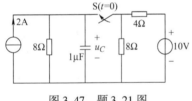

图 3.47　题 3.21 图

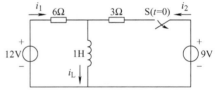

图 3.48　题 3.22 图

3.23　在工业生产中，很多场合（如直流电机等）需要直流励磁。实际的励磁线圈可等效为电感 L 和电阻 R_0 串联。这种电路使用时特别需要注意的是，当停止工作时，电源开关一定不能迅速断开，否则会引发事故。请结合本章学到的知识，按给定的数据计算。

在图 3.49 所示电路中，已知 $U=100\text{V}$，实际的励磁线圈等效参数为 $R_0=10\Omega$、$L=1\text{H}$。电压表的量程为 100V，内阻 $R_V=10\text{k}\Omega$。当 $t=0$ 时，开关 S 断开，求电压表上的电压 $U_V(0_+)$ 和开关 S 上的电压 $U_S(0_+)$。根据计算出的数据，判断可能发生的事故，并试着给出解决方案。

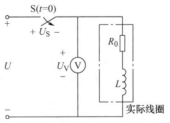

图 3.49　题 3.23 图

第4章

正弦交流电路

在日常生产和生活中，广泛使用正弦交流电，其电量的大小随时间按正弦规律变化。本章讨论正弦交流电路的基本概念、基本理论和基本分析方法。

4.1 正弦交流电的基本概念

4.1.1 正弦量的概念

在正弦交流电路中，电压和电流按正弦规律变化，其波形如图 4.1 所示。

分析与计算正弦交流电路，主要是确定正弦交流电路中的电压、电流和功率等。

由于正弦交流电压和电流的方向是周期性变化的，在电路图上所标的参考方向是指它们正半周时的方向。

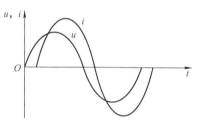

图 4.1　正弦交流电的波形

负半周时，由于实际方向与正方向相反，则其值为负。正弦交流电压和电流等物理量，常统称为正弦量。

4.1.2 正弦量的三要素

以正弦电流 i 为例，其表达式为

$$i = I_m \sin(\omega t + \psi) \tag{4.1}$$

式中，i 为电流瞬时值（instantaneous value）；I_m 为电流最大值；ω 为角频率（angular frequency）；ψ 为初相位（initial phase）。

正弦量的
三要素

其波形图如图 4.2 所示。式（4.1）表达了每一瞬时正弦交流电流的取值，称为瞬时值表达式。正弦量的瞬时值，用小写字母表示，一般用 i、u、e 分别表示电流、电压、电动势的瞬时值。

这种按正弦规律变化的电量可由幅值、周期（或频率）、初相位三个参数确定。这三个参数称为正弦量的三要素（three elements for sinusoidal quantity）。

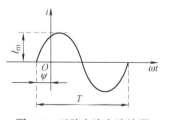

图 4.2　正弦交流电流波形

1. 幅值与有效值

（1）幅值 最大的瞬时值称为幅值（amplitude）或最大值（maximum value），用大写字母加小写字母下标 m 表示，如用 I_m、U_m、E_m 等来分别表示电流、电压、电动势的最大值。

（2）有效值 在正弦交流电路中，一般用有效值来描述正弦电压或电流的大小。有效值是根据电流的热效应来定义的。若周期电流 i 在一个周期内，流过电阻 R 所产生的热量与流过该电阻 R 的直流电流 I 所产生的热量相等，那么将这个直流电流 I 定义为该周期电流 i 的有效值（effective value）。

根据定义，可得

$$RI^2T = \int_0^T Ri^2\,\mathrm{d}t$$

$$I = \sqrt{\frac{1}{T}\int_0^T i^2\,\mathrm{d}t}$$

式中，I 为周期电流 i 的有效值，又称为方均根值。

当周期电流为正弦量时，即 $i = I_m\sin\omega t$ （令 $\psi = 0$），则

$$I = \sqrt{\frac{1}{T}\int_0^T i^2\,\mathrm{d}t} = \sqrt{\frac{1}{T}\int_0^T I_m^2\sin^2\omega t\,\mathrm{d}t} = \sqrt{\frac{I_m^2}{T}\int_0^T \frac{1-\cos2\omega t}{2}\,\mathrm{d}t} = \frac{I_m}{\sqrt{2}} \tag{4.2}$$

即电流有效值与最大值（幅值）的关系为 $I = \dfrac{I_m}{\sqrt{2}}$。

同理，正弦交流电压、电动势的有效值分别为 $U = \dfrac{U_m}{\sqrt{2}}$、$E = \dfrac{E_m}{\sqrt{2}}$。

工程上所说的正弦交流电压、电流的大小一般都是指有效值。例如，交流测量仪表所指示的读数、交流电气设备铭牌上的额定值都是指有效值。我国民用的交流电源电压为 220V，就是指正弦交流电压的有效值，它的最大值为 311V。

注意：并非在一切场合都用有效值来表征正弦量的大小。例如，在确定各种交流电气设备的耐压值时，就应按交流电压的最大值来考虑。

2. 频率与周期

（1）频率（frequency） 频率指正弦量每秒变化的次数，用 f 表示，单位为赫兹（Hz）。

（2）周期（period） 周期指正弦量变化一次所需的时间，用 T 表示，单位为秒（s）。

周期和频率的关系是

$$f = \frac{1}{T}\text{或}\ T = \frac{1}{f} \tag{4.3}$$

正弦量每完成一次变化，在时间上为一个周期，在正弦函数的角度上则为 2π 弧度（rad）；单位时间内变化的角度称为角频率，用 ω 表示，单位为弧度每秒（rad/s）。角频率、周期、频率的关系为

$$\omega = \frac{2\pi}{T} = 2\pi f \tag{4.4}$$

我国和大多数国家都采用 50Hz 作为电力系统的标准频率，有些国家（如美国、日本等）采用 60Hz。这种频率为 50Hz 的电源在工业上应用广泛，也称为工频电。在不同的技术

领域内使用不同频率电源。例如，中频炉的频率是 200 ~ 300Hz，高频炉的频率是 500 ~ 8000Hz，高速电动机的电源频率是 150 ~ 2000Hz，通常收音机中波段的频率是 530 ~ 1600kHz，短波段的频率是 2.3 ~ 23MHz。

【例 4.1】 我国工频交流电的周期和角频率各为多少？

【解】 因为 $f = 50$Hz，故有

$$T = 0.02\text{s}, \quad \omega = 2\pi f = 314\text{rad/s}$$

3. 初相位与相位差

（1）初相位 式（4.1）中的 $\omega t + \psi$ 称为交流电的相位（phase），它反映正弦量变化的进程。$t = 0$ 时的相位叫初相位，简称初相，用 ψ 表示。初相位决定交流电的起始状态。图 4.2 中 i 的初相位为 ψ。

（2）相位差 两个同频率正弦量的相位之差叫作相位差（phase difference），用字母 φ 表示。例如，$u = U_\text{m}\sin(\omega t + \psi_1)$，$i = I_\text{m}\sin(\omega t + \psi_2)$，则两者的相位差为

$$\varphi = (\omega t + \psi_1) - (\omega t + \psi_2) = \psi_1 - \psi_2 \tag{4.5}$$

可见，两个同频率正弦量的相位差等于它们的初相位之差。相位差的大小反映了两个同频率正弦量到达正幅值的时间差。规定电压初相位减去电流初相位（值大于零）的相位差为正。正弦量相位差的各种情况如图 4.3 所示。

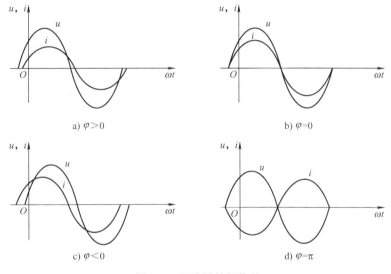

图 4.3　正弦量的相位差

若 $\psi_1 - \psi_2 > 0$，称 u 超前于 i 或 i 滞后于 u，如图 4.3a 所示。

若 $\psi_1 - \psi_2 = 0$，说明 u 与 i 同时到达正幅值，称为 u 与 i 同相位，如图 4.3b 所示。

若 $\psi_1 - \psi_2 < 0$，说明 u 滞后 i 或 i 超前 u，如图 4.3c 所示。

若 $\psi_1 - \psi_2 = \pi$，说明 u 到达正幅值时 i 恰为负幅值，称 u 与 i 相位反相，如图 4.3d 所示。

【例 4.2】 已知正弦交流电压、电流的波形如图 4.4 所示，频率为 50Hz。试指出它们的最大值、初相位以及它们之间的相位差，说明哪个正弦量超前，超前多少角度，超前多少时间？

【解】 $I_\text{m} = 2$A，$U_\text{m} = 310$V，$\psi_u = 45°$，$\psi_i = -90°$。

$$\varphi = \psi_u - \psi_i = 135° = \frac{3\pi}{4}，电压超前电流 135°。$$

$$\Delta t = \frac{\varphi}{\omega} = \frac{\frac{3}{4}\pi}{2\pi f} = \frac{3}{8 \times 50}s = 7.5 \times 10^{-3}s = 7.5ms$$

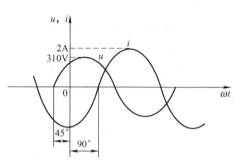

图 4.4　正弦交流电压、电流的波形

【例 4.3】　某正弦电流的频率为 20Hz，有效值为 $5\sqrt{2}$ A，在 $t = 0$ 时，电流的瞬时值为 5A，且此时刻电流在增大，求该电流的瞬时值表达式。

【解】　设电流瞬时值表达式为 $i = 5\sqrt{2} \times \sqrt{2}\sin(2\pi f t + \psi_i)$，当 $t = 0$ 时，$i = 5$A，即 $5 = 10\sin\psi_i$，则 $\psi_i = \frac{\pi}{6}$ 或 $\psi_i = \frac{5}{6}\pi$。又因此时刻电流在增加，所以 $\psi_i = \frac{\pi}{6}$。故该电流的瞬时值表达式为 $i = 10\sin\left(40\pi t + \frac{\pi}{6}\right)$A

【例 4.4】　电压 u 和电流 i 的波形如图 4.5 所示，请回答下列问题：u 和 i 的初相位各为多少，相位差为多少？若将计时起点向右移 $\frac{\pi}{3}$，则 u 和 i 的初相位有何改变，相位差有何改变？u 和 i 哪一个超前？

【解】　由波形图可知，u 的初相位是 $-60°$，i 的初相位是 $30°$，相位差为 $90°$，u 滞后 i 90°。若将计时起点向右移 $\frac{\pi}{3}$（即 $60°$），则 u 的初相变为零，i 的初相变为 $90°$，两者之间的相位差不变。在计算正弦量相位差时应注意：

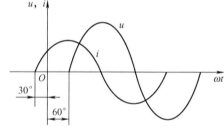

图 4.5　例 4.4 电压、电流的波形

1）函数表达形式应相同，均采用 cos 或 sin 形式表示。例如：

$$u(t) = 100\sin(\omega t + 15°)\,V$$
$$i(t) = 10\cos(\omega t - 30°) = 10\sin(\omega t + 60°)\,A$$
$$\varphi = 15° - 60° = -45°$$

2）函数表达式前的正、负号要一致。

3）当两个同频率正弦量的计时起点（即波形图中的坐标原点）改变时，它们的初相位也跟着改变，但它们的相位差却保持不变。所以两个同频率正弦量的相位差与计时起点的选择无关。

4.2　正弦量的相量表示法

相量表示法

前面已经讲过正弦交流电的两种表示法：一种是瞬时值（三角函数式）表示法，如 $i = I_m\sin(\omega t + \psi_i)$；另一种是波形图表示法，如图 4.5 所示。这两种方法均能准确表达出正弦量的三要素。但是，使用这两种表示法分析和计算正弦交流电路比较烦琐。所以，要介绍一种新的正弦量表示法，即相量表示法。相量表示法的基础是复数，用复数来表示正弦量，可使电路的分析和计算变得十分简便。

4.2.1　有向线段与正弦函数

设有一正弦电压 $u = U_\mathrm{m}\sin(\omega t + \psi)$，如图 4.6 所示。在直角坐标系中有一旋转有向线段 A。有向线段的长度等于正弦量的幅值 U_m，它的初始位置（$t = 0$ 时的位置）与横轴正方向之间的夹角等于正弦量的初相位 ψ，并以正弦量的角频率 ω 做逆时针方向旋转。可见，这一旋转有向线段具有正弦量的 3 个特征，故可用来表示正弦量。正弦量在某时刻瞬时值的大小恰好等于这个旋转有向线段该时刻在纵轴上的投影长度。例如，当 $t = 0$ 时，$u_0 = U_\mathrm{m}\sin\psi$；当 $t = t_1$ 时，$u_1 = U_\mathrm{m}\sin(\omega t_1 + \psi)$。

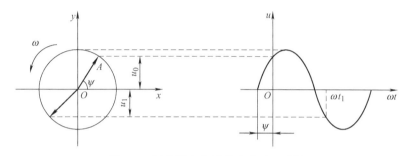

图 4.6　用旋转有向线段来表示正弦量

由于正弦电路中各正弦量的频率相同，角频率 ω 可以隐含（三要素隐含一个，外显二个），正弦量只需用有向线段的长度和初始角表示即可。因此，正弦量可用一条有向线段表示，而有向线段可用复数表示，所以正弦量也可用复数来表示。

把表示正弦量的复数称为相量（phasor），用相量来表示正弦量称作相量表示法。下面将对复数及其运算进行简要的介绍。

4.2.2　复数的表示法

令一直角坐标系的横轴表示复数的实部，称为实轴，以 $+1$ 为单位；纵轴表示复数的虚部，称为虚轴，以 $+\mathrm{j}$ 为单位。实轴与虚轴构成的平面称为复平面。复平面中有向线段 A，其实部为 a、虚部为 b，如图 4.7 所示。于是，有向线段 A 可用复数的不同形式表示。

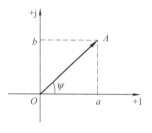

图 4.7　有向线段的复数表示

1. 代数式

$$A = a + \mathrm{j}b$$

其中，$\mathrm{j} = \sqrt{-1}$ 称为虚数单位。

2. 三角式

$$A = a + \mathrm{j}b = r\cos\psi + \mathrm{j}r\sin\psi = r(\cos\psi + \mathrm{j}\sin\psi)$$

其中，$r = \sqrt{a^2 + b^2}$ 称为有向线段 A 的模，$\psi = \arctan\dfrac{b}{a}$ 称为有向线段 A 的幅角。

3. 指数式

根据欧拉公式 $\cos\psi = \dfrac{\mathrm{e}^{\mathrm{j}\psi} + \mathrm{e}^{-\mathrm{j}\psi}}{2}$、$\sin\psi = \dfrac{\mathrm{e}^{\mathrm{j}\psi} - \mathrm{e}^{-\mathrm{j}\psi}}{2\mathrm{j}}$，可以把有向线段 A 写成指数形式

$$A = r e^{j\psi}$$

4. 极坐标式

指数式还可用极坐标简写为

$$A = r \angle \psi$$

以上复数的几种表达式可以互相转换。复数的加减运算常用代数式或三角式，而乘除运算则常用指数式或极坐标式。

为了与一般的复数相区别，把表示正弦量的复数称为相量，在大写字母上加"·"来表示。例如，表示正弦电压 $u = U_m \sin(\omega t + \psi)$ 的相量为

$$\dot{U}_m = U_m (\cos\psi + j\sin\psi) = U_m e^{j\psi} = U_m \angle \psi \text{——幅值相量（amplitude phasor）}$$

或　　$\dot{U} = U(\cos\psi + j\sin\psi) = U e^{j\psi} = U \angle \psi$ ——有效值相量（effective value phasor）

通常使用有效值形式的相量。

【例 4.5】 某正弦电压 $u = 20\sqrt{2}\sin(\omega t + 30°)\,\mathrm{V}$，求其相量表达式。

【解】 其相量式为

$$\dot{U} = 20(\cos 30° + j\sin 30°) = 20 e^{j30°} = 20 \angle 30° \,\mathrm{V}$$

4.2.3　相量图与相量运算

1. 相量图

按照各同频率正弦量的大小和相位关系，在复平面上画出各个正弦量相对应的相量，称为相量图。在相量图上能清晰表达出各个正弦量的大小和相位关系。画相量图时，可以不画出复平面上的实轴和虚轴。

要注意只有同频率的正弦量才能画在同一相量图上。

【例 4.6】 已知 $i_1 = 15\sqrt{2}\sin(\omega t + 45°)\,\mathrm{A}$，$i_2 = 10\sqrt{2}\sin(\omega t - 30°)\,\mathrm{A}$，求 $i = i_1 + i_2$ 的相量表达式，并画出相量图。

【解】 现将每个电流写成相量形式，则

$$\dot{I}_1 = 15 \angle 45° = (10.61 + j10.61)\,\mathrm{A}$$

$$\dot{I}_2 = 10 \angle -30° = (8.66 - j5)\,\mathrm{A}$$

总电流相量为

$$\dot{I} = \dot{I}_1 + \dot{I}_2 = 19.27 + j5.61 = 20.07 \angle 16.23° \,\mathrm{A}$$

相量图如图 4.8 所示。

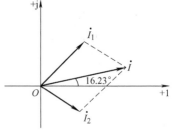

图 4.8　例 4.6 的相量图

2. 相量的四则运算

（1）加减运算　设有复数 $A = a_1 + ja_2$、$B = b_1 + jb_2$，则
$A \pm B = (a_1 \pm b_1) + j(a_2 \pm b_2)$。

复数的加减运算也可在复平面上用平行四边形法则作图完成，这种方法也称相量图法，如图 4.9 所示。

（2）乘除运算　设有复数 $A = a e^{j\psi_a}$，令 $a = |A|$；$B = b e^{j\psi_b}$，令 $b = |B|$。

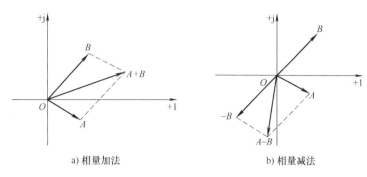

a) 相量加法　　　　　　　b) 相量减法

图 4.9　相量加减的几何意义

则

$$AB = a \angle \psi_a \cdot b \angle \psi_b = ab \angle (\psi_a + \psi_b)$$

$$\frac{A}{B} = \frac{ae^{j\psi_a}}{be^{j\psi_b}} = \frac{a}{b}e^{j(\psi_a - \psi_b)}$$

或

$$\frac{A}{B} = \frac{a \angle \psi_a}{b \angle \psi_b} = \frac{a}{b} \angle (\psi_a - \psi_b)$$

相量乘除的几何意义如图 4.10 所示。

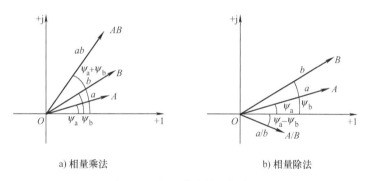

a) 相量乘法　　　　　　　b) 相量除法

图 4.10　相量乘除的几何意义

3. 复数式中 "j" 的数学意义和物理意义

$$e^{\pm j90°} = \cos 90° \pm j\sin 90° = \pm j$$

因此，任意一个相量乘上 +j 后，即向前旋转 90°；乘上 −j 后，即向后旋转 90°。所以，j 称为旋转 90° 的算子。

【例 4.7】　已知复数 $A_1 = 6 + j8$，$A_2 = 4 + j4$，试求它们的和、差、积、商。

【解】
$$A_1 + A_2 = 10 + j12$$
$$A_1 - A_2 = 2 + j4$$

$$A_1 A_2 = (6 + j8)(4 + j4) = -8 + 56j = 10 \angle 53.1° \cdot 4\sqrt{2} \angle 45° = 40\sqrt{2} \angle 98.1° = 56.56 \angle 98.1°$$

$$\frac{A_1}{A_2} = \frac{6 + j8}{4 + j4} = \frac{10 \angle 53.1°}{4\sqrt{2} \angle 45°} = \frac{5}{4}\sqrt{2} \angle 8.1° = 1.75 + 0.25j$$

【例 4.8】　将下列各正弦函数用对应的相量来表示。

$$i_1 = 5\sin \omega t \, \text{A}; \quad i_2 = 10\sin(\omega t + 60°) \, \text{A}; \quad i = i_1 + i_2。$$

【解】 $\qquad \dot{I}_{1m} = 5\angle 0°\text{A} \qquad \dot{I}_{2m} = 10\angle 60°\text{A} = 10\angle\dfrac{\pi}{3}\text{A}$

$$\dot{I}_m = \dot{I}_{1m} + \dot{I}_{2m} = \left(5\angle 0° + 10\angle\frac{\pi}{3}\right)\text{A} = \left(5 + 10\cos\frac{\pi}{3} + 10\sin\frac{\pi}{3}\text{j}\right)\text{A} = (10 + \text{j}5\sqrt{3})\,\text{A}$$

$$= \sqrt{175}\angle 40.9°\text{A} = 13.2\angle 40.9°\text{A}$$

【例4.9】 在图4.11所示的相量图中，已知 $U = 220\text{V}$，$I_1 = 10\text{A}$，$I_2 = 5\sqrt{2}\,\text{A}$，它们的角频率为 ω，试写出各正弦量的瞬时值表达式及相量表达式。

【解】 $\quad u = 220\sqrt{2}\sin\omega t\,\text{V}$，$\dot{U} = 220\angle 0°\text{V}$。

$$i_1 = 10\sqrt{2}\sin(\omega t + 90°)\,\text{A}，\quad \dot{I}_1 = 10\angle 90°\text{A}。$$

$$i_2 = 10\sin(\omega t - 45°)\,\text{A}，\quad \dot{I}_2 = 5\sqrt{2}\angle -45°\text{A}。$$

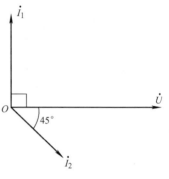

图4.11　例4.9相量图

4.3　单一元件的正弦交流电路

分析各种正弦交流电路，就是要确定电路中电压与电流之间的关系（大小和相位），并讨论电路中的功率和能量转换问题。本节分析只含单一元件（电阻、电感或电容）的正弦交流电路，这是分析其他正弦交流电路的基础。

4.3.1　电阻元件交流电路

图4.12a是一个线性电阻元件的交流电路，电压和电流的参考方向如图所示。两者的关系由欧姆定律确定，即

$$u = Ri$$

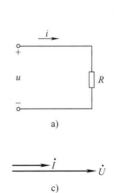

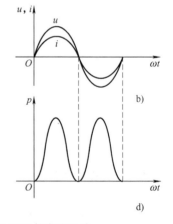

为了分析方便，设 $i = I_m\sin\omega t$ 为参考正弦量，则

$$u = Ri = RI_m\sin\omega t = U_m\sin\omega t \qquad (4.6)$$

也是一个同频率的正弦量。

比较可知，电流和电压是同相的，电压和电流的正弦波形如图4.12b所示。

图4.12　电阻元件交流电路

由式(4.6)得

$$U_m = RI_m \text{ 或} \frac{U_m}{I_m} = \frac{U}{I} = R \qquad (4.7)$$

由此可知，在电阻元件电路中，电压的幅值（或有效值）与电流的幅值（或有效值）之比，就是电阻 R。

电压和电流相量分别为 $\dot{U} = U\angle 0°$、$\dot{I} = I\angle 0°$，那么用相量表示的电压与电流关系为

$$\frac{\dot{U}}{\dot{I}} = \frac{U}{I} \angle 0° = R$$

或
$$\dot{U} = R\dot{I} \tag{4.8}$$

此为欧姆定律的相量表达式。电压和电流的相量如图 4.12c 所示。

分析了电压与电流的变化规律和相互关系后，来计算电路中的功率。电压瞬时值 u 与电流瞬时值 i 的乘积，称为瞬时功率，用小写字母 p 表示，即

$$p = ui = U_{\mathrm{m}}I_{\mathrm{m}} \sin^2\omega t = \frac{U_{\mathrm{m}}I_{\mathrm{m}}}{2}(1 - \cos2\omega t)$$

$$= UI(1 - \cos2\omega t) \tag{4.9}$$

由式（4.9）可知，p 由两部分组成：第一部分是常数 UI；第二部分是幅值为 UI，并以 2ω 的角频率随时间交变。波形如图 4.12d 所示。

由于在电阻元件的交流电路中 u 与 i 同相，所以瞬时功率总是正值，即 $p \geq 0$。说明电阻元件从电源取用电能而转换为热能，是不可逆的能量转换过程。

平均功率（average power）是一个周期内电路消耗电能的平均速率，又称有功功率（active power）。电阻元件交流电路的平均功率为

$$P = \frac{1}{T}\int_0^T p\,\mathrm{d}f = \frac{1}{T}\int_0^T UI(1 - \cos2\omega t)\,\mathrm{d}t = UI = RI^2 = \frac{U^2}{R} \tag{4.10}$$

【例 4.10】 把一个 100Ω 的电阻元件接到频率为 50Hz、电压有效值为 10V 的正弦电源上，电流为多少？如保持电压值不变，而电源频率升到 5000Hz，这时电流为多少？

【解】 因为电阻与频率无关，所以电压有效值保持不变时，电流有效值不变，即

$$I = \frac{U}{R} = \frac{10}{100}\mathrm{A} = 0.1\mathrm{A} = 100\mathrm{mA}$$

4.3.2 电感元件交流电路

现在来分析线性电感元件（非铁心线圈）的正弦交流电路。

假定一个电感线圈只具有电感 L，它的电阻 R 很小，可以忽略不计。

电感元件交流电路

当电感线圈中通过正弦交流电流 i 时，产生自感电动势 e_L。设电流 i、电动势 e_L 和电压 u 的参考方向如图 4.13a 所示。

设电流为参考正弦量，即 $i = I_{\mathrm{m}}\sin\omega t$，则

$$u = -e_L = L\frac{\mathrm{d}i}{\mathrm{d}t} = L\frac{\mathrm{d}(I_{\mathrm{m}}\sin\omega t)}{\mathrm{d}t} = \omega L I_{\mathrm{m}}\sin(\omega t + 90°) = U_{\mathrm{m}}\sin(\omega t + 90°) \tag{4.11}$$

是一个与电流频率相同的正弦量。

在电感元件交流电路中，电流在相位上滞后电压 90°（相位差 $\varphi = 90°$）。电压 u 和电流 i 的正弦波形如图 4.13b 所示。

由式（4.11）得

$$U_{\mathrm{m}} = \omega L I_{\mathrm{m}} \ \text{或} \ \frac{U_{\mathrm{m}}}{I_{\mathrm{m}}} = \frac{U}{I} = \omega L \tag{4.12}$$

由此可知，在电感元件电路中，电压的幅值（或有效值）与电流的幅值（或有效值）之比为 ωL。当电压 U 一定时，ωL 越大，则电流 I 越小。可见，它具有阻碍交流电流的物理性

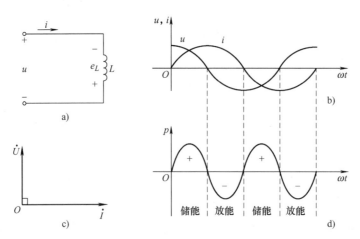

图 4.13　电感元件交流电路

质，所以称为感抗（inductive reactance），用 X_L 表示，即

$$X_L = \omega L = 2\pi f L \tag{4.13}$$

感抗 X_L 与电感 L、频率 f 成正比，单位为欧姆（Ω）。因此，电感线圈在频率越高的电路中对电流的阻碍作用越大，而对直流电无阻碍，可视为短路（$X_L = 0$）。因此，电感元件有通直隔交的作用。

电压和电流相量分别为 $\dot{U} = U\angle 90°$、$\dot{I} = I\angle 0°$，那么用相量表示的电压与电流关系为

$$\frac{\dot{U}}{\dot{I}} = \frac{U}{I}\angle 90° = jX_L$$

或 $$\dot{U} = jX_L\dot{I} \tag{4.14}$$

式（4.14）表达了电压与电流的大小和相位关系。电压和电流的相量图如图 4.13c 所示。

分析了电压 u 和电流 i 的变化规律和相互关系后，可计算电路中的瞬时功率，即

$$p = ui = U_m I_m \sin\omega t \sin(\omega t + 90°)$$

$$= U_m I_m \sin\omega t \cos\omega t = \frac{U_m I_m}{2}\sin 2\omega t$$

$$= UI\sin 2\omega t \tag{4.15}$$

由式（4.15）可见，p 是一个幅值为 UI，并以 2ω 的角频率随时间变化的交变量，其波形如图 4.13d 所示。

电感元件电路的平均功率为

$$P = \frac{1}{T}\int_0^T p\,dt = \frac{1}{T}\int_0^T UI\sin 2\omega t\,dt = 0$$

由此可知，在电感元件的交流电路中，没有能量消耗，电感只与电源进行能量互换。能量互换的规模，可用无功功率（reactive power）Q 衡量。这里规定无功功率等于瞬时功率的幅值，即

$$Q = UI = I^2 X_L \tag{4.16}$$

无功功率的单位是乏（var）或千乏（kvar）。

由电感的功率波形可以看出，当 $p > 0$ 时，电感吸收电能并转化为磁能；当 $p < 0$ 时，电

感将磁能转化为电能送回电源。在正弦稳态电路中，电感元件与电源总是不断进行能量交换，这是由电感的储能本质所决定的。

【**例 4.11**】 将一个电感 $L = 10\text{mL}$ 的线圈（内阻忽略不计），接到 $u = 100\sqrt{2}\sin 314t\text{V}$ 的电源上。求这时的感抗、电流和无功功率 Q，并画出相量图。

【**解**】
$$X_L = \omega L = 314 \times 10 \times 10^{-3}\Omega = 3.14\Omega$$

$$\dot{I} = \frac{\dot{U}}{jX_L} = \frac{100\angle 0°}{j3.14}\text{A} = 31.8\angle -90°\text{A}$$

$$Q_L = UI = 100 \times 31.8\text{var} = 3180\text{var}$$

相量图如图 4.14 所示。

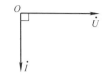

图 4.14 例 4.11 的相量图

4.3.3 电容元件交流电路

图 4.15a 所示为一个线性电容元件的正弦交流电路，参考方向如图所示。

电容元件交流电路

当电压发生变化时，电容器极板上的电荷量也要随之发生变化，在电路中就产生了电流。

$$i = \frac{dq}{dt} = C\frac{du}{dt}$$

设 $u = U_m\sin\omega t$，则

$$i = C\frac{d(U_m\sin\omega t)}{dt} = \omega C U_m\sin(\omega t + 90°) = I_m\sin(\omega t + 90°) \tag{4.17}$$

是一个与电压同频率的正弦量。

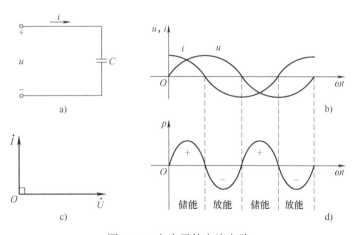

图 4.15 电容元件交流电路

可见，在电容元件交流电路中，电流超前电压 90°。电压和电流的正弦波形如图 4.15b 所示。

由式(4.17) 得

$$I_m = \omega C U_m \quad \text{或} \quad \frac{U_m}{I_m} = \frac{U}{I} = \frac{1}{\omega C} \tag{4.18}$$

由此可知，在电容元件交流电路中，电压的幅值（或有效值）与电流的幅值（或有效值）的比为 $1/\omega C$。当电压 U 一定时，$1/\omega C$ 越大，则电流 I 越小。可见它具有阻碍电流的物理性质，所以称其为容抗（capacitive reactance），单位为欧姆（Ω），用 X_C 表示，即

$$X_C = \frac{1}{\omega C} = \frac{1}{2\pi fC} \tag{4.19}$$

容抗 X_C 与电容 C、频率 f 成反比。电容元件对频率越高的电流所呈现的容抗越小，而对直流（$f=0$）所呈现的容抗趋于无穷大，可视作开路。因此，电容元件有通交隔直的作用。

电压和电流相量分别为 $\dot{U} = U\angle 0°$、$\dot{I} = I\angle 90°$，那么用相量表示的电压与电流关系为

$$\frac{\dot{U}}{\dot{I}} = \frac{U}{I} \angle -90° = -jX_C$$

或

$$\dot{U} = -jX_C\dot{I} = -j\frac{\dot{I}}{\omega C} = \frac{\dot{I}}{j\omega C} \tag{4.20}$$

式（4.20）表达了电压与电流的大小和相位关系。相量图如图 4.15c 所示。

分析了电压和电流的变化规律与相互关系后，可计算电路中的功率，即

$$p = ui = U_mI_m\sin\omega t\sin(\omega t + 90°) = U_mI_m\sin\omega t\cos\omega t$$
$$= UI\sin 2\omega t \tag{4.21}$$

由式（4.21）可知，p 是一个以 2ω 的角频率随时间变化的正弦量，它的幅值为 UI。p 的波形如图 4.15d 所示。

在电容元件交流电路中，平均功率为

$$P = \frac{1}{T}\int_0^T p\mathrm{d}t = \frac{1}{T}\int_0^T UI\sin 2\omega t\mathrm{d}t = 0$$

这说明电容元件不消耗能量，只与电源进行能量交换。能量交换的规模用无功功率来衡量，它等于瞬时功率 p 的幅值。

为了同电感元件电路的无功功率相比较，也设电流 $i = I_m\sin\omega t$ 为参考正弦量，则

$$u = U_m\sin(\omega t - 90°)$$
$$p = ui = U_mI_m\sin\omega t\sin(\omega t - 90°) = -UI\sin 2\omega t$$

所以

$$Q = -UI = -X_CI^2 \tag{4.22}$$

即电容性无功功率取负值，而电感性无功功率取正值。

【例 4.12】 将一个 $C = 10\mu F$ 的电容器，接到 $u = 100\sqrt{2}\sin 314t\,\mathrm{V}$ 的电源上，求这时的容抗、电流和无功功率 Q，并画出相量图。

【解】

$$X_C = \frac{1}{\omega C} = \frac{1}{314 \times 10 \times 10^{-6}}\Omega \approx 318.5\Omega$$

$$\dot{I} = -\frac{\dot{U}}{jX_C} = -\frac{100\angle 0°}{j318.5}\mathrm{A} = 0.69\angle 90°\mathrm{A}$$

$$Q_C = -UI = -220 \times 0.69\,\mathrm{var} = -151.8\,\mathrm{var}$$

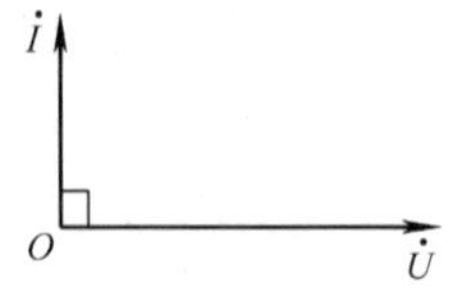

相量图如图 4.16 所示。

单一元件的正弦交流电路是研究正弦交流电路的基础，应熟练

图 4.16 例 4.12
的相量图

掌握。其电路特点及电压、电流的关系见表 4.1。通过表 4.1 对 3 种单一元件电路的对比，可更方便地掌握电阻、电感和电容元件在正弦交流电路中的特点和表现形式。

表 4.1 单一元件的正弦交流电路中电压与电流的关系

元件	电阻 R	电感 L	电容 C
基本关系	$u_R = Ri$	$u_L = L\dfrac{\mathrm{d}i}{\mathrm{d}t}$	$u_C = \dfrac{1}{C}\displaystyle\int_0^t i\,\mathrm{d}t$
有效值关系	$U_R = RI$	$U_L = X_L I$	$U_C = X_C I$
相量式	$\dot{U}_R = R\dot{I}$	$\dot{U}_L = \mathrm{j}X_L\dot{I}$	$\dot{U}_C = -\mathrm{j}X_C\dot{I}$
电阻或电抗	R	$X_L = \omega L$	$X_C = \dfrac{1}{\omega C}$
相位关系	u_R 与 i 同相	u_L 超前 i 90°	u_C 滞后 i 90°
相量图			
有功功率	$P_R = U_R I = I^2 R$	$P_L = 0$	$P_C = 0$
无功功率	$Q_R = 0$	$Q_L = U_L I = I^2 X_L$	$Q_C = -U_C I = -I^2 X_C$

4.4 *RLC* 串联交流电路

RLC串联电路

4.4.1 阻抗的概念

在直流电路中，电阻上电压与电流的关系为

$$U = IR \quad \text{或} \quad R = \frac{U}{I} \tag{4.23}$$

但是在交流电路中除了电阻会阻碍电流以外，电容及电感也会阻碍电流的流动，这种阻碍作用称为电抗。4.3 节对单一元件的交流电路进行了分析，其中有两个重要的概念，一个是电感的感抗，另一个是电容的容抗。它们的计量单位与电阻相同，都是欧姆，而其值的大小则与交流电的频率有关：频率越高则容抗越小，而感抗越大；频率越低则容抗越大，而感抗越小。而且电容和电感上的电压和电流还有相位差。三个元件电压与电流的相量关系式为

$$\dot{U}_R = R\dot{I} \qquad \dot{U}_L = \mathrm{j}X_L\dot{I} \qquad \dot{U}_C = -\mathrm{j}X_C\dot{I}$$

变换形式，可得

$$R = \frac{\dot{U}_R}{\dot{I}} \quad \mathrm{j}X_L = \frac{\dot{U}_L}{\dot{I}} \quad -\mathrm{j}X_C = \frac{\dot{U}_C}{\dot{I}}$$

可以用一个统一的形式来表示

$$Z = \frac{\dot{U}}{\dot{I}} \tag{4.24}$$

式(4.23)与式(4.24)是欧姆定律的不同形式，前者是直流电路的欧姆定律，后者是正弦交流电路的欧姆定律。

4.4.2 *RLC* 串联电路分析

1. 电压与电流的关系

RLC 串联的交流电路如图 4.17a 所示。

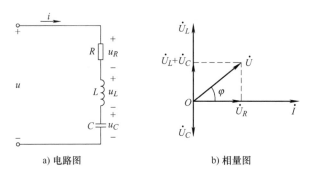

a) 电路图 b) 相量图

图 4.17 *RLC* 串联的交流电路

根据 KVL，可得

$$u = u_R + u_L + u_C = Ri + L\frac{\mathrm{d}i}{\mathrm{d}t} + \frac{1}{C}\int i\,\mathrm{d}t \tag{4.25}$$

设电流为参考正弦量，$i = I_m\sin\omega t$，则

$$u_R = RI_m\sin\omega t = U_{Rm}\sin\omega t$$

$$u_L = \omega L I_m\sin(\omega t + 90°) = U_{Lm}\sin(\omega t + 90°)$$

$$u_C = \frac{1}{\omega C}I_m\sin(\omega t - 90°) = U_{Cm}\sin(\omega t - 90°)$$

可得

$$u = u_R + u_L + u_C = U_m\sin(\omega t + \varphi) \tag{4.26}$$

如用相量表示，则为

$$\dot{U} = \dot{U}_R + \dot{U}_L + \dot{U}_C = R\dot{I} + jX_L\dot{I} - jX_C\dot{I} = [R + j(X_L - X_C)]\dot{I} = (R + jX)\dot{I} = Z\dot{I}$$

即

$$\dot{U} = Z\dot{I} \tag{4.27}$$

式(4.27)为欧姆定理相量式，其中 Z 为电路的阻抗（也称复阻抗），R 为电阻，X 为电抗。复阻抗的表示形式为

$$Z = R + jX = R + j(X_L - X_C) = \sqrt{R^2 + (X_L - X_C)^2}\,\mathrm{e}^{\mathrm{jarctan}\frac{X_L - X_C}{R}}$$

$$= |Z|\mathrm{e}^{\mathrm{j}\varphi} = |Z|\angle\varphi \tag{4.28}$$

复阻抗 Z 的实部为"阻"、虚部为"抗"，它决定了电路中电压与电流之间的大小及相位关系，φ 为阻抗角。复阻抗不是相量，而是一个复数计算量。

如图 4.17b 所示，由电压相量 $\dot{U}$、$\dot{U}_R$ 和 $\dot{U}_L + \dot{U}_C$ 所组成的直角三角形，称为电压三角

形（voltage triangle）。$|Z|$、R 和（$X_L - X_C$）三者之间的关系构成阻抗三角形（impedance triangle）（见图 4.18）。

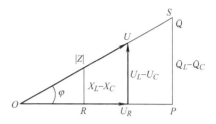

图 4.18 阻抗、电压、功率三角形

在电压三角形中，$U = \sqrt{U_R{}^2 + (U_L - U_C)^2} = \sqrt{(IR)^2 + (IX_L - IX_C)^2} = I|Z|$。

在阻抗三角形中，$|Z| = \sqrt{R^2 + (X_L - X_C)^2}$，

$\varphi = \arctan \dfrac{U_L - U_C}{U_R} = \arctan \dfrac{X_L - X_C}{R}$。

可以看出，复阻抗 Z 的阻抗角等于电压与电流的相位差 φ，它反映了电路的性质。

1）若 $X_L > X_C$，$\varphi > 0$，电压 u 比电流 i 超前，电路呈感性。

2）若 $X_L < X_C$，$\varphi < 0$，电压 u 比电流 i 滞后，电路呈容性。

3）若 $X_L = X_C$，$\varphi = 0$，电压 u 与电流 i 同相，电路呈阻性。

2. 功率关系

瞬时功率为
$$p = ui = U_m \sin(\omega t + \varphi) I_m \sin \omega t \tag{4.29}$$

根据
$$2\sin\alpha\sin\beta = \cos(\alpha - \beta) - \cos(\alpha + \beta)，可得$$
$$p = UI\cos\varphi - UI\cos(2\omega t + \varphi)$$

平均功率为
$$P = \frac{1}{T}\int_0^t p\,\mathrm{d}t = \frac{1}{T}\int_0^t \left[UI\cos\varphi - UI\cos(2\omega t + \varphi) \right]\mathrm{d}t = UI\cos\varphi \tag{4.30}$$

由于 RLC 电路中只有电阻元件 R 消耗能量，于是
$$P = UI\cos\varphi = U_R I = I^2 R$$

式中，$\cos\varphi$ 称为电路的功率因数（power factor）。

电感、电容与电源之间进行能量互换，产生无功功率。电路总的无功功率为
$$Q = U_L I - U_C I = (U_L - U_C)I = I^2(X_L - X_C) = UI\sin\varphi$$
$$Q = UI\sin\varphi \tag{4.31}$$

在交流电路中，把电压与电流有效值的乘积称为视在功率 S（apparent power），单位为伏安，即
$$S = UI = I^2|Z| \tag{4.32}$$

式(4.30)~式(4.32)是计算正弦交流电路功率的一般公式。有功功率、无功功率与视在功率有如下关系：
$$S = \sqrt{P^2 + Q^2} \tag{4.33}$$

显然，功率之间构成了功率三角形（power triangle），如图 4.18 所示。

【**例 4.13**】 在图 4.17a 所示的 RLC 串联电路中，在工频电源下，$I = 10\text{A}$，$U_R = 80\text{V}$，$U_L = 180\text{V}$，$U_C = 120\text{V}$。求（1）总电压 U；（2）电路参数 R、L 和 C；（3）总电压与电流的相位差；（4）画出相量图。

【**解**】 （1） $U = \sqrt{U_R^2 + (U_L - U_C)^2} = \sqrt{80^2 + (180 - 120)^2}\ \text{V} = 100\text{V}$

（2） $$R = \frac{U_R}{I} = \frac{80}{10}\Omega = 8\Omega$$

$$X_L = \frac{U_L}{I} = \frac{180}{10}\Omega = 18\Omega \qquad L = \frac{X_L}{\omega} = \frac{18}{2\pi \times 50}\mathrm{H} \approx 57.3\mathrm{mH}$$

$$X_C = \frac{U_C}{I} = \frac{120}{10}\Omega = 12\Omega \qquad C = \frac{1}{\omega X_C} = \frac{1}{2\pi \times 50 \times 12}\mathrm{F} \approx 265\mu\mathrm{F}$$

（3） $$\varphi = \arctan\frac{U_L - U_C}{U_R} = \arctan\frac{X_L - X_C}{R} = \arctan\frac{18 - 12}{8} = 36.9°$$

（4）以电流为参考相量，画出电压、电流相量图，如图 4.19 所示。

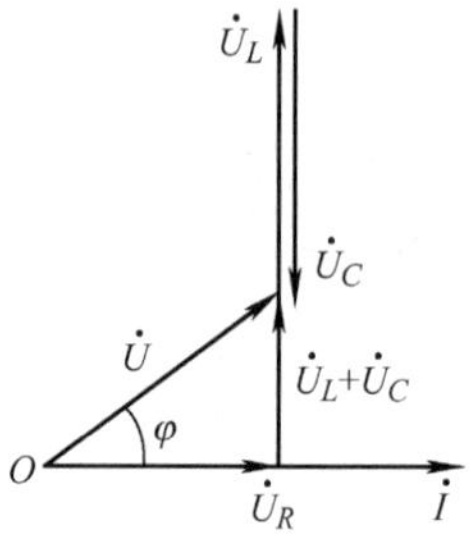

【例 4.14】 有一只电感线圈，把它接到直流电源上，测得电流为 8A，电压为 48V；把它接在频率为 50Hz 的交流电源上，测得电流有效值为 12A，电压有效值为 120V。计算线圈的电阻和电感。

【解】 线圈的电阻为 $R = \frac{48}{8}\Omega = 6\Omega$，线圈的阻抗为 $|Z| = \frac{120}{12}\Omega = 10\Omega$，线圈的电感为 $L = \frac{\sqrt{10^2 - 6^2}}{2\pi \times 50}\mathrm{H} \approx 25.5\mathrm{mH}$。

图 4.19　例 4.13 的相量图

4.5　*RLC* 并联交流电路

RLC 并联电路

RLC 并联交流电路如图 4.20 所示。在该电路中，因各支路的端电压相同，可选其为参考正弦量，即设 $u = \sqrt{2}\,U\sin\omega t$，其相量形式为 $\dot{U} = U\angle 0°$。

各电流相量分别为

$$\begin{cases} \dot{I}_R = \dfrac{\dot{U}}{R} = \dfrac{U}{R}\angle 0° \\[2mm] \dot{I}_L = \dfrac{\dot{U}}{\mathrm{j}X_L} = \dfrac{U}{X_L}\angle -90° \\[2mm] \dot{I}_C = \dfrac{\dot{U}}{-\mathrm{j}X_C} = \dfrac{U}{X_C}\angle 90° \end{cases} \qquad (4.34)$$

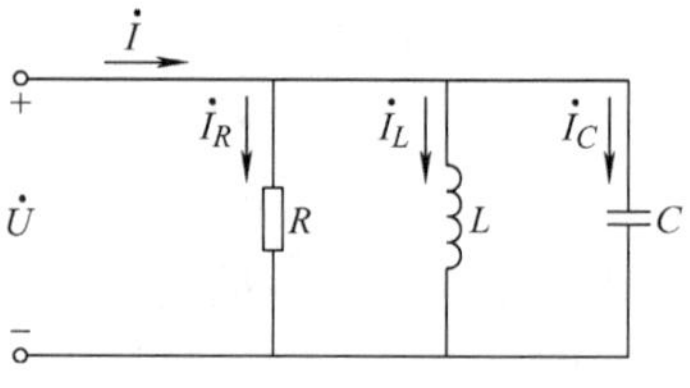

图 4.20　*RLC* 并联交流电路

根据 KCL 的相量形式求总电流，即

$$\dot{I} = \dot{I}_R + \dot{I}_L + \dot{I}_C = \frac{\dot{U}}{R} - \mathrm{j}\frac{\dot{U}}{X_L} + \mathrm{j}\frac{\dot{U}}{X_C} = \dot{U}\left[\frac{1}{R} - \mathrm{j}\left(\frac{1}{X_L} - \frac{1}{X_C}\right)\right] \qquad (4.35)$$

其有效值为

$$I = \sqrt{I_R{}^2 + (I_L - I_C)^2} = U\sqrt{\left(\frac{1}{R}\right)^2 + \left(\frac{1}{X_L} - \frac{1}{X_C}\right)^2} \qquad (4.36)$$

相量图如图 4.21 所示。

总电流与电压的相位差为

$$\varphi = \arctan \frac{I_L - I_C}{I_R} = \arctan \frac{\dfrac{1}{X_L} - \dfrac{1}{X_C}}{\dfrac{1}{R}} \qquad (4.37)$$

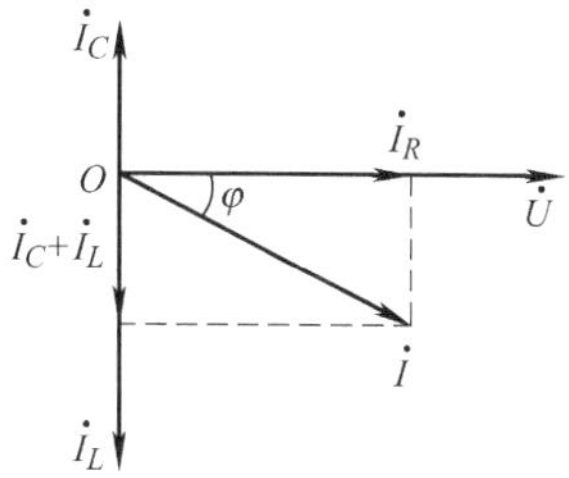

图 4.21 *RLC* 并联交流电路相量图

由式(4.37)可知，总电流与电压的相位差由电路的参数决定。

1) 当 $\dfrac{1}{X_L} > \dfrac{1}{X_C}$ 时，则 $I_L > I_C$，$\varphi > 0$，总电流滞后于总电压，电路呈感性。

2) 当 $\dfrac{1}{X_L} < \dfrac{1}{X_C}$ 时，则 $I_L < I_C$，$\varphi < 0$，总电流超前于总电压，电路呈容性。

3) 当 $\dfrac{1}{X_L} = \dfrac{1}{X_C}$ 时，则 $I_L = I_C$，$\varphi = 0$，总电流与总电压同相，电路呈阻性。

为描述并联电路和串联电路的对偶关系，引入复数导纳 Y 来描述并联电路，由式(4.35)有

$$Y = \frac{1}{R} - j\left(\frac{1}{X_L} - \frac{1}{X_C}\right) = G - jB$$

式中，$G = \dfrac{1}{R}$ 为电导；$B = \dfrac{1}{X_L} - \dfrac{1}{X_C}$ 为电纳。

式(4.35)改写为

$$\dot{I} = \dot{U} Y \qquad (4.38)$$

因为 $\dot{U} = \dot{I} Z$，所以 $Y = 1/Z$ 或 $Z = 1/Y$，即复导纳和复阻抗互为倒数。

【例 4.15】 在 *RLC* 并联电路中，已知 $R = 10\Omega$，$X_L = 15\Omega$，$X_C = 8\Omega$，$U = 120\text{V}$，$f = 50\text{Hz}$，试求：(1) 相量 $\dot{I}_R$、$\dot{I}_L$、$\dot{I}_C$ 和 $\dot{I}$；(2) 写出电流 i_R、i_L、i_C 和 i 的表达式。

【解】 (1) 取电压为参考相量，设 $\dot{U} = 120\angle 0°\text{V}$，则

$$\dot{I}_R = \frac{\dot{U}}{R} = \frac{120}{10}\angle 0°\text{A} = 12\angle 0°\text{A}$$

$$\dot{I}_L = \frac{\dot{U}}{jX_L} = \frac{120}{15}\angle -90°\text{A} = 8\angle -90°\text{A}$$

$$\dot{I}_C = \frac{\dot{U}}{-jX_C} = \frac{120}{8}\angle 90°\text{A} = 15\angle 90°\text{A}$$

$$\dot{I} = \dot{I}_R + \dot{I}_L + \dot{I}_C = (12\angle 0° + 8\angle -90° + 15\angle 90°)\text{A} = 13.9\angle 30.2°\text{A}$$

(2) 因 $f = 50\text{Hz}$，$\omega = 2\pi f \approx 314\text{rad/s}$，各电流的瞬时值表达式为

$$i_R = 12\sqrt{2}\sin 314t\,\text{A}$$

$$i_L = 8\sqrt{2}\sin(314t - 90°)\,\text{A}$$

$$i_C = 15\sqrt{2}\sin(314t + 90°)\,\text{A}$$

$$i = 13.9\sqrt{2}\sin(314t + 30.2°)\,\text{A}$$

4.6 阻抗的串联与并联

在交流电路中，阻抗的连接形式是多种多样的，最常见的是串联与并联。

4.6.1 阻抗的串联

图 4.22a 所示为两个复阻抗串联的交流电路，根据 KVL 的相量形式，有

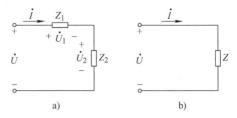

$$\dot{U} = \dot{U}_1 + \dot{U}_2 = Z_1 \dot{I} + Z_2 \dot{I}$$
$$= (Z_1 + Z_2)\dot{I} = Z\dot{I}$$
$$Z = Z_1 + Z_2 \qquad (4.39)$$

图 4.22 阻抗的串联

式中，Z 称为电路的等效复阻抗，即串联电路的等效复阻抗等于各串联复阻抗的和。

一般情况下，等效复阻抗可写成

$$Z = \sum Z_k = \sum R_k + \mathrm{j}\sum X_k = \sqrt{(\sum R_k)^2 + (\sum X_k)^2} \angle \arctan\frac{\sum X_k}{\sum R_k} = |Z| \angle \varphi \qquad (4.40)$$

注意：式(4.40) 的 $\sum X_k$ 中包括感抗 X_L 和容抗 X_C，X_L 取正值，X_C 取负值。

【例 4.16】 在图 4.22a 中，复阻抗 $Z_1 = (6.16 + \mathrm{j}9)\,\Omega$，$Z_2 = (2.5 - \mathrm{j}4)\,\Omega$，串联接在 $\dot{U} = 220\angle 30°\mathrm{V}$ 的电源上。试计算电流 $\dot{I}$ 和阻抗上的电压 $\dot{U}_1$ 和 $\dot{U}_2$，并画出相量图。

【解】
$$Z = Z_1 + Z_2 = \sum R_k + \mathrm{j}\sum X_k$$
$$= [(6.16 + \mathrm{j}9) + (2.5 - \mathrm{j}4)]\,\Omega = (8.66 + \mathrm{j}5)\,\Omega = 10\angle 30°\,\Omega$$

$$\dot{I} = \frac{\dot{U}}{Z} = \frac{220\angle 30°}{10\angle 30°}\mathrm{A} = 22\angle 0°\mathrm{A}$$

$$\dot{U}_1 = Z_1\dot{I} = (6.16 + \mathrm{j}9)\times 22\mathrm{V} = 10.9\angle 55.6°\times 22\mathrm{V}$$
$$= 239.8\angle 55.6°\mathrm{V}$$

$$\dot{U}_2 = Z_2\dot{I} = (2.5 - \mathrm{j}4)\times 22\mathrm{V} = 4.71\angle -58°\times 22\mathrm{V}$$
$$= 103.62\angle -58°\mathrm{V}$$

电流与电压的相量图如图 4.23 所示。

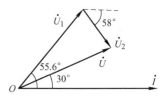

图 4.23 例 4.16 相量图

4.6.2 阻抗的并联

图 4.24a 所示为两个复阻抗并联的交流电路，根据 KCL 的相量形式，有

$$\dot{I} = \dot{I}_1 + \dot{I}_2 = \frac{\dot{U}}{Z_1} + \frac{\dot{U}}{Z_2} = \dot{U}\left(\frac{1}{Z_1} + \frac{1}{Z_2}\right)$$
$$(4.41)$$

将式(4.41) 中两个并联的阻抗用一个等效阻抗 Z 来代替。因此，有

$$\frac{1}{Z} = \frac{1}{Z_1} + \frac{1}{Z_2} \qquad (4.42)$$

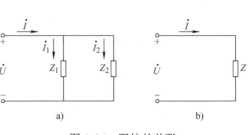

图 4.24 阻抗的并联

或

$$Z = \frac{Z_1 Z_2}{Z_1 + Z_2} \tag{4.43}$$

相应的分流公式为

$$\begin{cases} \dot{I}_1 = \dfrac{Z_2}{Z_1 + Z_2} \dot{I} \\[3mm] \dot{I}_2 = \dfrac{Z_1}{Z_1 + Z_2} \dot{I} \end{cases} \tag{4.44}$$

一般情况下，等效复阻抗与各并联复阻抗的关系，可表示为

$$\frac{1}{Z} = \sum \frac{1}{Z_k} \tag{4.45}$$

因复阻抗和复导纳互为倒数关系，复阻抗的并联也可用复导纳的并联来解决。若 n 个复导纳相并联，则它们的等效复导纳为

$$Y = \sum_{i=1}^{n} Y_i \tag{4.46}$$

相应的分流公式为

$$\dot{I}_i = \frac{Y_i}{Y} \dot{I} \tag{4.47}$$

式中，$\dot{I}$、$\dot{I}_i$ 分别为总电流和导纳 Y_i 通过的电流。

【例 4.17】 无源二端网络如图 4.25a 所示，已知 $u(t) = 10\sqrt{2} \sin(100t + 36.9°)$ V，$i(t) = 2\sqrt{2} \sin 100t$ A，试求该网络的输入阻抗，并画出等效电路。

【解】 由已知可得电压和电流相量为 $\dot{U} = 10\angle 36.9°$ V、$\dot{I} = 2\angle 0°$ A，则

$$Z = \frac{\dot{U}}{\dot{I}} = R + jX = \frac{10\angle 36.9°}{2\angle 0°} \Omega = 5\angle 36.9° \Omega = (4 + j3)\ \Omega$$

等效电路为一个 $R = 4\Omega$ 的电阻与一个 $X_L = 3\Omega$ 的电感串联，其等效电感为

$$L = \frac{X_L}{\omega} = \frac{3}{100} \mathrm{H} = 0.03\mathrm{H}$$

等效电路如图 4.25b 所示。

【例 4.18】 电路如图 4.26 所示，已知电源的角频率 $\omega = 2\mathrm{rad/s}$，求 a、b 端口间的阻抗 Z_{ab}。

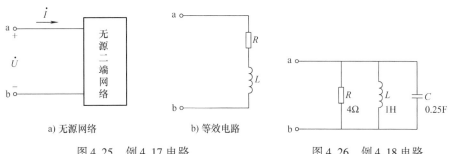

a) 无源网络　　　　b) 等效电路

图 4.25　例 4.17 电路　　　　　图 4.26　例 4.18 电路

【解】
$$X_L = \omega L = 2\Omega$$

$$X_C = \frac{1}{\omega C} = \frac{1}{2 \times 0.25}\Omega = 2\Omega$$

$$\frac{1}{Z_{ab}} = \frac{1}{R} + \frac{1}{jX_L} + \frac{1}{-jX_C} = \frac{1}{R} - \frac{1}{2}j + \frac{1}{2}j = \frac{1}{R}$$

所以
$$Z_{ab} = R = 4\Omega$$

【例4.19】 并联交流电路如图4.27所示，已知 $X_L = X_C = R$，电流表 A_3 的读数为5A，试问电流表 A_1 和 A_2 的读数各为多少？

【解】 在并联电路中，有
$$\frac{1}{Z} = \frac{1}{R} + \frac{1}{jX_L} + \frac{1}{-jX_C} = \frac{1}{R} - \frac{1}{X_L}j + \frac{1}{X_C}j = \frac{1}{R} + \left(\frac{1}{X_C} - \frac{1}{X_L}\right)j = \frac{1}{R}$$

$$Z = \frac{1}{\frac{1}{R} + \left(\frac{1}{X_C} - \frac{1}{X_L}\right)j} = R$$

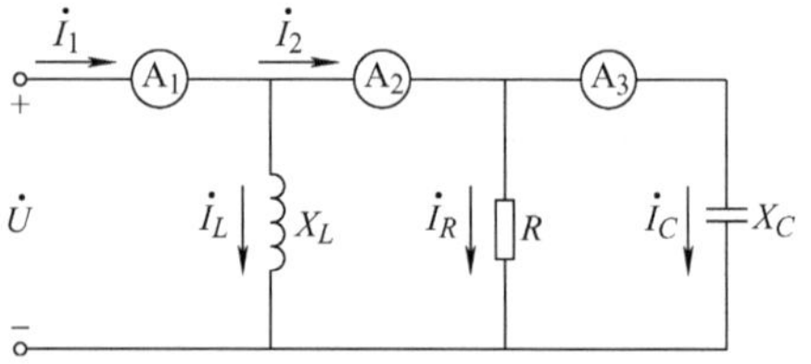

设电压为参考相量，$\dot{U} = U\angle 0°$。

$$\dot{U} = \dot{I}_1 Z = I_1 R \angle 0°$$

$$\dot{I}_C = \frac{\dot{U}}{-jX_C} = \frac{I_1 R \angle 0°}{-jX_C} = I_1 j\angle 0° = 5\angle 90° \text{A}$$

所以
$$I_1 = 5\text{A}$$

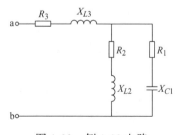

图4.27 例4.19 电路

$$\dot{I}_L = \frac{\dot{U}}{jX_L} = \frac{I_1 R \angle 0°}{jX_L} = -I_1 j\angle 0° = I_1 \angle -90° = 5\angle -90° \text{A}$$

$$\dot{I}_R = \frac{I_1 R \angle 0°}{R} = I_1 \angle 0° = 5\angle 0° \text{A}$$

$$\dot{I}_2 = \dot{I}_C + \dot{I}_R$$

所以
$$\dot{I}_2 = \sqrt{5^2 + 5^2}\text{A} \approx 7.1\text{A}$$

电流表 A_1 的读数为5A，A_2 的读数为7.1A。

4.6.3 阻抗的混联

实际电路中的阻抗既有串联又有并联，也称为混联。混联电路可以用串并联等效简化后进行计算。

【例4.20】 在图4.28所示的正弦交流电路中，已知 $R_1 = 8\Omega$，$X_{C1} = 6\Omega$，$R_2 = 3\Omega$，$X_{L2} = 4\Omega$，$R_3 = 5\Omega$，$X_{L3} = 10\Omega$，试求电路的等效阻抗 Z_{ab}。

【解】 首先求出各支路的阻抗。
$$Z_1 = R_1 - jX_{C1} = (8 - j6)\Omega$$
$$Z_2 = R_2 + jX_{L2} = (3 + j4)\Omega$$
$$Z_3 = R_3 + jX_{L3} = (5 + j10)\Omega$$

图4.28 例4.20 电路

利用阻抗的串、并联关系可得输入阻抗

$$Z_{ab} = Z_3 + \frac{Z_1 Z_2}{Z_1 + Z_2}$$

$$= \left[5 + j10 + \frac{(8 - j6)(3 + j4)}{(8 - j6) + (3 + j4)}\right]\Omega$$

$$= (9 + j12)\Omega$$

4.7 电路的功率因数

功率因数提高

4.7.1 提高功率因数的意义

直流电路的功率等于电压与电流的乘积，但计算交流电路的平均功率时还要考虑电压与电流的相位差 φ，即

$$P = UI\cos\varphi$$

只有当负载为阻性时，电路的电压与电流同相位，功率因数 $\cos\varphi = 1$。而对非纯阻性负载，其功率因数均介于 0 与 1 之间。在 U、I 一定的情况下，功率因数越低，无功功率比例越大，对电力系统运行越不利。

（1）降低了电源设备容量的利用率　电源设备的额定容量是额定电压和额定电流的乘积，也称为额定视在功率（S_N）。容量一定的供电设备提供的有功功率为

$$P = S_N\cos\varphi$$

因此，功率因数 $\cos\varphi$ 越低，则设备利用率越低。

（2）增加了输电线路和供电设备的功率损耗　负载上的电流为

$$I = \frac{P}{U\cos\varphi}$$

在 P、U 一定的情况下，输送同样的电能，功率因数 $\cos\varphi$ 越低，I 就越大。而线路上的功率损耗为

$$\Delta P = I^2 r = \left(\frac{P}{U\cos\varphi}\right)^2 r = \left(\frac{P^2}{U^2}r\right)\frac{1}{\cos^2\varphi} \tag{4.48}$$

式中，r 为输电线路电阻和电源内阻之和。

由式（4.48）可知，功率损耗和功率因数 $\cos\varphi$ 的二次方成反比，即功率因数 $\cos\varphi$ 越低，电路损耗越大。

（3）降低了电源质量　如前所述，功率因数 $\cos\varphi$ 越低，输电线上的电流 I 就越大，在线路上产生的电压降也就越大。这样降低了电源的供电质量，满足不了用户对电源质量的要求。

总之，提高功率因数既能使电源设备容量得到充分的利用，又能减少线路上的电能损耗、提高电源质量，因而提高功率因数能带来显著的经济效益。

4.7.2 提高功率因数的方法

功率因数低的原因是感性负载的存在。例如，工业生产中最常用的异步电动机就是感性负载，其功率因数约为 0.6，轻载时更低；普通荧光灯（感性负载）的功率因数只有 0.3 ~ 0.6。而感性负载的功率因数之所以低，是由于负载本身有电抗存在，需要一定的无功功率。

提高功率因数有多种途径，对于感性负载，常用的办法是并联补偿电容。

由功率三角形可知，负载的功率因数为

$$\cos\varphi = \frac{P}{S} = \frac{P}{\sqrt{P^2 + Q^2}}$$

式中，$Q = Q_L - Q_C$。

可以利用 Q_L 和 Q_C 之间的相互补偿作用，让容性无功功率 Q_C 在负载网络内部补偿感性负载所需的无功功率 Q_L，使电源提供的无功功率 Q 大为减少。其电路如图4.29a所示。

提高功率因数的原理也可用相量图来说明，如图 4.29b 所示。用 $\dot{I}_L$ 代表并联电容之前感性负载上的电流，它滞后电压的角度是 φ_1，这时的功率因数是 $\cos\varphi_1$。并联电容 C 后，由于增加了一个超前电压90°的电流 $\dot{I}_C$，所以电路上的电流变为

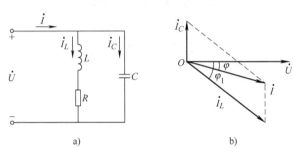

图4.29　提高功率因数的电路

$$\dot{I} = \dot{I}_L + \dot{I}_C$$

因为 $\varphi < \varphi_1$，所以 $\cos\varphi > \cos\varphi_1$。只要电容 C 选得适当，即可达到补偿要求。

并联电容之后，感性负载本身的功率因数不变。因此，提高功率因数是指提高电路的总功率因数，而不是提高某个感性负载的功率因数。另外，并联电容后有功功率并未改变，因为电容是不消耗电能的。

下面推导计算并联电容的电容量的公式。由图4.29b可得

$$I_C = I_L\sin\varphi_1 - I\sin\varphi = \left(\frac{P}{U\cos\varphi_1}\right)\sin\varphi_1 - \left(\frac{P}{U\cos\varphi}\right)\sin\varphi = \frac{P}{U}(\tan\varphi_1 - \tan\varphi)$$

又因

$$I_C = \frac{U}{X_C} = \omega CU$$

则有

$$\omega CU = \frac{P}{U}(\tan\varphi_1 - \tan\varphi)$$

因此

$$C = \frac{P}{\omega U^2}(\tan\varphi_1 - \tan\varphi) \tag{4.49}$$

*4.8　电路中的谐振

若电路中含有电容和电感元件，当电源频率和电路参数符合一定条件时，将会出现电路总电流与总电压的相位相同，整个电路呈阻性，电流出现极值，该现象称为谐振（resonance）。谐振现象是正弦稳态电路中一种特殊的工作状况，它一方面广泛地应用于电工技术和无线电技术，另一方面，谐振会在电路中产生很大的过电压或过电流，使电路元件损坏。因此，研究谐振现象有重要的实际意义。

谐振时，由于 $\varphi = 0$，总无功功率 $Q = Q_L + Q_C = 0$。可见，谐振的实质就是电容中的电能

和电感中的磁能进行能量的相互转换，两者完全补偿，电源仅提供电阻消耗的电能。

谐振分为串联谐振（series resonance）和并联谐振（parallel resonance）。下面将分别就两种谐振的产生条件及其特征进行讨论。

4.8.1 串联谐振

串联谐振

1. 谐振条件与谐振频率

RLC 串联电路如图 4.30 所示，其中电压 u 和电流 i 的相位差为

$$\varphi = \arctan \frac{X_L - X_C}{R}$$

当 $\varphi = 0$ 时，电路产生串联谐振，因此产生谐振的条件为

$$X_L = X_C \tag{4.50}$$

由 $X_L = \omega L$、$X_C = \dfrac{1}{\omega C}$，可得

$$\omega_0 L = \frac{1}{\omega_0 C} \tag{4.51}$$

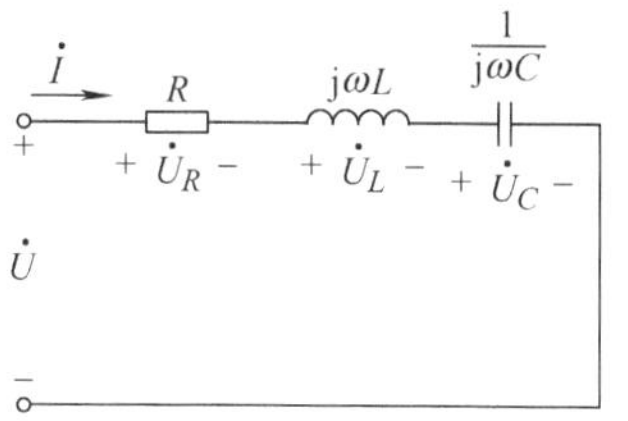

图 4.30　串联谐振电路

ω_0 为 RLC 串联电路的谐振角频率，解得

$$\omega_0 = \frac{1}{\sqrt{LC}} \tag{4.52}$$

亦有

$$f_0 = \frac{1}{2\pi\sqrt{LC}}$$

由上式可知，谐振频率 f_0 反映了电路的固有性质。通过改变 f、L、C 的参数，可使电路发生谐振。

将谐振角频率代入式(4.51)，得

$$\omega_0 L = \frac{1}{\omega_0 C} = \frac{1}{\sqrt{LC}} \times L = \sqrt{\frac{L}{C}} = \rho \tag{4.53}$$

ρ 称为串联谐振电路的特性阻抗，单位为 Ω。

谐振时，特性阻抗与回路电阻的比值能反映谐振电路的性能，即

$$Q = \frac{\omega_0 L}{R} = \frac{1}{\omega_0 CR} = \frac{\rho}{R} = \frac{1}{R}\sqrt{\frac{L}{C}} \tag{4.54}$$

Q 只与电路参数 R、L、C 有关，称为谐振电路的品质因数（quality factor）。在无线电工程中，谐振电路的 Q 值（空载回路）一般不超过 100，有载回路多在 50 以下。

【例 4.21】 一个线圈 $R = 50\,\Omega$、$L = 4\,\text{mH}$，与一个 $C = 160\,\text{pF}$ 的电容器串联。问此串联电路的 f_0、ρ 及 Q 各是多少？当 ρ 一定时，改变 R，Q 将如何变化？

【解】 谐振频率 f_0 和特性阻抗 ρ 只与电路参数 L、C 相关。

$$f_0 = \frac{\omega_0}{2\pi} = \frac{1}{2\pi\sqrt{LC}} = \frac{1}{2\pi\sqrt{4 \times 10^{-3} \times 160 \times 10^{-12}}}\,\text{Hz} \approx 2 \times 10^5\,\text{Hz}$$

$$\rho = \sqrt{\frac{L}{C}} = \sqrt{\frac{4 \times 10^{-3}}{160 \times 10^{-12}}}\,\Omega = 5000\,\Omega$$

品质因数 Q 还与电阻 R 有关，则

$$Q = \frac{\rho}{R} = \frac{5000}{50} = 100$$

Q 与 R 成反比，R 越小，电能损耗越少，因而 Q 值就越高。

2. 串联谐振的特征

1）电流与端电压同相，电路呈纯阻性。

2）电路的阻抗 Z 最小，电流 I 最大。

由电路的阻抗模

$$|Z| = \sqrt{R^2 + (X_L - X_C)^2}$$

可知，当电路中发生串联谐振时，因 $\omega_0 L = 1/\omega_0 C$，即 $X_L = X_C$，因此阻抗 $Z_0 = R$。若 $\omega_0 L \neq 1/\omega_0 C$，则 $|Z| > R$。发生谐振时，阻抗最小。由于 $I = U/|Z|$，当电压一定时，谐振时电流为最大，$I_0 = U/R$。

3）串联谐振时，U_L、U_C 大小相等，相位相反。因此，电源电压 $\dot{U} = \dot{U}_R$。

如上所述，由于谐振时 $X_L = X_C$，电路复阻抗 $Z_0 = R$，从而电源电压全部加在电阻上，即 $\dot{U} = \dot{U}_R$。但电感和电容上此时并非没有电压，恰恰相反，谐振时，U_L 和 U_C 远远大于电源电压 U，只是由于 $\dot{U}_L$ 与 $\dot{U}_C$ 大小相等而相位相反，互相抵消。其相量关系如图 4.31 所示。

谐振时，$U_L = IX_L = \dfrac{\omega_0 L}{R} U = QU$，$U_C = IX_C = \dfrac{1}{\omega_0 CR} U = QU$，

则 $$U_L = U_C = QU \gg U$$

即电感、电容上的电压是外加总电压的 Q 倍，这就是 Q 值的物理意义。所以串联谐振又称为电压谐振。电压谐振产生的高电压在无线电工程上是十分有用的，因为接收到的无线电信号非常微弱，通过电压谐振可把信号提高几十甚至几百倍。

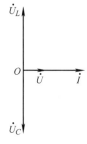

图 4.31 串联谐振电路相量图

但电压谐振在电力系统中有时会击穿线圈和电容器的绝缘，造成设备的损坏。因此，在电力系统中应尽量避免电压谐振。

4）电源与外电路之间不发生能量交换，能量交换只发生在电感与电容之间。

3. 谐振电路的选频特性

由串联谐振电路的电流

$$I = \frac{U}{|Z|} = \frac{U}{\sqrt{R^2 + \left(\omega L - \dfrac{1}{\omega C}\right)^2}} \qquad (4.55)$$

可知，若 R、L、C 及 U 都不改变而频率改变时，电流 I 将随之发生变化。由此，可做出电流随频率变化的曲线，称为电流谐振曲线，如图 4.32 所示。

从电流谐振曲线可以看出，当电源频率 f 刚好等于电路的谐振频率 f_0 时，电流有一谐振峰值 $I_0 = U/R$。当电源频率 f 偏离谐振频率 f_0 时，电流 I 明显下降。这说明，只有在谐振频率附近

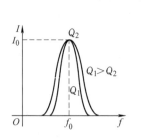

图 4.32 电流谐振曲线

时，电路中的电流较大，而在其他频率段电流很小。这种能把谐振频率附近的电流选择放大出来的性能称为电路的选频特性，又称为电路的选择性。

谐振电路的选频特性常用通频带 Δf 来衡量。按照规定，当电流 I 下降到 $I_0/\sqrt{2}$（$70.7\% I_0$）时，所覆盖的频率范围称为谐振电路的通频带，如图 4.33 所示。

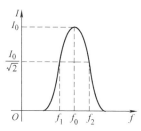

通频带越窄，谐振曲线越尖锐，电路的选择性就越强。而谐振曲线的尖锐程度与品质因数 Q 有关，如图 4.32 所示。Q 值越高，谐振曲线越尖锐，则电路的选频特性越强。但应指出，谐振电路的通频带宽度并不一定越小越好，而是应符合所要传输的信号对通频带宽度的要求。

图 4.33 谐振电路的通频带

【例 4.22】 将一个 $R = 50\Omega$、$L = 4\text{mH}$ 的线圈与一个 $C = 160\text{pF}$ 的电容器串联，接在 $U = 25\text{V}$ 的电源上。求：（1）发生谐振时的电流与电容两端的电压；（2）当频率增加 10% 时，求电流与电容两端的电压。

【解】 （1）当电源频率 $f = f_0$ 时，有

$$f_0 = \frac{\omega_0}{2\pi} = \frac{1}{2\pi \sqrt{LC}} = \frac{1}{2\pi \sqrt{4 \times 10^{-3} \times 160 \times 10^{-12}}}\text{Hz} \approx 2 \times 10^5 \text{Hz}$$

$$X_L = 2\pi f_0 L \approx 2 \times 3.14 \times 2 \times 10^5 \times 4 \times 10^{-3} \Omega \approx 5000\Omega$$

$$X_C = \frac{1}{2\pi f_0 C} \approx \frac{1}{2 \times 3.14 \times 2 \times 10^5 \times 160 \times 10^{-12}}\Omega \approx 5000\Omega$$

$$I_0 = \frac{U}{R} = \frac{25}{50}\text{A} = 0.5\text{A}$$

$$U_C = I_0 X_C = 0.5 \times 5000\text{V} = 2500\text{V}$$

（2）当频率增加 10% 时，即电源频率 $f = 1.1f_0$ 时，有

$$X_L = 5000 \times (1 + 10\%)\Omega = 5500\Omega \quad X_C = \frac{5000}{1 + 10\%}\Omega \approx 4545\Omega$$

$$|Z| = \sqrt{50^2 + (5500 - 4545)^2}\Omega \approx 956\Omega \quad I = \frac{U}{|Z|} = \frac{25}{956}\text{A} \approx 0.026\text{A}$$

$$U_C = I X_C = 0.026 \times 4545\text{V} = 118.17\text{V}$$

可见，当频率增加 10% 时，I 和 U_C 就大大减小。

4.8.2 并联谐振

在并联电路中，当电源电压与总电流同相时，电路呈现纯阻性，这种状态称为并联谐振。电容器与电感线圈并联的电路如图 4.34 所示。

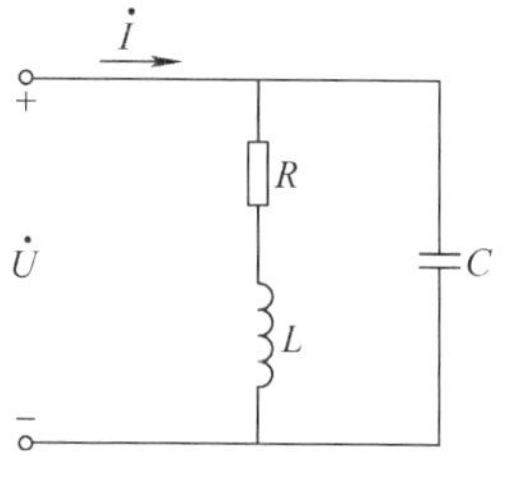

并联谐振

1. 谐振条件

总电路阻抗为

$$Z = \frac{(R + \text{j}\omega L)\dfrac{1}{\text{j}\omega C}}{\dfrac{1}{\text{j}\omega C} + R + \text{j}\omega L} = \frac{R + \text{j}\omega L}{1 + \text{j}\omega RC - \omega^2 LC}$$

图 4.34 并联谐振电路

$$= \frac{R^2 + (\omega L)^2}{R - \omega^2 LRC + \omega^2 LC + \mathrm{j}\omega L\left(\omega^2 LC + \dfrac{CR^2}{L} - 1\right)}$$

当 $\omega^2 LC + \dfrac{CR^2}{L} - 1 = 0$ 时电路发生谐振，其谐振角频率 $\omega_0 = \dfrac{1}{\sqrt{LC}}\sqrt{1 - \dfrac{CR^2}{L}} =$

$\dfrac{1}{\sqrt{LC}}\sqrt{1 - \dfrac{1}{Q^2}}$。其中，$Q = \dfrac{1}{R}\sqrt{\dfrac{L}{C}}$。因实际谐振电路中的品质因数 Q 很高，所以谐振条件为

$$\omega_0 = 2\pi f_0 \approx \frac{1}{\sqrt{LC}} \qquad (4.56)$$

2. 谐振频率

$$f_0 \approx \frac{1}{2\pi\sqrt{LC}} \qquad (4.57)$$

3. 谐振阻抗

$$Z_0 = \frac{1}{\dfrac{RC}{L}} = \frac{L}{RC} \qquad (4.58)$$

谐振阻抗为一正实数，相当于一个电阻。此时电源不需要向电路提供无功功率，电感与电容间无功功率完全相互补偿，并且谐振时电路的阻抗达到最大值，在电源电压 U 一定的情况下，电流达到最小值，为

$$I = I_0 = \frac{U}{Z_0} = \frac{U}{\dfrac{L}{RC}}$$

4. 相量图

谐振时，电感电流与电容电流近似相等，且都是总电流的 Q 倍，即

$$I_L \approx I_C = QI$$

也就是说，在谐振时各并联支路的电流近似相等，并且比总电流大许多倍。因此，并联谐振又称为电流谐振。谐振时的相量图如图 4.35 所示。

【**例 4.23**】　在图 4.34 所示的并联电路中，$L = 0.25\mathrm{mH}$，$R = 25\Omega$，$C = 85\mathrm{pF}$，试求谐振角频率 ω_0、品质因数 Q 和谐振时电路的阻抗 Z_0。

【**解**】　$\omega_0 \approx \dfrac{1}{\sqrt{LC}} = \dfrac{1}{\sqrt{0.25 \times 10^{-3} \times 85 \times 10^{-12}}}\mathrm{rad/s} \approx 6.86 \times 10^6 \mathrm{rad/s}$

$$f_0 = \frac{\omega_0}{2\pi} = \frac{6.86 \times 10^6}{2\pi}\mathrm{Hz} \approx 1100\mathrm{kHz}$$

$$Q = \frac{\omega_0 L}{R} = \frac{6.86 \times 10^6 \times 0.25 \times 10^{-3}}{25} = 68.6$$

$$Z_0 = \frac{L}{RC} = \frac{0.25 \times 10^{-3}}{25 \times 85 \times 10^{-12}}\Omega \approx 118\mathrm{k}\Omega$$

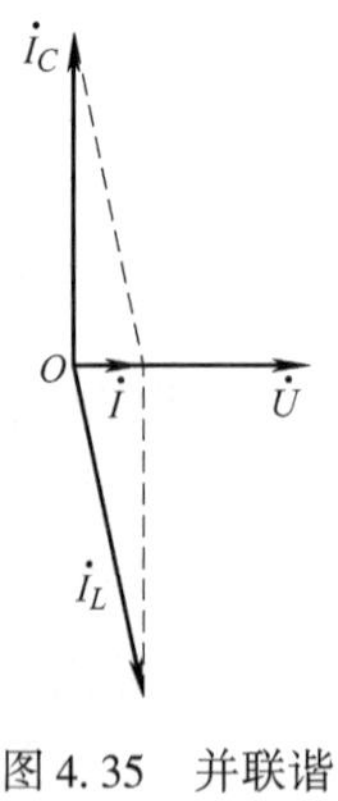

图 4.35　并联谐振相量图

4.8.3　谐振的应用

串联谐振电路的频率特性主要是指在电路元件参数一定的情况下，电流 I 与电源频率 f

的关系。

由

$$I = \frac{U}{|Z|} = \frac{U}{\sqrt{R^2 + \left(\omega L - \dfrac{1}{\omega C}\right)^2}} = \frac{U}{\sqrt{R^2 + \left(\dfrac{\omega}{\omega_0}\omega_0 L - \dfrac{\omega_0}{\omega}\dfrac{1}{\omega_0 C}\right)^2}}$$

$$= \frac{\dfrac{U}{R}}{\sqrt{1 + \left(\dfrac{\omega_0 L}{R}\right)^2 \left(\dfrac{\omega}{\omega_0} - \dfrac{\omega_0}{\omega}\right)^2}} = \frac{I_0}{\sqrt{1 + Q^2 \left(\dfrac{\omega}{\omega_0} - \dfrac{\omega_0}{\omega}\right)^2}}$$

得

$$\frac{I}{I_0} = \frac{1}{\sqrt{1 + Q^2 \left(\dfrac{\omega}{\omega_0} - \dfrac{\omega_0}{\omega}\right)^2}}$$

式中，I 为电路电流；I_0 为谐振时的电流；Q 为品质因数；ω 为信号源角频率；ω_0 为谐振角频率。

其频率特性如图 4.36 所示。

由图 4.36 可知，Q 值越大，谐振曲线越尖锐，电路对信号频率的选择性越好。反之，品质因数 Q 越小，电路的选频特性越差。在电子技术中，通常将电流比 $\dfrac{I}{I_0} \geqslant \dfrac{1}{\sqrt{2}} = 0.707$ 所占的频率范围称为通频带（或带宽，BW）。例如，图 4.36 中 Q_2 的频带宽度为

$$\text{BW}_2 = \omega_1 \sim \omega_2$$

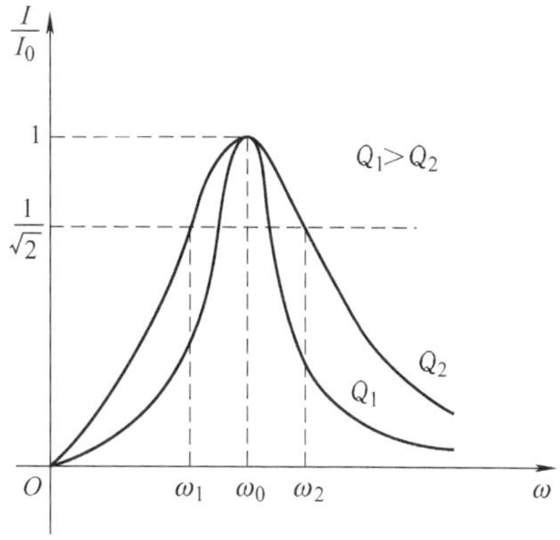

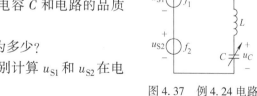

图 4.36 串联谐振电路的频率特性

【例 4.24】 某收音机的输入等效电路如图 4.37 所示。已知 $R = 8\,\Omega$，$L = 300\,\mu\text{H}$，C 为可调电容，电台信号 $U_{\text{S1}} = 1.5\,\text{mV}$，$f_1 = 540\,\text{kHz}$，$U_{\text{S2}} = 1.5\,\text{mV}$，$f_2 = 600\,\text{kHz}$。

（1）当电路对信号 u_{S1} 发生谐振时，求电容 C 和电路的品质因数 Q。

（2）当电路对信号 u_{S2} 发生谐振时，C 为多少？

（3）当电路对信号 u_{S1} 发生谐振时，分别计算 u_{S1} 和 u_{S2} 在电容中产生的输出电压。

图 4.37 例 4.24 电路

【解】 （1）电路发生谐振，其谐振频率 $f_1 = 540\,\text{kHz}$ 时，有

$$f_1 = \frac{1}{2\pi\sqrt{LC}}$$

所以

$$C = \frac{1}{(2\pi f_1)^2 L} = \frac{1}{(2 \times 3.14 \times 540 \times 10^3)^2 \times 300 \times 10^{-6}}\,\text{F} = 289.849\,\text{pF}$$

品质因数为

$$Q = \frac{\omega_0 L}{R} = \frac{2 \times 3.14 \times 540 \times 10^3 \times 300 \times 10^{-6}}{8} = 127.17$$

（2）电路发生谐振，其谐振频率 $f_2 = 600\text{kHz}$ 时，有

$$f_2 = \frac{1}{2\pi \sqrt{LC}}$$

所以 $\quad C = \frac{1}{(2\pi f_2)^2 L} = \frac{1}{(2 \times 3.14 \times 600 \times 10^3)^2 \times 300 \times 10^{-6}}\text{F} \approx 234.778\text{pF}$

（3）电路发生谐振，其谐振频率 $f_1 = 540\text{kHz}$ 时，有

$$I_1 = I_0 = \frac{U_{S1}}{R} = \frac{1.5 \times 10^{-3}}{8}\text{A} = 187.5\mu\text{A}$$

$$U_{C1} = I_0 \frac{1}{\omega_1 C} = \frac{187.5 \times 10^{-6}}{2 \times 3.14 \times 540 \times 10^3 \times 289.849 \times 10^{-12}}\text{V} \approx 190.755\text{mV}$$

或

$$U_{C1} = QU_{S1} = 127.17 \times 1.5\text{mV} = 190.755\text{mV}$$

当信号 u_{S2} 作用时，电路的阻抗为

$$Z = R + j\left(\omega_2 L - \frac{1}{\omega_2 C}\right)$$

$$= \left[8 + j\left(2 \times 3.14 \times 600 \times 10^3 \times 300 \times 10^{-6} - \frac{1}{2 \times 3.14 \times 600 \times 10^3 \times 289.849 \times 10^{-12}}\right)\right]\Omega$$

$$= (8 + j214.776)\Omega = 214.925 \angle 87.867°\Omega$$

$$I_2 = \frac{U_{S2}}{|Z|} = \frac{1.5 \times 10^{-3}}{214.925}\text{A} \approx 6.979\mu\text{A}$$

$$U_{C2} = I_2 \frac{1}{\omega_2 C} = \frac{6.979 \times 10^{-6}}{2 \times 3.14 \times 600 \times 10^3 \times 289.849 \times 10^{-12}}\text{V} \approx 6.39\text{mV}$$

习 题

填空题

4.1 已知某正弦交流电压的周期为 10ms、有效值为 220V，在 $t = 0$ 时正处于由正值过渡为负值的零值点，则其表达式可写作 $u = $ _____ V。

4.2 已知电容元件 $C = 314\mu\text{F}$，它在 $f = 100\text{Hz}$ 的正弦交流电路中所呈现的容抗 $X_C = $ _____ Ω。

4.3 在图 4.38 所示的正弦交流电路中，已知 $R = X_L = 10\Omega$，$\cos\varphi = 0.707$，则 $X_C = $ _____ Ω。

4.4 在图 4.39 所示的正弦交流电路中，已知 $Z = (40 + j30)\Omega$，$X_L = 10\Omega$，$U_2 = 200\text{V}$，则 $U = $ _____ V。

4.5 在 RL 并联的正弦交流电路中，已知 $R = 40\Omega$，$X_L = 30\Omega$，电路的无功功率 $Q = 480\text{var}$，则视在功率 S 为 _____ V·A。

综合应用题一　综合应用题二

4.6 在图4.40所示的正弦交流电路中，已知 $I_1 = 10\text{A}$，$I_C = 8\text{A}$，总功率因数为1，则 I 为_____ A。

4.7 在图4.41所示的正弦交流电路中，已知 $R = X_L = X_C = 1\Omega$，则电压表的读数为_____ V。

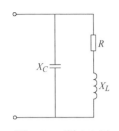

图4.38 题4.3图

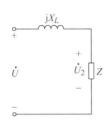

图4.39 题4.4图

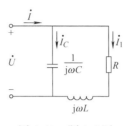

图4.40 题4.6图

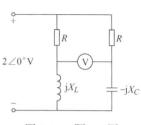

图4.41 题4.7图

4.8 在 RL 并联的正弦交流电路中，若 $R = 4\Omega$，$X_L = 3\Omega$，电路的无功功率 $Q = 30\text{var}$，则有功功率 P 为____ W。

4.9 在图4.42所示的正弦交流电路中，电压有效值 $U_{AB} = 50\text{V}$、$U_{AC} = 78\text{V}$，则 X_L 为_____ Ω。

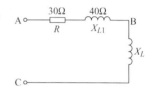

图4.42 题4.9图

4.10 在图4.43所示的 RLC 串联的正弦交流电路中，若总电压 u、电容电压 u_C 及 RL 两端电压 u_{RL} 的有效值均为100V，且 $R = 10\Omega$，则电流有效值 I 为_____ A。

选择题

4.11 已知 $u_1 = 220\sqrt{2}\sin314t\text{V}$ 和 $u_2 = 110\sqrt{2}\sin(314t - 60°)\text{V}$，则两者间的相位差 $\psi_1 - \psi_2$ 为（ ）。

A. $314t - 60°$ B. $60°$

C. $-60°$ D. $314t + 60°$

图4.43 题4.10图

4.12 已知电流相量 $\dot{I} = 4 + \text{j}3\text{A}$，则它对应的正弦交流电流的瞬时值 $i =$（ ）。

A. $5\sin(\omega t + 53.1°)\text{A}$ B. $5\sqrt{2}\sin(\omega t + 36.9°)\text{A}$

C. $5\sin(\omega t + 36.9°)\text{A}$ D. $5\sqrt{2}\sin(\omega t + 53.1°)\text{A}$

4.13 若正弦交流电压 $u = U_m\sin(\omega t + \psi)$，则下列各相量表示式中，正确的是（ ）。

A. $\dot{U} = U\text{e}^{\text{j}\psi}$ B. $\dot{U} = \sqrt{2}U\text{e}^{\text{j}\psi}$ C. $\dot{U} = U\text{e}^{\text{j}(\omega t + \psi)}$ D. $\dot{U} = U\text{e}^{\text{j}(\omega t)}$

4.14 若将100Ω 电阻与电感 L 串接到 $f = 50\text{Hz}$ 的正弦交流电源 $\dot{U}$ 上，且 $\dot{U}_R$ 比 $\dot{U}$ 滞后30°，则电感系数 L 为（ ）。

A. 275.8mH   B. 183.8mH   C. 551.6mH   D. 84.5mH

4.15 电路如图4.44所示，已知电流 $i = 5\sin(314t + 30°)\text{A}$，电压 $u = 4\sin(314t + 60°)\text{V}$，则其复阻抗 Z 应为（ ）。

A. $0.8\angle30°\Omega$ B. $0.8\angle-30°\Omega$ C. $1.25\angle-90°\Omega$ D. $1.25\angle90°\Omega$

4.16 无源二端网络如图4.45a所示，其电压 u、电流 i 的波形如图4.45b所示，则网络 N_0 的电路性质为（ ）。

A. 阻性   B. 感性   C. 容性   D. 不能确定

4.17　在图 4.46 所示电路中，已知等效复阻抗 $Z = 2\sqrt{2}\angle 45°\Omega$，则 R、X_L 分别为（　　）。

A. 4Ω、4Ω　　　　B. $2\sqrt{2}\Omega$、$2\sqrt{2}\Omega$　　　C. $\dfrac{\sqrt{2}}{2}\Omega$、$\dfrac{\sqrt{2}}{2}\Omega$　　　　D. $\sqrt{2}\Omega$、$\sqrt{2}\Omega$

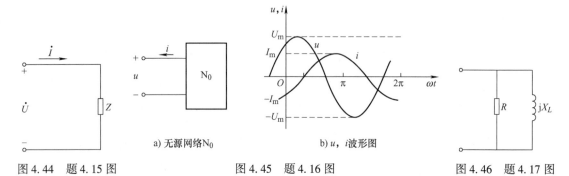

图 4.44　题 4.15 图　　　　　　　a) 无源网络N_0　　　　b) u、i 波形图　　　　图 4.46　题 4.17 图
　　　　　　　　　　　　　　　　　　　　图 4.45　题 4.16 图

4.18　提高感性电路的功率因数通常采用的措施是（　　）。

A. 给感性负载串联电容　　　　　　　　　B. 给感性负载并联电阻

C. 给感性负载串联电阻　　　　　　　　　D. 在感性负载的两端并联电容

4.19　正弦交流电路的视在功率 S、有功功率 P 与无功功率 Q 的关系为（　　）。

A. $S^2 = P^2 + (Q_L - Q_C)^2$　　　　　　　　B. $S^2 = P^2 + (Q_L + Q_C)^2$

C. $S = P + Q_L + Q_C$　　　　　　　　　　　C. $S = P + Q_L - Q_C$

4.20　在 RLC 串联电路中，若电源角频率 ω 小于谐振角频率 ω_0，该电路呈现的性质为（　　）。

A. 感性　　　　　　B. 容性　　　　　　C. 无法确定　　　　　　D. 阻性

分析计算题

4.21　写出下列正弦量的相量，画出它们的相量图，分别说明各组内两个电量的超前、滞后关系。

（1）$i_1 = 10\sqrt{2}\sin(2513t + 45°)$A，$i_2 = 8\sqrt{2}\sin(2513t - 15°)$A；

（2）$u_1 = -\sqrt{2}\cos(1000t - 120°)$V，$i_2 = 10\sqrt{2}\sin(1000t - 140°)$A。

4.22　在图 4.47 所示电路中，已知 $u_S = 15\sqrt{2}\sin(\omega t + 30°)$V，电路为感性，电流表 A 的读数为 6A，$\omega L = 3.5\Omega$，$\dfrac{1}{\omega C} = 3\Omega$，求电流表 A_1、A_2 的读数。

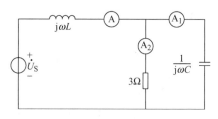

图 4.47　题 4.22 图

4.23　两个电路参数如图 4.48 所示，试求两个电路中的电流 $\dot{I}$。

4.24　在图 4.49 所示电路中，已知 $I_1 = I_2 = 10$A，$U = 100$V，u 与 i 同相，试求 I、R、X_L 及 X_C。

4.25　在图 4.50 所示电路中，已知 $R = 8\Omega$，$X_L = 6\Omega$，$I_1 = I_2 = 0.2$A。求：（1）u、i 的有效值；（2）电路功率因数 $\cos\varphi$ 及功率 P。

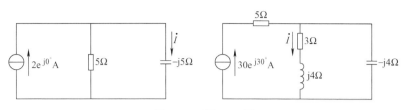

图 4.48　题 4.23 图

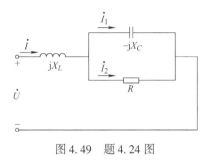

图 4.49　题 4.24 图

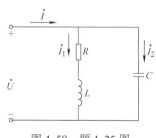

图 4.50　题 4.25 图

4.26　图 4.51 所示的三个阻抗串联电路，已知电压 $\dot{U} = 220\angle30°\text{V}$，$Z_1 = (2 + j6)\,\Omega$，$Z_2 = (3 + j4)\,\Omega$，$Z_3 = (3 - j4)\,\Omega$。求：（1）电路的等效复数阻抗 Z、电流 $\dot{I}$ 和电压 $\dot{U}_1$、$\dot{U}_2$、$\dot{U}_3$。（2）画出电压、电流相量图。（3）计算电路的有功功率 P、无功功率 Q 和视在功率 S。

4.27　现有 40W 的荧光灯一只，使用时灯管与镇流器（可近似地把镇流器看作纯电感）串联在电压为 220V、频率为 50Hz 的电源上，如图 4.52 所示。已知灯管工作时属于纯电阻负载，灯管两端的电压等于 110V。试求：（1）镇流器的感抗与电感。（2）这时电路的功率因数是多少？（3）若将功率因数提高到 0.8，问应并联多大的电容？

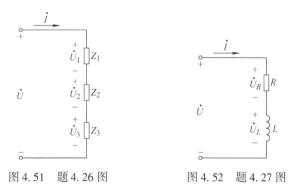

图 4.51　题 4.26 图　　　　图 4.52　题 4.27 图

4.28　为了降低单相电动机的转速，可以采用降低电动机端电压的方法来实现。为此，可在电路中串联一个电抗 X_L'，如图 4.53 所示。已知电动机转动时，绕组的电阻为 200Ω，电抗为 280Ω，电源电压 $U = 220\text{V}$，频率 $f = 50\text{Hz}$。现欲将电动机端电压降低为 $u_1 = 180\text{V}$。求串联电抗 X_L' 及其电感 L' 的数值。

4.29 *RLC* 并联电路如图 4.54 所示，已知 $u = 220\sqrt{2}\sin(314t + 45°)\text{V}$，$R = 11\Omega$，$L = 35\text{mH}$，$C = 144.76\mu\text{F}$。求：（1）并联电路的等效复数阻抗 Z。（2）各支路电流和总电流。（3）画出电压和电流相量图。（4）计算电路总的 P、Q 和 S。

4.30 电路如图 4.55 所示，已知 $R = R_1 = R_2 = 10\Omega$，$L = 31.8\text{mH}$，$C = 318\mu\text{F}$，$f = 50\text{Hz}$，$U = 10\text{V}$，试求并联支路端电压 U_{ab} 及电路的 P、Q、S 及 $\cos\varphi$。

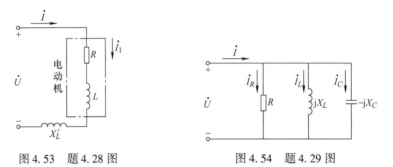

图 4.53 题 4.28 图   图 4.54 题 4.29 图

4.31 学校教学楼装有 220V/40W 白炽灯 20 只、220V/40W 荧光灯 100 只，荧光灯的功率因数为 0.5。试求：（1）电源向电路提供的电流 $\dot{I}$，并画出电压和电流的相量图（设电源电压 $\dot{U} = 220\angle0°\text{V}$）。（2）若全部照明灯点亮 4h，共耗多少千瓦时的电？

4.32 电路如图 4.56 所示，已知 $U = 220\text{V}$，$f = 50\text{Hz}$，$R_1 = 10\Omega$，$X_1 = 10\sqrt{3}\,\Omega$，$R_2 = 5\Omega$，$X_2 = 5\sqrt{3}\,\Omega$。试求：（1）电流表的读数和电路的功率因数 $\cos\varphi$。（2）欲使电路的功率因数提高到 0.866，则需并联多大的电容？（3）并联电容后电流表的读数。

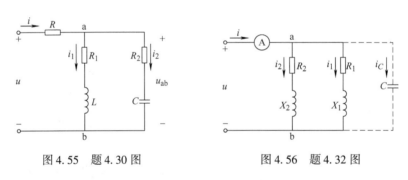

图 4.55 题 4.30 图   图 4.56 题 4.32 图

4.33 某照明电源的额定容量为 10kV·A，额定电压为 220V，频率为 50Hz，接有 220V/40W、功率因数为 0.5 的荧光灯 120 只。试求：（1）荧光灯的总电流是否超过电源的额定电流？（2）若并联电容将电路的功率因数提高到 0.9，求还可接入多少个 220V/40W 的白炽灯。

第5章

三相交流电路

三相正弦交流电是由俄国科学家在 1888 年发明的。由于三相电路输送电能比单相电路经济，三相交流电机的运行性能和效率也比单相交流电机好，因此三相电得到了广泛的应用。生活中的单相电源常常是三相电源中的一相。

工业生产中经常采用对称三相交流电路，其电压、电流和功率之间有较简单的对称关系。对称三相电路的理论和分析方法是电工理论的重要内容。另外，本章还介绍了不对称三相正弦交流电路的分析方法。

5.1 三相电源

三相电源的产生

5.1.1 三相电源的产生

三相正弦交流电是由三相交流发电机产生的，图 5.1 所示为三相交流发电机的原理图（横截面）。定子铁心的内圆周有冲槽，用来放置三相定子（stator）绕组。每个绕组都是相同的，它们的始端分别为 U_1、V_1、W_1，末端分别为 U_2、V_2、W_2。每个绕组的两个长边放在相应定子铁心的槽内，三个绕组的始端彼此相隔 120°。磁极是转动的，称为转子（rotor）。当转子在原动机的带动下，以匀速按顺时针方向转动时，每相定子绕组依次切割磁力线，在三相定子绕组中产生幅值相等、频率相同的正弦电动势 e_1、e_2 及 e_3。电动势的参考方向由定子绕组的末端指向始端。

设三相交流发电机每相绕组产生的电动势幅值为 E_m、角频率为 ω、有效值为 E。如果以 U 相为参考，则可得出瞬时值表达式为

$$e_1(t) = E_m \sin\omega t \, V$$
$$e_2(t) = E_m \sin(\omega t - 120°) \, V \quad\quad (5.1)$$
$$e_3(t) = E_m \sin(\omega t + 120°) \, V$$

对应的相量式为

$$
\begin{cases}
\dot{E}_1 = E \angle 0° \, V \\
\dot{E}_2 = E \angle -120° \, V \\
\dot{E}_3 = E \angle 120° \, V
\end{cases}
\quad\quad (5.2)
$$

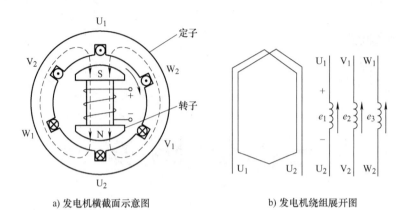

a) 发电机横截面示意图　　　　　　　b) 发电机绕组展开图

图 5.1　三相交流发电机原理图

对应的波形和相量图如图 5.2 所示。

如前所述，三相电动势的大小相等、频率相同、彼此间的相位相差 120°，称为对称三相电动势（symmetrical three phase electromotive force）。

从相量图可知，对称三相电动势在任一时刻的和为零，即

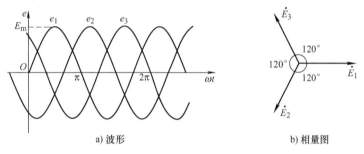

a) 波形　　　　　　　　　b) 相量图

图 5.2　三相正弦交流电的波形与相量图

$$e_1 + e_2 + e_3 = 0 \tag{5.3}$$

且

$$\dot{E}_1 + \dot{E}_2 + \dot{E}_3 = 0 \tag{5.4}$$

三相交流电出现正幅值（或相应零值）的顺序称为相序（phase sequence）。在图 5.1 中，三相交流电的相序为 $U_1 \to V_1 \to W_1$，称为正序（或顺序）；若相序为 $W_1 \to V_1 \to U_1$，则称为反序（或逆序）。

相序是三相交流电应用中一个特别要注意的问题。本书中若无特别说明，相序均为正序。

5.1.2　三相电源的联结

1. 三相电源的星形联结

三相电源向负载供电时，发电机的三相定子绕组必须进行适当的连接。把三相定子绕组的末端连在一起，这个连接点称为中性点（neutral point），用 N 表示；三个首端分别引出端线 L_1、L_2、L_3，如图 5.3 所示。这种连接形式称为三相电源的星形（丫）联结。

从中性点引出的导线称为中性线（neutral wire），从始端 U_1、V_1、W_1 引出的三根线（L_1、L_2、L_3）称为相线（phase wire）。

相线与中性线间的电压即每相定子绕组的电压，称为相电压（phase voltage），参考方向由相线指向中线。若忽略三相定子绕组的内阻，则有

$$u_1 = e_1 \quad u_2 = e_2 \quad u_3 = e_3 \tag{5.5}$$

所以，u_1、u_2、u_3 幅值相等、频率相同、彼此相位相差 120°，为对称三相电压。相电压的有效值用 U_p 表示，则

$$\begin{cases} u_1 = \sqrt{2}\,U_p \sin\omega t\,\mathrm{V} \\ u_2 = \sqrt{2}\,U_p \sin(\omega t - 120°)\,\mathrm{V} \\ u_3 = \sqrt{2}\,U_p \sin(\omega t + 120°)\,\mathrm{V} \end{cases} \quad (5.6)$$

相线与相线之间的电压称为线电压（line voltage）。根据 KVL 定律，可得

$$u_{12} = u_1 - u_2 \qquad u_{23} = u_2 - u_3 \qquad u_{31} = u_3 - u_1 \quad (5.7)$$

用相量表示为

$$\dot{U}_{12} = \dot{U}_1 - \dot{U}_2 \qquad \dot{U}_{23} = \dot{U}_2 - \dot{U}_3 \qquad \dot{U}_{31} = \dot{U}_3 - \dot{U}_1 \quad (5.8)$$

三相电源丫联结时电压相量图如图 5.4 所示。

由相量图可得

$$\dot{U}_{12} = \sqrt{3}\,\dot{U}_1 \angle 30°\mathrm{V} \qquad \dot{U}_{23} = \sqrt{3}\,\dot{U}_2 \angle 30°\mathrm{V} \qquad \dot{U}_{31} = \sqrt{3}\,\dot{U}_3 \angle 30°\mathrm{V} \quad (5.9)$$

由于 $\dot{U}_1$、$\dot{U}_2$、$\dot{U}_3$ 是对称三相电压，所以 $\dot{U}_{12}$、$\dot{U}_{23}$、$\dot{U}_{31}$ 也是大小相等、频率相同、彼此相位相差 120° 的对称三相电压。线电压大小等于相电压的 $\sqrt{3}$ 倍，且相位上超前相应的相电压 30°。若线电压的有效值用 U_l 表示、相电压的有效值用 U_p 表示，则有 $U_l = \sqrt{3}\,U_p$。

三相电源丫联结时，可引出 4 根导线，称为三相四线制，可以给负载提供两种电压。

2. 三相电源的三角形联结

图 5.5 所示为三相电源的三角形（△）联结，即把三相绕组首末端连接成一个回路，再从连接点引出相线 L_1、L_2、L_3。△联结的三相电源的相电压和线电压、相电流和线电流的定义与丫联结相同。从图 5.5 中可以看出△联结时线电压等于相电压，即

$$\dot{U}_{12} = \dot{U}_1 \qquad \dot{U}_{23} = \dot{U}_2 \qquad \dot{U}_{31} = \dot{U}_3$$

三个电源形成一个回路，只有当三相电源对称并连接正确时（$\dot{E}_1 + \dot{E}_2 + \dot{E}_3 = 0$），才能保证电源内部无环流。

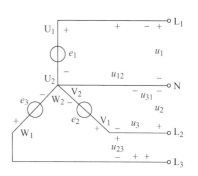

图 5.3 三相电源的丫联结

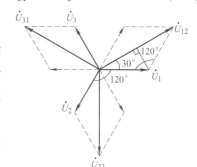

图 5.4 电压相量图

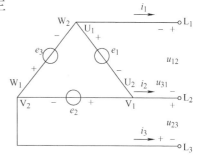

图 5.5 三相电源的△联结

5.2 三相负载

三相负载（three phase load）可以是三相电气设备，如三相交流电动机等，也可以是单相负载的组合，如电灯组等。三相负载的连接方式也有两种：丫联结和 △ 联结。当三相负载阻抗相等时，称为对称三相负载

三相负载的联结方式

（symmetrical three phase load）。将对称三相电源与对称三相负载进行适当的连接就形成了对称三相电路（three phase circuit）。

根据三相电源与负载的不同连接方式，可以组成丫–丫、丫–△、△–丫、△–△联结的三相电路。图 5.6a、b 分别为丫–丫联结方式和丫–△联结方式。

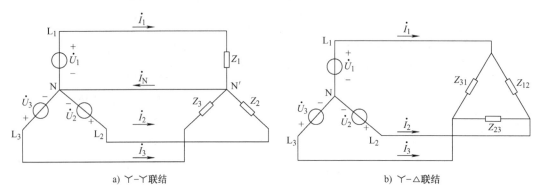

a）丫–丫联结   b）丫–△联结

图 5.6　三相电源与负载的不同连接方式

5.2.1　三相负载的星形联结

如图 5.7 所示，将三相负载的末端连接在一起，与三相电源的中性点 N 相连，三相负载的首端分别接到三根相线上。这种连接形式称为三相负载的丫联结，每相负载的阻抗分别为 Z_1、Z_2 和 Z_3。负载的相电压等于电源的相电压。

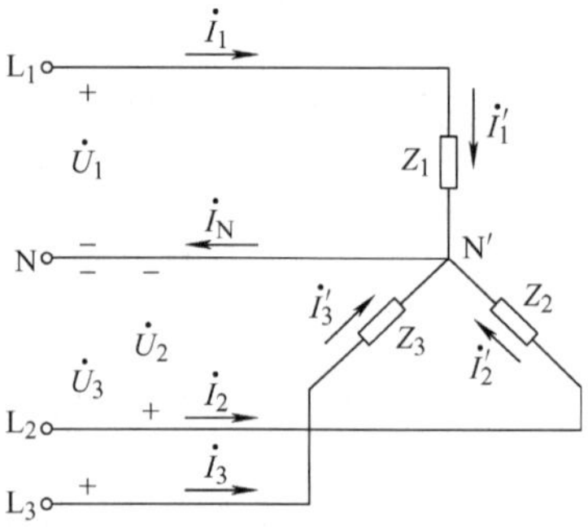

三相电路中流过相线的电流 i_1、i_2、i_3 称为线电流（line current），其有效值用 I_1 表示，流过负载的电流 i_1'、i_2' 和 i_3' 称为相电流（phase current），其有效值用 I_p 表示。显然

$$i_1 = i_1' \quad i_2 = i_2' \quad i_3 = i_3' \tag{5.10}$$

图 5.7　三相负载的丫联结

当 $Z_1 = Z_2 = Z_3 = Z$ 时，负载为对称三相负载。

由对称三相负载和对称三相电源组成的三相电路称为对称三相电路，否则为不对称三相电路（unsymmetrical three phase circuit）。

三相负载对称，即 $Z_1 = Z_2 = Z_3 = Z = |Z| \angle \varphi$。

以 $\dot{U}_1$ 为参考相量（reference phasor），设 $\dot{U}_1 = U_p \angle 0° \text{V}$，则 $\dot{U}_2 = U_p \angle -120° \text{V}$，$\dot{U}_3 = U_p \angle 120° \text{V}$。根据欧姆定律，可得

$$\begin{cases} \dot{I}_1 = \dfrac{\dot{U}_1}{Z_1} = \dfrac{U_p \angle 0°}{|Z| \angle \varphi} = \dfrac{U_p}{|Z|} \angle -\varphi \\[2mm] \dot{I}_2 = \dfrac{\dot{U}_2}{Z_2} = \dfrac{U_p \angle -120°}{|Z| \angle \varphi} = \dfrac{U_p}{|Z|} \angle -120° -\varphi \\[2mm] \dot{I}_3 = \dfrac{\dot{U}_3}{Z_3} = \dfrac{U_p \angle 120°}{|Z| \angle \varphi} = \dfrac{U_p}{|Z|} \angle 120° -\varphi \end{cases} \tag{5.11}$$

$\dot{I}_1$、$\dot{I}_2$、$\dot{I}_3$ 大小相等、频率相同，彼此间相位相差120°，为对称三相电流。这种情况下，有

$$\dot{I}_N = \dot{I}_1 + \dot{I}_2 + \dot{I}_3 = 0 \qquad (5.12)$$

电压、电流相量图，如图5.8所示。

因为负载对称，中性线没有电流，可以去掉中性线，如图5.9所示，这就是三相三线制供电电路。在实际生产中，三相负载（如三相电动机）一般都是对称的，因此三相三线制电路在工业生产中较常见。

对称负载的电压、电流都是对称的，因此在对称负载的三相电路中，只需要计算一相即可。

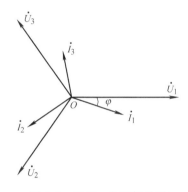

图5.8 电压、电流相量图

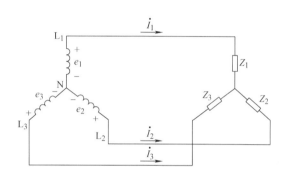

图5.9 三相三线制供电电路

【例5.1】 星形联结的三相负载如图5.7所示，每相负载的电阻 $R = 6\Omega$、感抗 $X_L = 8\Omega$。电源电压对称，设 $u_{12} = 380\sqrt{2}\sin(\omega t + 30°)\,\text{V}$，求各线电流。

【解】 因为负载对称，只需计算一相即可。

$$U_1 = \frac{U_{12}}{\sqrt{3}} = \frac{380}{\sqrt{3}}\text{V} = 220\text{V}$$

u_1 比 u_{12} 滞后30°，即

$$u_1 = 220\sqrt{2}\sin\omega t \ \text{V}$$

相应的线电流为

$$I_1 = \frac{U_1}{|Z|} = \frac{220}{\sqrt{6^2 + 8^2}}\text{A} = 22\text{A}$$

i_1 比 u_1 滞后 φ，即

$$\varphi = \arctan\frac{X_L}{R} = \arctan\frac{8}{6} = 53°$$

所以

$$i_1 = 22\sqrt{2}\sin(\omega t - 53°)\,\text{A}$$

因为电流对称，所以其余两相的电流为

$$i_2 = 22\sqrt{2}\sin(\omega t - 53° - 120°) = 22\sqrt{2}\sin(\omega t - 173°)\,\text{A}$$

$$i_3 = 22\sqrt{2}\sin(\omega t - 53° + 120°) = 22\sqrt{2}\sin(\omega t + 67°)\,A$$

5.2.2 三相负载的三角形联结

三相负载的三角形联结电路如图5.10所示。

以对称三相电源线电压 $\dot{U}_{12}$ 为参考相量，即 $\dot{U}_{12} = U_1\angle0°V$，那么 $\dot{U}_{23} = U_1\angle-120°V$，$\dot{U}_{31} = U_1\angle120°V$。若三相负载对称，即 $Z_{12} = Z_{23} = Z_{31} = Z = |Z|\angle\varphi$，相电流为

$$\dot{I}_{12} = \frac{\dot{U}_{12}}{Z_{12}} = \frac{U_1\angle0°}{|Z|\angle\varphi} = \frac{U_1}{|Z|}\angle-\varphi$$

$$\dot{I}_{23} = \frac{\dot{U}_{23}}{Z_{23}} = \frac{U_1\angle-120°}{|Z|\angle\varphi} = \frac{U_1}{|Z|}\angle-120°-\varphi$$

$$\dot{I}_{31} = \frac{\dot{U}_{31}}{Z_{31}} = \frac{U_1\angle120°}{|Z|\angle\varphi} = \frac{U_1}{|Z|}\angle120°-\varphi$$

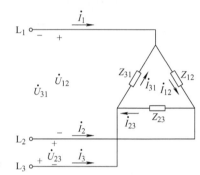

图5.10 三相负载的三角形联结电路

显然，$\dot{I}_{12}$、$\dot{I}_{23}$、$\dot{I}_{31}$ 也是三相对称的。根据 KCL，可得到3个线电流为

$$\begin{cases} \dot{I}_1 = \dot{I}_{12} - \dot{I}_{31} = \sqrt{3}\,\dot{I}_{12}\angle-30° \\ \dot{I}_2 = \dot{I}_{23} - \dot{I}_{12} = \sqrt{3}\,\dot{I}_{23}\angle-30° \\ \dot{I}_3 = \dot{I}_{31} - \dot{I}_{23} = \sqrt{3}\,\dot{I}_{31}\angle-30° \end{cases} \quad (5.13)$$

其相量图如图5.11所示。

在对称三相电路中，当负载为△联结时，线电流的有效值为相电流有效值的 $\sqrt{3}$ 倍，即 $I_1 = \sqrt{3}I_p$，且线电流滞后相应的相电流30°。

【例5.2】 图5.10所示的对称三相电路，已知线电压 $\dot{U}_{12} = 380\angle0°V$，各相负载阻抗相同，均为 $Z = 10\angle37°\Omega$。求电路中的相电流及线电流。

【解】 由于是三相对称电路，因此相电流是对称的，线电流也是对称的。

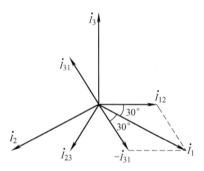

图5.11 对称负载△联结时线电流和相电流的相量图

相电流 $\quad \dot{I}_{12} = \dfrac{\dot{U}_{12}}{Z} = \dfrac{380\angle0°}{10\angle37°}A = 38\angle-37°A$

$$\dot{I}_{23} = 38\angle-157°A$$

$$\dot{I}_{31} = 38\angle83°A$$

线电流 $\quad \dot{I}_1 = \sqrt{3}\,\dot{I}_{12}\angle-30° = (\sqrt{3}\times38\angle-37°-30°)A \approx 65.8\angle-67°A$

$$\dot{I}_2 = (65.8\angle-67°-120°)A = 65.8\angle-187°A$$

$$\dot{I}_3 = (65.8 \angle -67° + 120°)\text{A} = 65.8 \angle 53°\text{A}$$

5.3 三相功率

5.3.1 三相总瞬时功率

不对称三相电路总的瞬时功率就是三相瞬时功率的和。

$$p = p_1 + p_2 + p_3 = u_1 i_1 + u_2 i_2 + u_3 i_3$$

对称三相电路总的瞬时功率是恒定的，等于三相电路总的平均功率 P。

证明如下：

$$p_1 = u_1 i_1 = \sqrt{2} U_\text{p} \sin\omega t \times \sqrt{2} I_\text{p} \sin(\omega t - \varphi) = -U_\text{p} I_\text{p} [\cos(2\omega t - \varphi) - \cos\varphi]$$

$$p_2 = u_2 i_2 = -U_\text{p} I_\text{p} [\cos(2\omega t - 240° - \varphi) - \cos\varphi]$$

$$p_3 = u_3 i_3 = -U_\text{p} I_\text{p} [\cos(2\omega t + 240° - \varphi) - \cos\varphi]$$

因为 $\qquad \cos(2\omega t - \varphi) + \cos(2\omega t - 240° - \varphi) + \cos(2\omega t + 240° - \varphi) = 0$

所以 $\qquad p = p_1 + p_2 + p_3 = 3U_\text{p} I_\text{p} \cos\varphi = \sqrt{3} U_1 I_1 \cos\varphi = P$

5.3.2 三相有功功率

无论三相负载是否对称，负载是丫联结还是△联结，三相负载总有功功率等于每相负载有功功率之和，即

$$P = P_1 + P_2 + P_3 = U_1 I_1 \cos\varphi_1 + U_2 I_2 \cos\varphi_2 + U_3 I_3 \cos\varphi_3$$

式中，U_1、U_2、U_3 分别为三相负载的相电压；I_1、I_2、I_3 分别为三相负载的相电流；φ_1、φ_2、φ_3 分别为三相负载所对应的相电压与相电流的相位差。

当负载对称时，各相的有功功率是相等的，所以总的有功功率可表示为

$$P = 3U_\text{p} I_\text{p} \cos\varphi \qquad\qquad (5.14)$$

实际上，三相电路的相电压和相电流有时难以测量。但在对称三相电路中，负载丫联结时，$U_1 = \sqrt{3} U_\text{p}$，$I_1 = I_\text{p}$；负载△联结时，$U_1 = U_\text{p}$，$I_1 = \sqrt{3} I_\text{p}$。所以，无论负载是哪种接法，都有

$$P = \sqrt{3} U_1 I_1 \cos\varphi \qquad\qquad (5.15)$$

式中，U_1、I_1 分别为线电压和线电流，$\cos\varphi$ 为每相负载的功率因数。

因为线电压或线电流便于实际测量，而且三相负载铭牌上标识的额定值指线电压和线电流，所以式(5.15)是计算有功功率的常用公式。但需注意的是，该公式只适用于对称三相电路。

5.3.3 三相无功功率

三相负载的无功功率等于各相无功功率之和，即

$$Q = Q_1 + Q_2 + Q_3 = U_1 I_1 \sin\varphi_1 + U_2 I_2 \sin\varphi_2 + U_3 I_3 \sin\varphi_3$$

当负载对称时，各相的无功功率是相等的，所以总的无功功率可表示为

$$Q = 3U_\text{p} I_\text{p} \sin\varphi = \sqrt{3} U_1 I_1 \sin\varphi \qquad\qquad (5.16)$$

5.3.4　三相视在功率

三相负载的视在功率为

$$S = \sqrt{P^2 + Q^2} \tag{5.17}$$

对称三相电路的视在功率为

$$S = 3U_{\mathrm{p}}I_{\mathrm{p}} = \sqrt{3}\, U_1 I_1 \tag{5.18}$$

【例5.3】　图5.12所示为三相负载丫联结电路，已知三相电源的线电压 $\dot{U}_{12} = 380\angle30°\mathrm{V}$，阻抗 $Z_1 = 20\angle37°\Omega$，$Z_2 = 20\angle30°\Omega$，$Z_3 = 20\angle53°\Omega$，求三相功率 P。

【解】　由 $\dot{U}_{12} = 380\angle30°\mathrm{V}$，可得相电压为

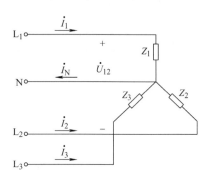

图5.12　例5.3电路

$$\dot{U}_1 = 220\angle0°\mathrm{V} \quad \dot{U}_2 = 220\angle-120°\mathrm{V} \quad \dot{U}_3 = 220\angle120°\mathrm{V}$$

$$\dot{I}_1 = \frac{\dot{U}_1}{Z_1} = \frac{220\angle0°}{20\angle37°}\mathrm{A} = 11\angle-37°\mathrm{A}$$

$$P_1 = U_1 I_1 \cos\varphi_1 = 220 \times 11 \times \cos37°\mathrm{W} = 1.93\mathrm{kW}$$

$$\dot{I}_2 = \frac{\dot{U}_2}{Z_2} = \frac{220\angle-120°}{20\angle30°}\mathrm{A} = 11\angle-150°\mathrm{A}$$

$$P_2 = U_2 I_2 \cos\varphi_2 = 220 \times 11 \times \cos30°\mathrm{W} = 2.1\mathrm{kW}$$

$$\dot{I}_3 = \frac{\dot{U}_3}{Z_3} = \frac{220\angle120°}{20\angle53°}\mathrm{A} = 11\angle67°\mathrm{A}$$

$$P_3 = U_3 I_3 \cos\varphi_3 = 220 \times 11 \times \cos53°\mathrm{W} = 1.46\mathrm{kW}$$

所以，三相电路的有功功率为

$$P = P_1 + P_2 + P_3 = 5.49\mathrm{kW}$$

【例5.4】　在线电压 $U_{\mathrm{L}} = 380\mathrm{V}$ 的三相电源上，接入一个对称的三角形联结的负载，每相负载阻抗 $Z = (16 + \mathrm{j}12)\Omega$，求负载的相电流 I_{p}、线电流 I_1 和有功功率 P、无功功率 Q 及视在功率 S。

【解】　负载三角形联结时，负载两端的相电压等于电源的线电压。

每相负载阻抗为

$$Z = (16 + \mathrm{j}12)\Omega = 20\angle37°\Omega$$

因此，相电流为

$$I_{\mathrm{p}} = \frac{U_1}{Z} = \frac{380}{20}\mathrm{A} = 19\mathrm{A}$$

线电流为

$$I_1 = \sqrt{3}\, I_{\mathrm{p}} \approx 32.9\mathrm{A}$$

三相有功功率为

$$P = \sqrt{3}\, U_1 I_1 \cos\varphi = \sqrt{3} \times 380 \times 32.9 \times \cos37°\mathrm{W} \approx 17.32\mathrm{kW}$$

三相无功功率为

$$Q = \sqrt{3}\, U_1 I_1 \sin\varphi = \sqrt{3} \times 380 \times 32.9 \times \sin37° \approx 12.99\mathrm{kvar}$$

三相视在功率为

$$S = \sqrt{3}\,U_1 I_1 = \sqrt{3} \times 380 \times 32.9\,\text{V} \cdot \text{A} \approx 21.65\,\text{kV} \cdot \text{A}$$

【例5.5】 电路如图5.13所示，已知线电压为380V，△联结负载 $P_1 = 20\text{kW}$，$\cos\varphi_1 = 0.8$（感性）；丫联结负载 $P_2 = 10\text{kW}$，$\cos\varphi_2 = 0.85$（感性）。试求：（1）电路中的线电流；（2）电源视在功率、有功功率和无功功率。

【解】 图5.13所示电路共有两组对称负载（丫、△），计算时可先分组求解，再求电路的总电流和电源供给所有负载的功率。

（1）先求负载丫联结电路。由于是对称负载，所以只算一相即可，其余类推。

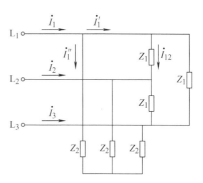

图5.13 例5.5电路

设线电压 $\dot{U}_{12} = 380\angle 0°\,\text{V}$，则相电压为

$$\dot{U}_1 = \frac{1}{\sqrt{3}}\dot{U}_{12}\angle -30° = \frac{380}{\sqrt{3}}\angle -30°\,\text{V} = 220\angle -30°\,\text{V}$$

而由于 $P_1 = 3U_1 I_1''\cos\varphi_1$，则

$$I_1'' = \frac{P_1}{3U_1\cos\varphi_1} = \frac{10 \times 10^3}{3 \times 220 \times 0.85}\,\text{A} \approx 17.83\,\text{A}$$

又因 $\cos\varphi_2 = 0.85$，$\varphi_2 = 31.8°$，则

$$\dot{I}_1'' = I_1''\angle -30° - 31.8° = 17.83\angle -61.8°\,\text{A}$$

再求负载△联结电路，因为

$$P_2 = 3U_{12}I_{12}\cos\varphi_2$$

故相电流为

$$I_{12} = \frac{P_2}{3U_{12}\cos\varphi_2} = \frac{20 \times 10^3}{3 \times 380 \times 0.8}\,\text{A} \approx 21.93\,\text{A}$$

又因 $\cos\varphi_1 = 0.8$，$\varphi_1 = 36.9°$，则相电流为

$$\dot{I}_{12} = I_{12}\angle -36.9° = 21.93\angle -36.9°\,\text{A}$$

而线电流为

$$\dot{I}_1' = \sqrt{3}\,\dot{I}_{12}\angle -30° = \sqrt{3} \times 21.93\angle -66.9°\,\text{A}$$
$$= 38\angle -66.9°\,\text{A}$$

所以 L_1 线总电流为

$$\dot{I}_1 = \dot{I}_1' + \dot{I}_1'' = (17.87\angle -61.8° + 38\angle -66.9°)\,\text{A}$$
$$= 55.75\angle -65.3°\,\text{A}$$

$$\dot{I}_2 = (55.75\angle -65.3° - 120°)\,\text{A} = 55.75\angle -185.3°\,\text{A}$$

$$\dot{I}_3 = (55.75\angle -65.3° + 120°)\,\text{A} = 55.75\angle 54.7°\,\text{A}$$

（2）电源视在功率为

$$S = \sqrt{3}\,U_{12}I_1 = \sqrt{3} \times 380 \times 55.75\,\text{V} \cdot \text{A} = 36.7\,\text{kV} \cdot \text{A}$$

电源有功功率为

$$P = P_1 + P_2 = (10 + 20)\,\text{kW} = 30\,\text{kW}$$

电源无功功率为

$$Q = \sqrt{S^2 - P^2} = \sqrt{(36.7 \times 10^3)^2 - (30 \times 10^3)^2}\,\text{var} \approx 21\,\text{kvar}$$

注意:

1）线电流 $\dot{I}_1 = \dot{I}_1'' + \dot{I}_1' \neq I_1'' + I_1'$。

2）分组计算负载电流时，两种不同联结（丫和△）的三相负载，均需考虑线电压与相电压的相位关系。

3）功率关系式中的 φ 是指相电压和相电流的相位差，所以先求相电流比较方便。

*5.4　不对称三相电路

如果三相电路中电源不对称或负载不对称，则为不对称三相电路。不对称三相电路不能像对称三相电路那样，简化为一相计算。一般情况下不对称三相电路可看成复杂交流电路，用复杂交流电路分析方法进行分析计算。

5.4.1　星形联结

1. 三相四线制

如图 5.14 所示的三相电路，假设 $\dot{U}_1$、$\dot{U}_2$、$\dot{U}_3$ 为一组三相对称电源，而负载阻抗 Z_1、Z_2、Z_3 不相等，则它是不对称三相电路。图中采用的是三相四线制（three phase four wire system）供电，且中性线阻抗可以忽略，则由图可见，负载各相电压等于对应的电源相电压。因此可得各相电流为

$$\dot{I}_1 = \frac{\dot{U}_1}{Z_1} \qquad \dot{I}_2 = \frac{\dot{U}_2}{Z_2} \qquad \dot{I}_3 = \frac{\dot{U}_3}{Z_3}$$

由于负载不对称，因此三相负载电流也不对称，则中性线电流 $\dot{I}_N = \dot{I}_1 + \dot{I}_2 + \dot{I}_3 \neq 0$。也就是说，中性线上有电流通过。

2. 三相三线制（three phase three wire system）

假如图 5.15 所示为不对称（三相三线制供电）的三相电路，根据节点电压法可求出中性点 N′ 和 N 之间的电压为

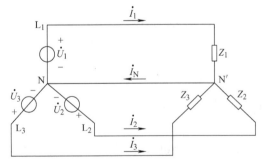

图 5.14　三相四线制不对称三相电路

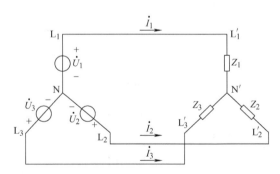

图 5.15　三相三线制不对称三相电路

$$\dot{U}_{\text{N'N}} = \frac{\dfrac{\dot{U}_1}{Z_1} + \dfrac{\dot{U}_2}{Z_2} + \dfrac{\dot{U}_3}{Z_3}}{\dfrac{1}{Z_1} + \dfrac{1}{Z_2} + \dfrac{1}{Z_3}} \neq 0$$

此时即使电源电压对称,两中性点之间的电压也不为零,负载相电压也不对称,这种现象称为负载中性点位移。图 5.16 所示为电源与负载各相电压相量图。

【例 5.6】 如图 5.14 所示,已知三相电源线电压 $\dot{U}_{12} = 380 \angle 30°\text{V}$,阻抗 $Z_1 = 10 \angle 37°\Omega$,$Z_2 = 10 \angle 30°\Omega$,$Z_3 = 10 \angle 53°\Omega$。求:(1)各线电流和中性线电流;(2)中性线断开时,各相负载两端电压。

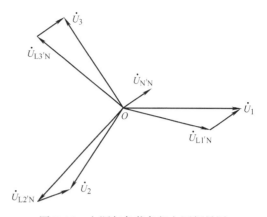

图 5.16　电源与负载各相电压相量图

【解】 (1)在负载不对称的情况下,每相负载必须单独计算。显然,每相负载两端的电压与对应的电源相电压相等。

已知　$\dot{U}_{12} = 380 \angle 30°\text{V}$,则

$$\dot{U}_1 = 220 \angle 0°\text{V} \quad \dot{U}_2 = 220 \angle -120°\text{V} \quad \dot{U}_3 = 220 \angle 120°\text{V}$$

所以

$$\dot{I}_1 = \frac{\dot{U}_1}{Z_1} = \frac{220 \angle 0°}{10 \angle 37°}\text{A} = 22 \angle -37°\text{A}$$

$$\dot{I}_2 = \frac{\dot{U}_2}{Z_2} = \frac{220 \angle -120°}{10 \angle 30°}\text{A} = 22 \angle -150°\text{A}$$

$$\dot{I}_3 = \frac{\dot{U}_3}{Z_3} = \frac{220 \angle 120°}{10 \angle 53°}\text{A} = 22 \angle 67°\text{A}$$

$$\begin{aligned}
\dot{I}_{\text{N}} &= \dot{I}_1 + \dot{I}_2 + \dot{I}_3 \\
&= (22 \angle -37° + 22 \angle -150° + 22 \angle 67°)\text{A} \\
&= (17.57 - \text{j}13.24 - 19.05 - \text{j}11 + 8.6 + \text{j}20.25)\text{A} \\
&= (7.12 - \text{j}3.99)\text{A} \\
&= 8.18 \angle -29.5°\text{A}
\end{aligned}$$

(2)当中性线断开时,电路如图 5.15 所示。

显然,每相负载两端的电压不再等于对应的电源相电压。利用节点电压法计算 N'N 两点间的电压。

$$\dot{U}_{\text{N'N}} = \frac{\dfrac{\dot{U}_1}{Z_1} + \dfrac{\dot{U}_2}{Z_2} + \dfrac{\dot{U}_3}{Z_3}}{\dfrac{1}{Z_1} + \dfrac{1}{Z_2} + \dfrac{1}{Z_3}}$$

$$= \frac{\dfrac{220\angle0°}{10\angle37°} + \dfrac{220\angle-120°}{10\angle30°} + \dfrac{220\angle120°}{10\angle53°}}{\dfrac{1}{10\angle37°} + \dfrac{1}{10\angle30°} + \dfrac{1}{10\angle53°}}\text{V}$$

$$= \frac{7.12 - \text{j}3.99}{0.227 - \text{j}0.19}\text{V}$$

$$= 27.6\angle10.5°\text{V}$$

则负载 Z_1、Z_2、Z_3 的两端电压分别为

$$\dot{U}_{\text{L1N}'} = \dot{U}_1 - \dot{U}_{\text{N'N}} = (220\angle0° - 27.6\angle10.5°)\text{V} = 193\angle-1.5°\text{V}$$

$$\dot{U}_{\text{L2N}'} = \dot{U}_2 - \dot{U}_{\text{N'N}} = (220\angle-120° - 27.6\angle10.5°)\text{V} = 239\angle-125°\text{V}$$

$$\dot{U}_{\text{L3N}'} = \dot{U}_3 - \dot{U}_{\text{N'N}} = (220\angle120° - 27.6\angle10.5°)\text{V} = 230\angle126.5°\text{V}$$

从例 5.6 可以看出：①负载不对称而且没有中性线时，负载两端的电压是不对称，则导致有的负载电压高于额定电压，有的负载电压却低于额定电压，负载无法正常工作；②中性线的作用在于使星形联结的不对称负载的相电压对称。

不对称负载的星形联结一定要有中性线，这样各相相互独立，一相负载短路或开路，对其他相无影响，例如照明电路。因此，中性线（指干线）上不能接入熔断器或开关。

5.4.2 三角形联结

在图 5.17 中，虽然负载阻抗 Z_{12}、Z_{23}、Z_{31} 不相等，但每相负载上的相电压等于电源线电压，因此有

$$\dot{I}_{12} = \frac{\dot{U}_1}{Z_1} \quad \dot{I}_{23} = \frac{\dot{U}_2}{Z_2} \quad \dot{I}_{31} = \frac{\dot{U}_3}{Z_3}$$

$$\dot{I}_1 = \dot{I}_{12} - \dot{I}_{31} \quad \dot{I}_2 = \dot{I}_{23} - \dot{I}_{12} \quad \dot{I}_3 = \dot{I}_{31} - \dot{I}_{23}$$

【例 5.7】 电路如图 5.18 所示，阻抗 $Z_{12} = Z_{23} = (8 + \text{j}6)\Omega$，$Z_{31} = (6 + \text{j}8)\Omega$，求三相电路中的相电流和线电流。（已知电源线电压 $U_1 = 380\text{V}$）

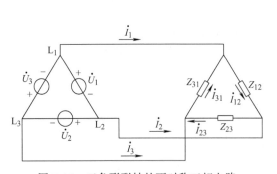

图 5.17 三角形联结的不对称三相电路

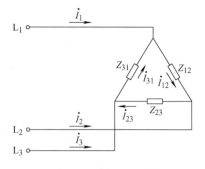

图 5.18 例 5.7 电路

【解】 以电源线电压为参考相量，即有

$$\dot{U}_{12} = 380\angle0°\text{V} \quad \dot{U}_{23} = 380\angle-120°\text{V} \quad \dot{U}_{31} = 380\angle120°\text{V}$$

则相电流分别为

$$\dot{I}_{12} = \frac{\dot{U}_{12}}{Z_{12}} = \frac{380\angle 0°}{8+j6}A = 38\angle -37°A$$

$$\dot{I}_{23} = \frac{\dot{U}_{23}}{Z_{23}} = \frac{380\angle -120°}{8+j6}A = 38\angle -157°A$$

$$\dot{I}_{31} = \frac{\dot{U}_{31}}{Z_{31}} = \frac{380\angle 120°}{6+j8}A = 38\angle 67°A$$

线电流分别为

$$\dot{I}_1 = \dot{I}_{12} - \dot{I}_{31} = (38\angle -37° - 38\angle 67°)A = (15.5-j57.85)A = 59.9\angle -75°A$$

$$\dot{I}_2 = \dot{I}_{23} - \dot{I}_{12} = (38\angle -157° - 38\angle -37°)A = (-65.33+j8.02)A = 65.8\angle -7°A$$

$$\dot{I}_3 = \dot{I}_{31} - \dot{I}_{23} = (38\angle 67° - 38\angle -157°)A = (49.83+j49.83)A = 70.5\angle 45°A$$

习 题

填空题

5.1 当交流发电机三相绕组接成三角形时,若测得线电流为 3800A,则每相绕组电流为 ＿＿＿ A。

5.2 不对称三相负载接于三相四线制电源上,如图 5.19 所示。若电源线电压为 220V,当 D 点断开时,U_3 为 ＿＿＿ V。

5.3 当三相交流发电机的三个绕组接成星形时,若线电压 $u_{23} = 380\sqrt{2}\sin\omega t$ V,则第一相绕组的相电压瞬时值表达式 $u_1 = $ ＿＿＿ V。

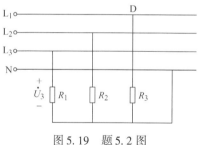

图 5.19 题 5.2 图

5.4 三相四线制供电电路,已知星形联结的三相负载中 L_1 相为纯电阻、L_2 相为纯电感、L_3 相为纯电容,通过每相负载的电流均为 10A,则中性线电流为 ＿＿＿ A。

5.5 在某负载星形联结的三相对称电路中,已知电压 $u_{12} = 380\sqrt{2}\sin\omega t$ V,则 L_3 相电压有效值相量的极坐标形式为 $\dot{U}_3 = $ ＿＿＿ V。

5.6 在负载三角形联结的三相电路中,若线电压 $\dot{U}_{AB} = 380\angle 0°$ V,线电流 $\dot{I}_A = 2\sqrt{3}\angle 15°$ A,则负载的功率因数为 ＿＿＿。

5.7 对称三相感性负载丫联结,若线电压为 6kV,线电流为 10A,三相平均功率为 60kW,则无功功率为 ＿＿＿ kvar。

5.8 某三相电路中 L_1、L_2、L_3 三相的有功功率分别为 P_1、P_2、P_3,则该三相电路总有功功率 P 为 ＿＿＿ W。

5.9 某三角形联结的纯电容负载接于三相对称电源上,已知各相容抗 $X_C = 6\Omega$,线电流为 10A，则三相视在功率为 _____ V·A。

5.10 有一对称三相负载三角形联结后接于线电压 $U_1 = 220V$ 的三相电源上，已知负载相电流为 20A，功率因数为 0.5，则负载从电源所取用的平均功率 $P =$ _____ W。

选择题

5.11 某三相对称电源的电动势分别为 $e_1 = 20\sin(314t + 16°)V$，$e_2 = 20\sin(314t - 104°)V$，$e_3 = 20\sin(314t + 136°)V$，当 $t = 13s$ 时，该三相电动势之和为 (　　)。

A. 20V   B. $\dfrac{20}{\sqrt{2}}$V   C. 0V   D. $20\sqrt{2}$V

5.12 有 220V/100W、220V/75W、220V/50W 三只白炽灯，星形联结后接到三相四线制电源上，三只灯都恰好达到额定值。请问电源的线电压为 (　　)。

A. 127V   B. 220V   C. 311V   D. 380V

5.13 在三相交流电路中，负载对称的条件是 (　　)。

A. $|Z_1| = |Z_2| = |Z_3|$ B. $\varphi_1 = \varphi_2 = \varphi_3$

C. $Z_1 = Z_2 = Z_3$ D. Z_1、Z_2、Z_3 任意两个相等

5.14 某三角形联结的对称三相负载接于对称三相电源，线电流与其对应的相电流的相位关系是 (　　)。

A. 线电流超前相电流30°   B. 线电流滞后相电流30°

C. 两者同相   D. 两者反相

5.15 星形联结且有中性线的不对称三相负载，接于对称的三相四线制电源上，则各相负载的电压 (　　)。

A. 不对称   B. 对称   C. 不一定对称   D. 无法判断

5.16 有一台三相电阻炉，各相负载的额定电压均为 220V，当电源线电压为 380V 时，此电阻炉应接成 (　　)。

A. Y   B. △   C. Y₀   D. Y-△

5.17 有一台星形联结的三相交流发电机，额定相电压为 660V，若测得其线电压 $U_{12} = 660V$，$U_{23} = 660V$，$U_{31} = 1143V$，则说明 (　　)。

A. L_1 相绕组接反   B. L_2 相绕组接反

C. L_3 相绕组接反   D. L_1、L_2、L_3 任一相绕组接反

5.18 对称三相电路的无功功率 $Q = \sqrt{3}U_1 I_1 \sin\varphi$，式中 φ 为 (　　)。

A. 线电压与线电流的相位差   B. 负载阻抗的阻抗角

C. 负载阻抗的阻抗角与30°之和   D. 相电压与线电流的相位差

5.19 某对称三相电路的线电压 $u_{12} = \sqrt{2}U_1\sin(\omega t + 30°)V$，线电流 $i_1 = \sqrt{2}I_1\sin(\omega t + \varphi)A$，负载连接成星形，每相复阻抗 $Z = |Z| \angle \varphi$。该三相电路的有功功率表达式为 (　　)。

A. $\sqrt{3}U_1 I_1\cos\varphi$ B. $\sqrt{3}U_1 I_1\cos(30° + \varphi)$

C. $\sqrt{3}U_1 I_1\cos 30°$ D. $\sqrt{3}U_1 I_1\cos(30° - \varphi)$

5.20 作三角形联结的对称三相负载，均为 RLC 串联电路，且 $R = 10\Omega$，$X_L = X_C = 5\Omega$，当相电流有效值为 $I_p = 1A$ 时，该三相负载的无功功率 $Q =$ (　　)。

A. 15var   B. 30var   C. 0var   D. 45var

计算题

5.21 电路如图 5.20 所示，非对称三相负载 $Z_1 = 5\angle 10°\Omega$，$Z_2 = 9\angle 30°\Omega$，$Z_3 = 10\angle 80°\Omega$，三角形联结，由线电压为 380V 的对称三相电源供电。求负载的线电流 I_1、I_2、I_3，并画出电路的相量图。

5.22 已知电路如图 5.21 所示。电源线电压 $U_1 = 380V$，每相负载的阻抗为 $R = X_L = X_C = 10\Omega$。

（1）该三相负载是否对称，为什么？

（2）计算中性线电流和各相电流，画出相量图。

（3）求三相总功率 P。

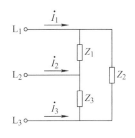 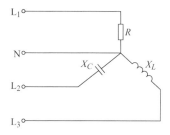

图 5.20 题 5.21 图   图 5.21 题 5.22 图

5.23 对称三相负载星形联结，已知每相阻抗为 $Z = 31 + j22\Omega$，电源线电压为 380V，求三相交流电路的有功功率、无功功率、视在功率和功率因数。

5.24 对称三相电源的线电压为 $U_1 = 380V$，对称三相感性负载作三角形联结，若测得线电流 $I_1 = 17.3A$，三相功率 $P = 9.12kW$，求每相负载的电阻和感抗。

5.25 三相异步电动机的定子绕组连接成三角形，接于线电压 $U_1 = 380V$ 的对称三相电源上，若每相阻抗 $Z = 8 + j6\Omega$，试求此电动机工作时的相电流 I_p、线电流 I_1 和三相功率 P。

5.26 对称三相电阻炉作三角形联结，每相电阻为 38Ω，接于线电压为 380V 的对称三相电源上，试求负载相电流 I_p、线电流 I_1 和三相有功功率 P，并绘出各电压、电流的相量图。

5.27 三角形联结的对称三相感性负载由 $f = 50Hz$、$U_1 = 220V$ 的对称三相交流电源供电，已知电源提供的有功功率为 3kW，负载线电流为 10A，求各相负载的 R、L 参数。

5.28 在线电压为 380V 的三相电源上，接有两组电阻性对称负载，如图 5.22 所示。试求电路上的总线电流 I 和所有负载的有功功率。

5.29 电路如图 5.23 所示。线电压 $U_1 = 220V$ 的对称三相电源上接有两组对称三相负载，一组是接成三角形的感性负载，每相功率为 4.84kW，功率因数为 0.8；另一组是接成星形的电阻负载，每相阻值为 10Ω。求各组负载的相电流及总的线电流。

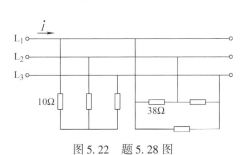 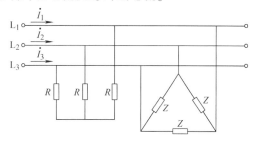

图 5.22 题 5.28 图   图 5.23 题 5.29 图

第6章

磁路与变压器

工程上广泛使用变压器、电磁铁等电工设备。在分析这些设备的工作原理时，除了需要掌握电路基础理论，还需要掌握磁路（magnetic circuit）基本知识。本章首先介绍磁路的基本知识，再介绍变压器和电磁铁等铁心线圈电路。

6.1 磁路及其分析方法

在许多电工设备中，常用磁性材料做成一定形状的铁心，再把通电线圈缠绕在铁心上，以便获得更大的磁通（magnetic flux）。由于铁心的磁导率（permeability）比周围其他物质的磁导率高很多，因此铁心线圈（电流）产生的磁通绝大部分经过铁心闭合。磁通经过的闭合路径称为磁路（magnetic circuit）。图6.1和图6.2分别是交流接触器和变压器的磁路。

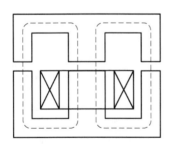

图 6.1 交流接触器的磁路

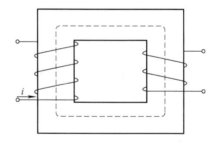

图 6.2 变压器的磁路

6.1.1 磁路的基本物理量

1. 磁感应强度

磁感应强度（magnetic induction）B 是表征磁场中各点磁场强弱和方向的物理量，它是矢量。磁场中某点磁感应强度的大小定义为：当正电荷在该点的运动方向与磁场方向垂直时，磁感应强度 B 的大小等于该电荷所受的最大磁场力 f_{max} 与电量 q 及其速度 v 的乘积之比。如图6.3所示，磁感应强度的大小为

$$B = \frac{f_{max}}{qv} \tag{6.1}$$

磁感应强度 B 的方向就是该点的磁场方向，即 $f_{max} \times v$ 的方向。

如果磁场中各点的磁感应强度大小相等、方向相同，这样的磁场称为均匀磁场。电流与其产生的磁场方向的关系可用右手螺旋定则来确定。在国际单位制中，磁感应强度的单位是特斯拉，简称特（T）。

$$1T = \frac{1N}{1C \times 1m \cdot s^{-1}}$$

2. 磁通

在均匀磁场中，磁感应强度 B 的大小与垂直于磁场方向的面积 S 的乘积，称为通过该面积的磁通 Φ。如图6.4所示，通过面积 S 的磁通为

$$\Phi = BS \tag{6.2}$$

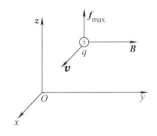

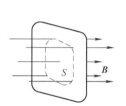

图6.3　运动正电荷在磁场中受力（$v \perp B$）　　　图6.4　磁通定义

如果不是均匀磁场，B 取平均值。磁通的单位是韦伯（Wb）。

$$1Wb = 1T \cdot m^2$$

由式（6.2）得，$B = \dfrac{\Phi}{S}$，可认为磁感应强度在数值上等于与磁场方向垂直的单位面积所通过的磁通，又称磁通密度。

3. 磁导率

试验发现，在通电线圈中放入铁、钴、镍等物质时，通电线圈周围的磁感应强度将会大大增强；若放入铜、铝、木材等物质，通电线圈周围的磁感应强度几乎没有变化。这个现象表明，磁感应强度 B 与磁场中介质的导磁性质有关。通常用磁导率（permeability）μ 来衡量物质的导磁性能。

磁导率高的材料导磁性能好，导磁性能好的材料在外磁场中被磁化后产生很大的附加磁场。这就是为什么在通电线圈中放入铁、钴、镍等物质时，通电线圈周围的磁感应强度将会大大增强。

磁导率的单位是亨利每米（H/m）。

由实验测出，真空的磁导率为

$$\mu_0 = 4\pi \times 10^{-7} H/m$$

这是一个常数，某物质的磁导率与真空磁导率的比值称为该物质的相对磁导率，用 μ_r 表示，即

$$\mu_r = \frac{\mu}{\mu_0} \tag{6.3}$$

4. 磁场强度

磁场强度（magnetizing field strength）H 是计算磁场时引入的辅助物理量，它是矢量。

其定义为

$$H = \frac{B}{\mu_0} - M \qquad (6.4)$$

式中，B 为磁感应强度；M 为磁化强度（描述磁介质磁化程度的物理量）；μ_0 为真空中的磁导率。

磁场强度的单位是安每米（A/m）。

磁场强度与磁感应强度是有区别的。从定义来看，磁感应强度既反映了电流元对磁场的作用，又反映了磁场空间介质对磁场的影响，这样磁感应强度就是同时由磁场的产生源与磁场空间所充满的介质来决定的。相反，磁场强度只是反映磁场来源的作用，与磁介质没有关系。磁场强度 H 是为了使磁场的安培环路定理得到形式上简化而引入的辅助物理量。在磁介质中，任一点 B 与 H 的关系为

$$H = \frac{B}{\mu} \qquad (6.5)$$

6.1.2　磁性材料的磁性能

铜、铝、木材等非磁性材料的磁导率与真空的磁导率近似相等，放在外磁场中对磁场强弱的影响不大；而电工设备中常用的铁、钴、镍及其合金却具有很高的磁导率，可以比真空（或空气的）磁导率大几百倍甚至几万倍，放在外磁场中被磁化（magnetization）而产生附加磁场，会使周围磁场的磁感应强度大大增强，这类材料称为磁性材料。磁性材料具有以下磁性能。

磁性材料

1. 高导磁性

磁性材料的磁导率很高，相对磁导率 μ_r 可达数百至数万，因为磁性材料内部有自发磁化形成的"磁畴"结构。无外磁场作用时，这些磁畴的磁场互相抵消而对外不显磁性，但在外磁场的作用下，它们转动成较规则的排列状态，形成与外磁场同方向的磁化磁场，从而加强了原来的磁场。当外磁场消失后，大部分磁畴排列又恢复到杂乱状态。

由于高导磁性，在（有磁性材料铁心的）线圈中通入不大的励磁电流，就会产生足够大的磁通和磁感应强度。

2. 磁饱和性

磁性材料在磁化过程中，磁感应强度 B 随外加磁场的磁场强度 H 变化的曲线称为磁化曲线（magnetization curve），如图 6.5 所示。从 B-H 磁化曲线可以看出，当有磁性材料存在时，B 与 H 不成正比，是非线性的。磁性材料的磁导率 μ 不是常数，它随磁场强度 H 而变化。虽然磁通 Φ 与 B 成正比，而产生磁通的励磁电流 I 与 H 成正比，但在有磁性材料的情况下，Φ 与 I 不成正比。

从磁化曲线可以看出，当外磁场由零逐渐增大时，开始由于外磁场较弱，对磁畴作用不大，磁化磁场增长缓慢，所以磁感应强度 B 随磁场强度 H 增加较慢（Oa 段）。随着外磁场强度的增强，磁畴所产生的磁化磁场几乎是与 H 成比例地增强，因此随 H 的增长也近于正比例关系（ab 段）。此时磁化效果最显著，但是它的稳定性较差，H 稍有微小的波动，B 就有较大的变化。当外加磁场强度继续增大时，可用（可转动方向的）磁畴越来越少，磁感应强度 B 的增长减慢（bc 段），逐渐趋于饱和（cd 段）。

图 6.6 给出了几种常用磁性材料的磁化曲线。

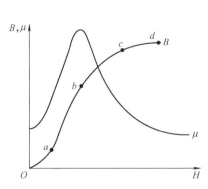

图 6.5 B 和 μ 与 H 的关系曲线

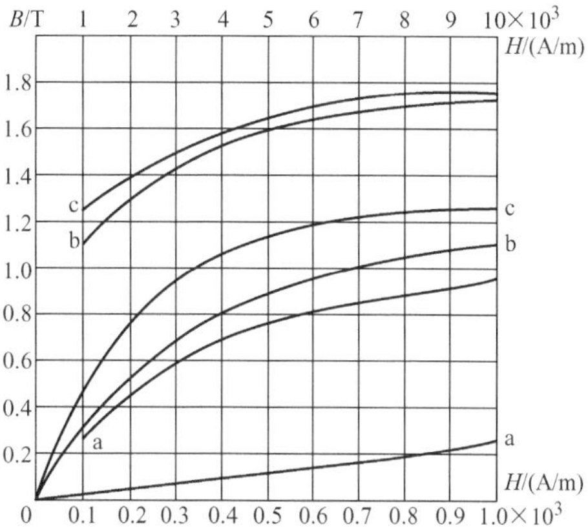

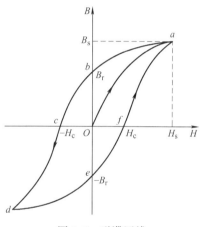

图 6.6 几种常用磁性材料的磁化曲线
a—铸铁 b—铸钢 c—硅钢片

3. 磁滞性

实际工作时，磁性材料往往长期工作在交变磁场中。将一块未被磁化的磁性材料放在幅度为 $-H_s \sim +H_s$ 的磁场内反复交变磁化，外磁场的磁场强度 H 和磁性材料中的磁感应强度 B 的关系如图 6.7 所示。当磁场强度 H 从零增加到 H_s 时，磁感应强度 B 相应增大到正的最大值。当磁场强度从 H_s 处开始减小时，磁感应强度 B 并不沿原来曲线 Oa 回降，而是沿着比它高的曲线 ab 段缓慢下降。在 H 等于零时，B 并不等于零，仍保留一定的磁性，用 B_r 表示，叫作剩磁。

如果磁场强度继续向反方向增加，使磁性材料反向磁化达到饱和，如曲线上的 cd 段，然后在反方向减小磁场强度到零，出现反向剩磁 $-B_r$，再沿正方向增加磁场强度直到 H_s，则磁感应强度又增加到正的最大值。这样，在交变磁场作用下，形成了一个封闭的磁化曲线，它反映了磁感应强度 B 的变化滞后于磁场强度 H 的变化，因而称为磁滞回线（hysteresis loop）。

图 6.7 磁滞回线

为了消除剩磁（使 $B=0$），需要在反方向上外加磁场 H_c，称为矫顽力。它表示磁性材料反抗退磁的能力。

按照磁性材料的特性，通常分为硬磁材料、软磁材料和矩磁材料三大类。

（1）硬磁材料 硬磁材料的特点：它经过深度饱和磁化后，具有较大的剩磁 B_r、较高的矫顽力 H_c 和较大的磁滞回线面积，如图 6.8a 所示。这样的特性可确保磁性能够长期保持恒定，不易消失。属于这一类的材料有铝镍钴、硬磁铁氧体、稀土钴等。

硬磁材料主要用来制造各种用途的永久磁铁，例如用于制造精密仪器、仪表、永磁电机、微电机、力矩电机、传感器、扬声器等。

（2）软磁材料 软磁材料的特点：磁滞回线窄而长，回线面积小，即剩磁 B_r 和矫顽力 H_c 都很小，如图 6.8b 所示。它具有很高的磁导率，易磁化也易于去磁。属于软磁材料的品种很多，如电磁纯铁、铸钢、硅钢片、铁镍合金及软磁铁氧体等。

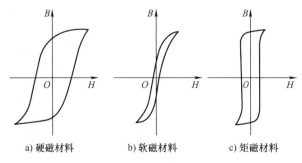

a) 硬磁材料　　　b) 软磁材料　　　c) 矩磁材料

图 6.8　磁滞回线

电磁纯铁一般用作直流磁路的电磁元件，各种牌号的硅钢片经常用作电机、变压器及各种电器等的铁心。

（3）矩磁材料　磁滞回线接近矩形的磁性材料称为矩磁材料，如图 6.8c 所示。这种材料在两个方向上磁化后，剩磁都很大，接近饱和磁感应强度 B_s，而且很稳定。但它的矫顽力较小，易于迅速翻转。消除剩磁并不需要很强的外磁场，只要反向磁场一超过矫顽力，磁化方向就立即翻转。

由于矩磁材料有两个非常分明的磁化状态，可以记为 $+B_r$ 和 $-B_r$，可用来代表二进制数"1"和"0"，即可以存储这两个信息，所以矩磁材料在计算机和自动控制中被广泛用作记忆元件、开关元件和逻辑元件。属于这类材料的有镁锰铁氧体和某些铁镍合金等。

6.1.3　磁路基本定律

1. 安培环路定理

磁场是电流产生的，安培环路定理就是用来描述励磁电流与磁场之间的关系。安培环路定理的内容是：在磁场中沿任何闭合回线的磁场强度 H 的线积分等于通过该闭合线内各个电流的代数和，用数学式表示为

磁路定律

$$\oint_L \boldsymbol{H} \cdot \mathrm{d}\boldsymbol{l} = \sum_{k=1}^{n} I_k \tag{6.6}$$

电流的正负是这样确定的：任意选定闭合回路的绕行方向，凡是和该闭合回路绕行方向符合右手螺旋定则的电流作为正，反之为负。

图 6.9 所示为一个环形铁心线圈，应用式(6.6)计算线圈内部各点的磁场强度。取磁力线作为闭合回路，并选顺时针绕行。于是

$$\oint_L \boldsymbol{H} \cdot \mathrm{d}\boldsymbol{l} = H_x l = 2\pi x H_x$$

$$\sum_{k=1}^{N} I_k = NI \tag{6.7}$$

所以

$$2\pi x H_x = NI$$

$$H_x = \frac{NI}{2\pi x} = \frac{NI}{l} \tag{6.8}$$

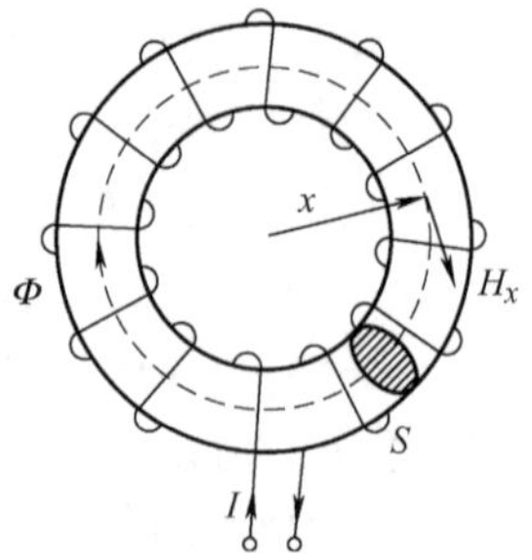

图 6.9　环形铁心线圈

式中，N 为线圈匝数；l 为半径为 x 的圆周长；H_x 为半径 x 处的磁场强度。

NI 称为磁通势（magnetomotive force），用 F 表示，即

$$F = NI$$

它是产生磁通的源，其单位是安培（A）。

2. 磁路欧姆定律

电路中电流与电动势的关系可用电路欧姆定律表述，磁路中磁通与磁通势的关系可用磁路欧姆定律表述。

在环形线圈内的磁场可以认为是均匀磁场，则环内的磁感应强度为

$$B = \mu H = \mu H_x = \mu \frac{NI}{l}$$

而环内的磁通为

$$\Phi = BS = NI \frac{\mu S}{l}$$

令 $R_m = \dfrac{l}{\mu S}$，称为磁阻（reluctance），单位是 H^{-1}，则

$$\Phi = \frac{F}{R_m} \qquad\qquad (6.9)$$

式（6.9）与电路欧姆定律在形式上相似，所以称为磁路欧姆定律。根据环形线圈推导的磁路欧姆定律可以推广到一般磁路。

磁路与电路有很多相似之处。磁路中的磁通由磁通势产生，而电路中的电流由电动势产生；磁路中有磁阻，它对磁通有阻碍作用，而电路中有电阻，它对电流有阻碍作用；磁路中磁阻与磁导率、磁路截面积成反比，与磁路有效长度成正比，而电路中的电阻与电导率、电路导线截面积成反比，与电路导线长度成正比。它们间对应关系见表6.1。

表 6.1 磁路与电路对照表

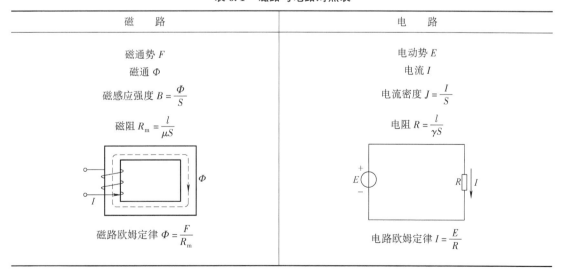

3. 磁路的基尔霍夫磁通定律

电气设备中经常遇到一些具有分支的磁路，如图6.10所示。当线圈通有电流后，产生

的磁通设为 Φ_1，在节点 A 处分为两条并联支路，其磁通分别为 Φ_2 和 Φ_3。

根据磁通连续性原理可知，磁力线是没有起止的闭合曲线。所以，穿入任一闭合面的磁通必然等于穿出该闭合面的磁通。对图 6.10 中节点 A 而言，流入该点的磁通 Φ_1 必然等于流出该点的磁通 Φ_2 和 Φ_3 之和，即

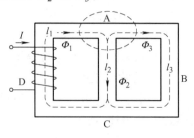

图 6.10　分支磁路

$$\Phi_1 = \Phi_2 + \Phi_3$$

或

$$\Phi_1 - \Phi_2 - \Phi_3 = 0$$

推广来说，对于任意节点的总磁通等于零，这就是磁路的基尔霍夫磁通定律，有

$$\sum_k \Phi_k = 0 \tag{6.10}$$

4. 磁路的基尔霍夫磁压定律

取任一闭合磁路，图 6.10 中的 ABCDA 磁路，根据安培环路定律有

$$\oint_L \boldsymbol{H} \cdot \mathrm{d}\boldsymbol{l} = \int_{l_1} \boldsymbol{H} \cdot \mathrm{d}\boldsymbol{l} + \int_{l_3} \boldsymbol{H} \cdot \mathrm{d}\boldsymbol{l} = H_1 l_1 + H_3 l_3$$

式中，H_1 为 CDA 段的磁场强度；l_1 为 CDA 段的平均长度；H_3 为 ABC 段的磁场强度；l_3 为 ABC 段的平均长度。这个磁路的磁通势为

$$NI = H_1 l_1 + H_3 l_3$$

推广到任意闭合磁路，则得

$$\sum_i N_i I_i = \sum H_i l_i \tag{6.11}$$

式(6.11) 中，电流 I 的方向与闭合磁路的绕行方向符合右手螺旋定则时，磁通势 NI 取正号，否则取负号。Hl 称为磁压降，与电路的电压降相对应。磁路的磁通势代数和等于磁压降之和。这就是磁路的基尔霍夫磁压定律。

*6.1.4　直流磁路的计算

用直流电流励磁的磁路称为直流磁路。直流磁路中的磁通在稳态下是不随时间变化的，不会在直流励磁线圈中产生感应磁通势。

在计算直流磁路时，往往预先给定铁心中的磁通（或磁感应强度），而后按照磁路各段尺寸及材料去求产生预定磁通所需的磁通势。由于磁性材料的磁导率 μ 不是常数，它随励磁电流而变，所以不能直接利用公式计算。

若磁路是由几段材料串联（其中一段是气隙）而成的，已知磁通和各段的材料及尺寸，可按下面的步骤求磁通势。

1）磁路中通过同一磁通，因各段截面积不同，磁感应强度不同，可分别计算：

$$B_1 = \frac{\Phi}{S_1}, \ B_2 = \frac{\Phi}{S_2}, \cdots$$

2）根据各段磁性材料的磁化曲线 $B = f(H)$，查出与上述 B_1、B_2、$\cdots$ 相对应的磁场强度 H_1、H_2、$\cdots$。

计算气隙或其他非磁性材料的磁场强度 H_0 时，可直接应用下式：

$$H_0 = \frac{B_0}{\mu_0} = \frac{B_0}{4\pi \times 10^{-7}} \mathrm{A/m} \tag{6.12}$$

3）计算各段磁路的磁压降 Hl。

4）求出总的磁通势

$$F = IN = H_1 l_1 + H_2 l_2 + \cdots = \sum Hl \tag{6.13}$$

【例6.1】 计算图 6.11 所示的电磁铁磁路，已知 $S_1 = S_2 = 12\mathrm{cm}^2$，$l_1 = 45\mathrm{cm}$、$l_2 = 15\mathrm{cm}$，$\delta = 0.2\mathrm{cm}$，$\mu_1$ 为铸钢磁导率，μ_2 为硅钢磁导率。试求：（1）磁通 $\Phi = 0.0012\mathrm{Wb}$ 时，需要加多大的磁通势？（2）若气隙用铸钢填充，产生同样的磁通所需磁通势为多少？

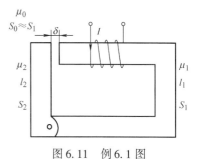

图 6.11 例 6.1 图

【解】 （1）由于三段磁路的截面积相同，磁感应强度必然相等，则

$$B_1 = B_2 = B_0 = \frac{\Phi}{S} = \frac{0.0012}{12 \times 10^{-4}}\mathrm{T} = 1\mathrm{T}$$

从图 6.6 的磁化曲线上查得

$$H_1 = 700\mathrm{A/m} \quad H_2 = 350\mathrm{A/m}$$

$$H_0 = \frac{B_0}{\mu_0} = \frac{1}{4\pi \times 10^{-7}} = \frac{10^7}{4\pi}\mathrm{A/m}$$

$$F = IN = H_1 l_1 + H_2 l_2 + H_0 \delta = \left(700 \times 0.45 + 350 \times 0.15 + \frac{10^7}{4\pi} \times 0.002\right)\mathrm{A}$$

$$= (315 + 52.5 + 1592.4)\mathrm{A} = 1959.9\mathrm{A}$$

（2）若气隙被铸钢填充，则

$$F = IN = H_1(l_1 + \delta) + H_2 l_2 = [700 \times (0.45 + 0.002) + 350 \times 0.15]\mathrm{A}$$

$$= (316.4 + 52.5)\mathrm{A} = 368.9\mathrm{A}$$

计算结果说明，气隙虽小但对磁路的影响是非常大的。有些磁路不存在气隙，如变压器磁路；有些磁路无法去掉气隙，如电机磁路，但要尽量减小气隙的尺寸。

【例6.2】 如图 6.10 所示，已知 $l_1 = l_3 = 60\mathrm{cm}$，$l_2 = 20\mathrm{cm}$，$S_1 = 20\mathrm{cm}^2$，$S_2 = S_3 = 10\mathrm{cm}^2$，材料为铸钢。若 $\Phi_3 = 5 \times 10^{-4}\mathrm{Wb}$，求磁通势。

【解】 在第三个铁心里

$$B_3 = \frac{\Phi_3}{S_3} = \frac{5 \times 10^{-4}}{10 \times 10^{-4}}\mathrm{T} = 0.5\mathrm{T}$$

查图 6.6 的磁化曲线得

$$H_3 = 180\mathrm{A/m}$$

由磁路基尔霍夫磁压定律得

$$H_2 l_2 = H_3 l_3$$

$$H_2 = \frac{H_3 l_3}{l_2} = \frac{180 \times 0.6}{0.2}\mathrm{A/m} = 540\mathrm{A/m}$$

查磁化曲线得

$$B_2 = 0.92\mathrm{T}$$

则

$$\Phi_2 = B_2 S_2 = 0.92 \times 10 \times 10^{-4}\mathrm{Wb} = 9.2 \times 10^{-4}\mathrm{Wb}$$

由磁路基尔霍夫磁通定律得

$$\Phi_1 = \Phi_2 + \Phi_3 = (9.2 \times 10^{-4} + 5 \times 10^{-4})\,\mathrm{Wb} = 14.2 \times 10^{-4}\,\mathrm{Wb}$$

于是

$$B_1 = \frac{\Phi_1}{S_1} = \frac{14.2 \times 10^{-4}}{20 \times 10^{-4}}\,\mathrm{T} = 0.71\,\mathrm{T}$$

查磁化曲线得

$$H_1 = 300\,\mathrm{A/m}$$

所以

$$F = H_1 l_1 + H_2 l_2 = (300 \times 0.6 + 540 \times 0.2)\,\mathrm{A} = 288\,\mathrm{A}$$

前面讨论的是已知磁通求解磁通势的方法，但有时会遇到已知磁通势求解磁通的问题。这类问题无法参照前面的方法做相反的演算，因为磁路是非线性的，不可能把磁通势按磁路各段分开计算，也就无法确定各段的磁场强度。因此求解这类问题，一般用试探法。

用试探法演算时，先假定一个磁通值，按前面的方法算出磁通势，与已知磁通势相比较。如果相等，则假设正确；如果不相等，重新演算，直到所得的磁通势值正确为止。

6.2　交流铁心线圈电路

交流铁心线圈电路

铁心线圈分为直流和交流两种。直流铁心线圈外加直流电，直流励磁产生的磁通是恒定的，在线圈和铁心中不会产生感应电动势。在一定电压下，线圈中的电流 I 只与线圈本身电阻 R 有关，功率损耗为 $I^2 R$。而交流铁心线圈在电磁关系、电压关系及功率损耗等方面都要比直流铁心线圈复杂。

6.2.1　交流磁通与电源电压的关系

图 6.12 所示为交流铁心线圈电路，外加正弦交流电压 u，磁路所建立的磁场必然是正弦交变磁场。

磁通势 Ni 产生的磁通绝大部分通过铁心闭合，这部分磁通称为主磁通或工作磁通 Φ。另外还有很少的一部分磁通经过空气或其他非磁性材料闭合，这部分磁通称为漏磁通 Φ_σ。这两个交变磁通在线圈中产生两个感应电动势：主磁感应电动势 e 和漏磁感应电动势 e_σ。其电磁关系可表示如下：

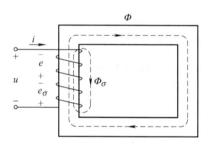

图 6.12　交流铁心线圈电路

$$u \to i(Ni) \nearrow \Phi \longrightarrow e = -N\frac{\mathrm{d}\Phi}{\mathrm{d}t}$$
$$\searrow \Phi_\sigma \longrightarrow e_\sigma = -N\frac{\mathrm{d}\Phi_\sigma}{\mathrm{d}t} = -L_\sigma \frac{\mathrm{d}i}{\mathrm{d}t}$$

因为漏磁通经过空气闭合，励磁电流 i 和 Φ_σ 之间是线性关系，铁心线圈的漏磁电感 $L_\sigma = \dfrac{N\Phi_\sigma}{i}$ 为常数。

有了电磁关系就可得出交流铁心线圈电路的电压关系。当 u 是正弦交流电压时，式中各量视为正弦量，可用相量表示。由基尔霍夫定律得

$$\dot{U} = \dot{I}R + (-\dot{E}_\sigma) + (-\dot{E}) = \dot{I}(R + jX_\sigma) + (-\dot{E}) \tag{6.14}$$

漏磁感应电动势 $\dot{E}_\sigma = -j\dot{I}X_\sigma$，其中 $X_\sigma = \omega L_\sigma$ 称为漏磁感抗，它是漏磁通引起的，R 是线圈的等效电阻。

设主磁通 $\Phi = \Phi_m\sin\omega t$，则

$$e = -N\frac{d\Phi}{dt} = -N\frac{d(\Phi_m\sin\omega t)}{dt} = -N\omega\Phi_m\cos\omega t = 2\pi fN\Phi_m\sin(\omega t - 90°) \tag{6.15}$$

主磁感应电动势的有效值为

$$E = \frac{E_m}{\sqrt{2}} = \frac{2\pi fN\Phi_m}{\sqrt{2}} = 4.44fN\Phi_m \tag{6.16}$$

通常线圈的电阻 R 和漏磁感抗 X_σ 较小，因而它们的电压降 $\dot{I}(R + jX_\sigma)$ 也较小，与主磁感应电动势相比，可忽略不计。于是

$$\dot{U} = \dot{I}(R + jX_\sigma) + (-\dot{E}) \approx -\dot{E}$$
$$U \approx E = 4.44fN\Phi_m = 4.44fNB_mS \tag{6.17}$$

式中，f 为交流电的频率，单位是 Hz；N 为线圈匝数；Φ_m 为磁通的最大值，单位是 Wb；B_m 为磁感应强度的最大值，单位是 T；S 是铁心截面积，单位是 m^2。

6.2.2 功率损耗

在交流铁心线圈电路中，功率损耗主要包括铜损（copper loss）和铁损（core loss）。铜损 ΔP_{Cu} 是线圈电阻 R 上的损耗，$\Delta P_{Cu} = I^2R$，铁损 ΔP_{Fe} 是交变磁化下铁心中的功率损耗，它是由磁滞和涡流产生的。

由磁滞所产生的铁损称为磁滞损耗（hysteresis loss）ΔP_h。可以证明，交流磁化一周在铁心的单位体积内所产生的磁滞损耗与磁滞回线所包围的面积成正比。为了减小磁滞损耗，应选用磁滞回线狭小的磁性材料作铁心。硅钢是变压器和电动机常用的铁心材料，其磁滞损耗较小。

交流铁心线圈产生的是交变磁通，不仅在线圈中产生感应电动势，而且在铁心内也要产生感应电动势和感应电流。这种感应电流称为涡流，它在垂直于磁通方向的平面内形成环流。铁心内有涡流必然产生涡流损耗 ΔP_e。为减小涡流损耗，沿磁场方向铁心可由彼此绝缘的硅钢片叠成，这样可以限制涡流只在较小的截面内流通。此外，通常所用的硅钢片中含有少量的硅（0.8%~4.8%），因而电阻率大，以减少涡流损耗。

铁心内的这两种损耗合称为铁损，$\Delta P_{Fe} = \Delta P_h + \Delta P_e$。铁损近似与铁心内磁感应强度的最大值 B_m 的二次方成正比，故 B_m 不宜选得过大。

综上所述，交流铁心线圈电路的有功功率为

$$P = UI\cos\Phi = I^2R + \Delta P_{Fe} \tag{6.18}$$

当然，工程上也有利用功率损耗来加热的，电磁炉就是利用涡流损耗加热的。在炉台的下面是交流铁心线圈，通过交流电流（15~30kHz）时产生交变磁场。变化磁通通过锅底会

产生无数涡流。因锅底有电阻，所以使锅底直接加热食物，但炉台面并不发热。比利用电热作用的加热效率高出 30%。

6.3 变压器

变压器（transformer）是一种静止的电气设备，它具有变换电压、电流和阻抗的功能，因此在电力工业和工农业生产中得到广泛的应用。在输配电系统中，利用变压器升压和降压；在电子线路中，利用变压器耦合电路，传递信号，实现阻抗匹配；在电工测量中，利用电压互感器、电流互感器进行电压、电流变换，实现高电压和大电流的测量。

变压器的种类很多，但是它们的基本结构和工作原理都是相同的。

6.3.1 变压器的结构

1. 铁心

要建立强的交变磁场，必须利用磁性材料制造一个闭合磁路。变压器的铁心就是用硅钢片叠压而成的闭合磁路。根据不同要求，铁心可制成心式和壳式两种。一般大容量的变压器用心式铁心，而小容量的变压器用壳式铁心，如图 6.13 所示（1 为低压绕组，2 为高压绕组）。

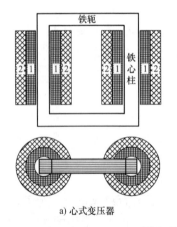
a) 心式变压器

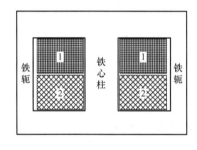
b) 壳式变压器

图 6.13 变压器的结构

从变压器的结构图上看，绕组和铁心都是闭合的，并相互交链在一起。若先制成闭合铁心，绕组无法绕上去。因此，小型变压器铁心都冲成山字或斜山字形。待绕组绕制完成后，再将铁心片插入压紧。

2. 绕组

变压器的线圈就是绕组，输入线圈为一次绕组，它从电源吸取电能，输出线圈为二次绕组，它输出电能给负载。

单相变压器只有一个一次绕组，但至少有一个二次绕组；三相变压器有三个一次绕组和三个二次绕组，并且一一对应。

6.3.2 变压器的工作原理

变压器输入与输出之间无电的联系，是靠磁路把两侧耦合起来的。能量

变压器
工作原理

的传输或信号的传递都要经过电→磁→电的转换。通过改变一次与二次绕组的匝数比来满足各种不同的要求。

图 6.14a 所示为变压器原理图。为了分析方便,将一次绕组画在左边,将二次绕组画在右边。一次绕组、二次绕组的匝数分别用 N_1 和 N_2 表示。在一次绕组两端加上正弦交流电压 u_1,产生正弦交流电流 i_1。在磁通势 $N_1 i_1$ 作用下,铁心中建立了一个交变磁场,其主磁通 Φ 基本上是按正弦规律变化的。因此,变压器中的电磁变量都可以看成是正弦量。图 6.14a 中标出了它们的正方向。

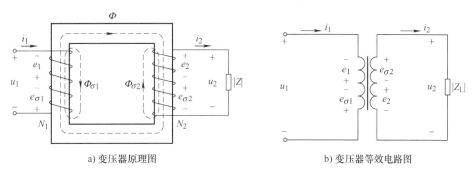

a) 变压器原理图　　　　　　　　b) 变压器等效电路图

图 6.14　变压器的原理图与等效电路图

当只注重于变压器的电量分析时,变压器的原理图可简化成变压器电路图,即可用电路符号表示变压器,如图 6.14b 所示。

一次绕组的磁通势 $N_1 i_1$ 产生的磁通绝大部分通过铁心而闭合,从而在二次绕组中感应出电动势。如果二次绕组接有负载,那么二次绕组中就有电流 i_2 通过。二次绕组的磁通势 $N_2 i_2$ 也产生磁通,绝大部分也通过铁心而闭合。因此,铁心中的磁通是一个由一次、二次绕组的磁通势共同作用产生的合成磁通,称为主磁通,用 Φ 表示。主磁通穿过一次绕组和二次绕组而在其中感应出的电动势分别为 e_1 和 e_2。此外,一次、二次绕组的磁通势还分别产生漏磁通 $\Phi_{\sigma 1}$ 和 $\Phi_{\sigma 2}$,从而在各自的绕组中分别产生漏磁电动势 $e_{\sigma 1}$ 和 $e_{\sigma 2}$。

变压器的电磁关系可表示如下:

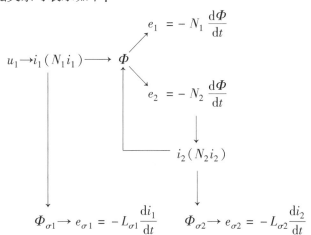

1. 电压变换原理

对于一次绕组电路,根据基尔霍夫定律

$$u_1 = R_1 i_1 - e_1 - e_{\sigma 1}$$

通常一次绕组上所加的是正弦交流电压 u_1。根据正弦交流电路分析方法，上式可用相量表示为

$$\dot{U}_1 = \dot{I}_1 R_1 + (-\dot{E}_{\sigma 1}) + (-\dot{E}_1) = \dot{I}_1 (R_1 + jX_{\sigma 1}) + (-\dot{E}_1) \qquad (6.19)$$

式中，R_1 和 $X_{\sigma 1} = \omega L_{\sigma 1}$ 分别为一次绕组的电阻和漏磁通引起的漏磁感抗。

通常一次绕组的电阻 R_1 和漏磁感抗 $X_{\sigma 1}$ 较小，因而它们的电压降 $\dot{I}_1 (R_1 + jX_{\sigma 1})$ 也较小，与主磁感应电动势 E_1 相比，可忽略不计。于是

$$\dot{U}_1 \approx -\dot{E}_1$$

e_1 的有效值为

$$E_1 \approx U_1 = 4.44 f N_1 \Phi_m = 4.44 f N_1 B_m S \qquad (6.20)$$

同理，对二次绕组电路可列出

$$e_2 = R_2 i_2 + u_2 - e_{\sigma 2}$$

用相量表示，则为

$$\dot{E}_2 = R_2 \dot{I}_2 - \dot{E}_{\sigma 2} + \dot{U}_2 = R_2 \dot{I}_2 + jX_{\sigma 2} \dot{I}_2 + \dot{U}_2 \qquad (6.21)$$

式中，R_2 和 $X_{\sigma 2} = \omega L_{\sigma 2}$ 分别为二次绕组的电阻和漏磁通引起的漏磁感抗；$\dot{U}_2$ 为二次绕组的端电压。

e_2 的有效值为

$$E_2 = 4.44 f N_2 \Phi_m = 4.44 f N_2 B_m S \qquad (6.22)$$

变压器空载时

$$I_2 = 0, \ E_2 = U_{20}$$

式中，U_{20} 为空载时二次绕组的端电压。

空载时一次、二次绕组电压之比为

$$\frac{U_1}{U_{20}} \approx \frac{E_1}{E_2} = \frac{4.44 f N_1 B_m S}{4.44 f N_2 B_m S} = \frac{N_1}{N_2} = K \qquad (6.23)$$

K 称为变压器的电压比，它等于一次、二次绕组的匝数比。

电压比 K 是变压器的重要参数之一，要在变压器铭牌上注明。它表示一次、二次绕组的额定电压之比。例如，"6000V/400V，($K = 15$)"，这表明一次绕组的额定电压（电源电压）$U_{1N} = 6000V$，二次绕组的额定电压 $U_{2N} = 400V$。所谓二次绕组的额定电压，是指一次绕组加上额定电压时二次绕组的空载电压。由于变压器负载运行时二次绕组存在内阻抗电压降，所以额定负载运行（二次绕组接额定负载）时，二次绕组的输出电压比空载电压降低 5% ~ 10%。

电压比反映了变压器一次、二次绕组电压之间的数量关系。若 $N_1 > N_2$，$K > 1$，变压器为降压变压器；若 $N_1 < N_2$，$K < 1$，变压器为升压变压器。在电源电压不变情况下，改变一次、二次绕组的匝数比，就可以得到不同的输出电压，以满足不同用电设备的要求。

2. 电流变换原理

变压器电源电压 $U_1 \approx E_1 = 4.44 f N_1 \Phi_m$，当电源电压 U_1 和频率 f 不变时，Φ_m 接近于常数。就是说，铁心中主磁通的最大值在变压器空载或有载时基本恒定。因为磁路不变，磁阻不变，所以负载时和空载时的磁通势近似相等，即

$$N_1 \dot{I}_1 + N_2 \dot{I}_2 \approx N_1 \dot{I}_0 \qquad\qquad (6.24)$$

其中, $\dot{I}_0$ 是变压器的空载励磁电流, 由于铁心的磁导率很高, 空载励磁电流很小。空载励磁电流 I_0 只占一次绕组额定电流 I_{1N} 的百分之几, 所以式 (6.24) 中的 $N_1 \dot{I}_0$ 可以略去不计, 公式可近似写为

$$N_1 \dot{I}_1 \approx -N_2 \dot{I}_2$$

式中负号表明 $\dot{I}_1$ 与 $\dot{I}_2$ 的相位几乎相反, 只考虑 $\dot{I}_1$ 与 $\dot{I}_2$ 的数值关系, 则有

$$\frac{I_1}{I_2} \approx \frac{N_2}{N_1} = \frac{1}{K} \qquad\qquad (6.25)$$

式 (6.25) 表明, 变压器一次、二次绕组的电流之比近似等于它们匝数比的倒数。可见, 变压器中的电流虽然由负载的大小确定, 但一次、二次绕组电流的比值几乎不变。从功率平衡原则看, 负载增加, I_2 必然要增加, 使变压器的输出功率增加, 则 I_1 必须增加, 以便从电源吸取更多的功率供给负载。从磁通势平衡原则看, I_2 增加, 去磁作用 ($N_2 I_2$) 增强, 则 I_1 必须增加, 以抵消 I_2 的去磁, 从而维持主磁通最大值不变。

变压器的额定电流 I_{1N} 和 I_{2N} 是指按规定工作方式 (长时间连续工作、短时间工作或间歇工作) 运行时, 一次、二次绕组允许通过的最大电流, 它们是根据绝缘材料允许温度确定的。

二次绕组的额定电压与额定电流的乘积称为变压器的额定容量, 即

$$S_N = U_{2N} I_{2N} \approx U_{1N} I_{1N}$$

3. 阻抗变换原理

在变压器电压变换和电流变换的基础上, 可以证明变压器的阻抗变换功能。利用变压器的阻抗变换功能, 可以使负载从电源获取最大功率, 即电源与负载达到阻抗匹配。

在图 6.15a 中, 负载阻抗 $|Z|$ 接在变压器二次绕组上, 图中点画线框部分可用一个阻抗 $|Z'|$ 来等效。所谓等效, 是指输入电路的电压、电流和功率不变。也就是说, 直接接在电源上的阻抗 $|Z'|$ 和接在变压器二次绕组的负载阻抗 $|Z|$ 是等效的。两者关系可以通过计算来证明。

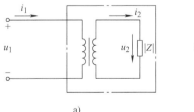
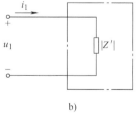

图 6.15 负载阻抗的等效变换

从图 6.15 可得

$$|Z'| = \frac{U_1}{I_1} \qquad |Z| = \frac{U_2}{I_2}$$

根据式 (6.23) 和式 (6.25) 可得出

$$\frac{U_1}{I_1} = \frac{\frac{N_1}{N_2}U_2}{\frac{N_2}{N_1}I_2} = \left(\frac{N_1}{N_2}\right)^2 \frac{U_2}{I_2}$$

则

$$|Z'| = \left(\frac{N_1}{N_2}\right)^2 |Z| \tag{6.26}$$

当负载阻抗等于电源的内阻抗时，电源输出给负载的功率最大。一般情况下，负载阻抗不等于电源的内阻抗，要想使负载从电源获取最大功率，可以利用变压器来变换负载阻抗，使其等效阻抗与电源内阻抗相等。这种通过变压器把负载阻抗变换为需要阻抗值的方法称为阻抗匹配。

【例6.3】 在图 6.16a 所示电路中，已知信号源电动势 $E = 10\text{V}$，内阻 $R_0 = 800\Omega$，负载电阻 $R_L = 8\Omega$。为使负载获得最大功率，需要利用变压器进行阻抗匹配。试求：（1）变压器的电压比，一次绕组、二次绕组的电流、电压和负载获取的功率；（2）若负载 R_L 直接接于信号源，负载获取的功率。

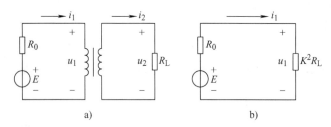

图 6.16　例 6.3 电路

【解】　（1）要使负载获取最大功率，阻抗必须匹配，如图 6.16b 所示，则

$$K^2 R_L = R_0$$

$$K = \sqrt{\frac{R_0}{R_L}} = \sqrt{\frac{800}{8}} = 10$$

典型题分析

则一次电流为

$$I_1 = \frac{E}{R_0 + K^2 R_L} = \frac{10}{800 + 10^2 \times 8}\text{A} = 6.25\text{mA}$$

二次电流为

$$I_2 = KI_1 = 10 \times 6.25\text{mA} = 62.5\text{mA}$$

一次电压为

$$U_1 = I_1 K^2 R_L = 6.25 \times 10^{-3} \times 10^2 \times 8\text{V} = 5\text{V}$$

二次电压为

$$U_2 = \frac{U_1}{K} = \frac{5}{10}\text{V} = 0.5\text{V}$$

负载功率为

$$P_2 = U_2 I_2 = 0.5 \times 62.5\text{mW} = 31.25\text{mW}$$

（2）负载 R_L 直接接于电源，获得功率为

$$P = \left(\frac{E}{R_0 + R_L}\right)^2 R_L = \left(\frac{10}{800 + 8}\right)^2 \times 8\,\mathrm{W} \approx 1.23\,\mathrm{mW}$$

这种情况下负载获取的功率仅为阻抗匹配时的3.9%。

6.3.3 变压器的性能

1. 变压器的外特性

当电源电压 U_1 不变时，随着负载电流 I_2 的增加（负载增加），一次、二次绕组的阻抗电压降增加，使输出电压 U_2 降低。当电源电压 U_1 和负载功率因数 $\cos\varphi_2$ 为常数时，U_2 随 I_2 的变化关系曲线 $U_2 = f(I_2)$ 称为变压器的外特性，如图6.17所示。对于同样大小的负载电流，采用电感性负载时 U_2 随 I_2 下降得比电阻性负载时更快，负载的功率因数越低，U_2 下降越厉害。因此为了使 U_2 在有负载时不致降得太低，应尽量提高负载的功率因数。

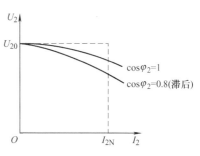

图6.17　变压器的外特性

除电焊变压器外，通常希望电压 U_2 变动得越小越好。从空载到额定负载，二次绕组电压的变化程度用电压变化率 ΔU 表示，即

$$\Delta U = \frac{U_{20} - U_2}{U_{20}} \times 100\% \tag{6.27}$$

在一般的变压器中，由于其电阻和漏磁感抗均很小，电压变化率不大，约为5%。

2. 变压器的损耗和效率

变压器也是一种交流铁心线圈电路。变压器的功率损耗包括铁心中的铁损 ΔP_{Fe} 和绕组上的铜损 ΔP_{Cu} 两部分。铁损的大小与铁心内磁感应强度的最大值 B_m 有关，与负载的大小无关，而铜损则与负载大小有关。

变压器的效率常用下式确定

$$\eta = \frac{P_2}{P_1} = \frac{P_2}{P_2 + \Delta P_{Fe} + \Delta P_{Cu}} \tag{6.28}$$

式中，P_2 为变压器的输出功率；P_1 为输入功率。

变压器的功率损耗很小，效率很高，大型变压器的效率可达98%以上。在一般电力变压器中，当负载为额定负载的50%～75%时，效率达到最大值。

6.3.4 变压器绕组的极性

在使用变压器或者其他有磁耦合的互感线圈时，要注意线圈的正确连接。例如，一台变压器的一次绕组有相同的两个绕组，如图6.18中的1-2和3-4。当接到220V的电源上时，两绕组串联（见图6.18b）；接到110V的电源上时，两绕组并联（见图6.18c）。如果连接错误就会发生故障，串联时如果将2和4连在一起，将1和3接电源，两个绕组的磁通势就会互相抵消，铁心中不产生磁通。绕组中也就没有感应电动势，将流过很大的电流，会把变压器烧毁。

为了正确连接，把绕向相同的端称为同极性端，在线圈上标以记号"·"。图6.18中的1和3是同极性端，2和4也是同极性端。当电流从两个线圈的同极性端流入（或流出）时，产生磁通的方向相同；或者当磁通变化（增大或减小）时，在同极性端感应电动势的极性也相同。在图6.18中，绕组中的电流正在增大，感应电动势 e 的方向如图中所示。

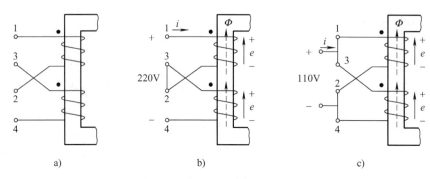

图6.18　变压器一次绕组的连接

如果将其中一个线圈反绕，如图6.19所示，则1和4应为同极性端。串联时应将2和4连在一起。

6.3.5　三相变压器

电力网中应用的变压器几乎都是三相变压器，低压配电中的单相交流电源是由三相变压器中某一相提供的。

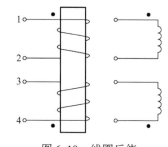

图6.19　线圈反绕

三相变压器的铁心有三个心柱，如图6.20所示。各相的高、低压绕组绕在同一心柱上。一般高压绕组的首端标以A、B、C，末端标以X、Y、Z；而低压绕组则用a、b、c和x、y、z表示。

三相变压器的高压绕组可联结成Y或△，低压绕组也可联结成Y或△。我国采用的联结有：Y/Y$_0$、Y/△、Y$_0$/△等几种（前面表示高压绕组的联结方式，后面表示低压绕组的联结方式，0表示中性点有引出线）。

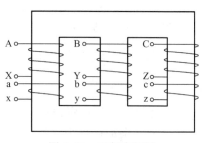

图6.20　三相变压器

图6.21所示为两例三相变压器的联结方式。

Y/Y$_0$联结的三相变压器为动力负载和照明负载共用，低压一般是400V，高压不超过35kV；Y/△联结的变压器，低压一般是10kV，高压不超过60kV。

高压侧联结成Y，相电压只有线电压的 $1/\sqrt{3}$，可以降低每相绕组的绝缘要求；低压侧接成△，相电流只有线电流的 $1/\sqrt{3}$，可以减小每相绕组的导线截面积。

传输同样的功率，用三相变压器（三相电路）要比用单相变压器（单相电路）节省材料，并且三相变压器的效率比单相变压器高。

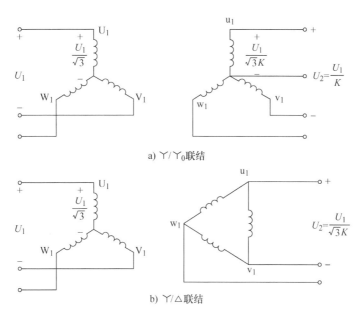

a) Y/Y$_0$联结

b) Y/△联结

图 6.21 两例三相变压器的联结方式

【例 6.4】 某三相变压器每相的电压比 $K = N_1/N_2$，试求：（1）采用Y/Y$_0$、Y/△、Y$_0$/△ 三种不同联结方式时，高压侧线电压 U_{1l} 和低压侧 U_{2l} 比值各为多少？（2）当电压比 $K = 25$ 时，各联结方式的 U_{1l}/U_{2l} 为多少？

【解】 （1）无论哪种联结方式，每相高、低压绕组的相电压的比值等于每相绕组匝数比，即

$$U_{1p}/U_{2p} = N_1/N_2 = K$$

U_{1p}、U_{2p} 分别表示高压侧和低压侧相电压。当联结方式不同时，线电压比值是不同的。

对Y/Y$_0$ 联结方式，有

$$\frac{U_{1l}}{U_{2l}} = \frac{\sqrt{3}\,U_{1p}}{\sqrt{3}\,U_{2p}} = K$$

对Y/△联结方式，线电压之比为

$$\frac{U_{1l}}{U_{2l}} = \frac{\sqrt{3}\,U_{1p}}{U_{2p}} = \sqrt{3}\,K$$

对△/Y联结方式，线电压之比为

$$\frac{U_{1l}}{U_{2l}} = \frac{U_{1p}}{\sqrt{3}\,U_{2p}} = \frac{1}{\sqrt{3}}K$$

（2）当电压比 $K = 25$ 时，对Y/Y$_0$ 联结方式，有

$$\frac{U_{1l}}{U_{2l}} = K = 25$$

对Y/△联结方式，线电压之比为

$$\frac{U_{1l}}{U_{2l}} = \sqrt{3}\,K = \sqrt{3} \times 25 \approx 43.25$$

125

对 △/丫 联结方式，线电压之比为

$$\frac{U_{11}}{U_{21}} = \frac{1}{\sqrt{3}}K = \frac{25}{\sqrt{3}} \approx 14.45$$

6.3.6　特种变压器

1. 自耦变压器

自耦变压器（autotransformer）是电工实验中常用的电气设备，它能均匀平滑地调节交流电压。自耦变压器有单相和三相之分。自耦变压器的工作原理与变压器相同，只是其结构特殊，如图 6.22 所示。

与普通变压器结构不同，自耦变压器的一次绕组和二次绕组是共用的，靠滑动抽头分开，它们有直接的电联系。

由于自耦变压器的一次绕组和二次绕组穿过同一磁通，所以电压 U_1 和 U_2 之比等于匝数 N_1 和 N_2 之比。从图 6.23 中看出，其电压比和电流比为

$$\frac{U_1}{U_2} = \frac{N_1}{N_2} = K$$

$$\frac{I_1}{I_2} = \frac{N_2}{N_1} = \frac{1}{K}$$

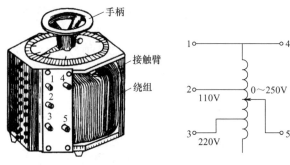

图 6.22　自耦变压器及电路

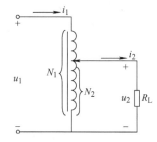

图 6.23　自耦变压器原理电路

随着 N_2 的变化，U_2 也跟着变化。U_2 的变化范围为 $0 \sim 250V$。由于高压侧和低压侧在电路上直接连通，所以电压比 K 不能取得太高，一般取 $K \le 2.5$。

单相自耦变压器有 220V 和 110V 两个电源电压输入端，输出为 $0 \sim 250V$ 的连续可调电压。使用自耦变压器时，要注意变压器的额定电流，防止负载电流过大而烧坏绕组局部线圈和电刷。同时，二次侧输出电压虽可调低，但仍与一次侧高压电路直通，也具有高电位，使用时要特别注意安全。

2. 电压互感器

电压互感器（voltage transformer）用于把供电线路的高压变成 100V 以内的低压，以适应测量仪表和继电器的线圈电压，并保证测量工作安全进行。其原理图如图 6.24 所示。

电压互感器的一次绕组匝数较多，使用时接于被测高压电路上。二次绕组匝数较少，将测量仪表（如电压表、功率表及电能表）的电压线圈并联在二次绕组两端。当电压互感器

与电压表配合使用时，电压表的刻度盘可按电压互感器的一次电压值进行分度，这样可直接读出高压数值。由于电压互感器用在测量及继电保护上，对其结构及构造工艺要求很高。

使用时，电压互感器二次绕组不允许短路，否则互感器将因过热而烧坏。互感器外壳、铁心及二次绕组的一端要接地，以免一次绕组与铁心、外壳及二次绕组之间绝缘损坏，发生危险。

3. 电流互感器

在交流电路的电流测量中，利用电流互感器（current transformer）将大电流变换为小电流，以便电流表测量。这样可将测量仪表与高电压隔开，并用小量程电流表测量大电流，以保证人身与设备安全。电流互感器的工作原理与变压器相同，其电流比为 $I_1/I_2 = N_2/N_1$。电流互感器二次绕组的额定电流为 5A 或 1A。其原理图如图 6.25 所示。

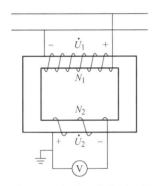
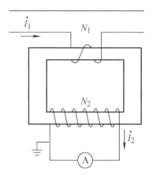

图 6.24　电压互感器原理图　　　　图 6.25　电流互感器原理图

电流互感器的一次绕组导线粗、匝数少，有的仅为一匝（即被测电路的导线）。二次绕组的导线细、匝数多。使用时，一次绕组串联在被测电路中，二次绕组与电流表串联。根据 $I_1 = (N_2/N_1) I_2$，测出被测电路中的大电流。工程上，50A 以上的交流电路就要使用电流互感器。电流表和电流互感器电流比确定后，电流表的刻度盘可按电流互感器的一次电流，即被测电流来分度，使用时可直接读出被测电流值。

使用时，电流互感器的二次绕组不允许开路，因为正常运行时 $N_1 I_1$ 和 $N_2 I_2$ 共同作用，铁心中磁通势基本互相抵消，仅为 $N_1 I_1$ 的 0.5% 左右。如果二次绕组开路，$I_2 = 0$，而 $N_1 I_1$ 不变，使磁路中磁通急剧增加，由于 N_2 匝数较多，在二次绕组上产生非常高的电压，可能击穿绝缘而造成事故并危害人身安全。所以，运行中要拆换电流表，一定要先将二次绕组短路。另外，电流互感器的二次绕组要接地，以保证安全。

4. 钳形电流表

钳形电流表是一种测量导线中交流电流的工具。它是电流互感器的一种特殊形式。它的铁心外形像钳子，用弹簧压紧。测量时将钳口压开，放入被测导线。导线是一次绕组，二次绕组绕在铁心上并与电流表接通。钳形电流表的原理图如图 6.26 所示。

通常用普通电流表测量电流时，需要将电路切断后才能将电流表接入进行测量，这样做很麻烦，有时正常运

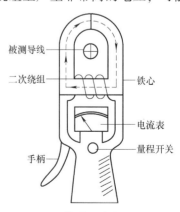

图 6.26　钳形电流表的原理图

行的电动机不允许这样做。此时，使用钳形电流表就可以在不切断电路的情况下测量电流。

6.4 电磁铁

电磁铁

利用通电线圈在铁心中产生磁场，电磁场对磁性材料产生吸力的原理制造的机构统称为电磁铁。电磁铁通过衔铁的运动，将电磁能转换为机械能。

工程上常利用电磁铁完成起重（起重电磁铁）、制动（制动电磁铁）、吸持（电磁吸盘）及开闭（电磁阀门）等机械动作。继电接触控制系统中各种接触器、继电器、调整器及驱动机械等都是由电磁铁组成的。

电磁铁由励磁线圈、铁心及衔铁三部分构成。图 6.27 所示为常用的电磁铁结构。

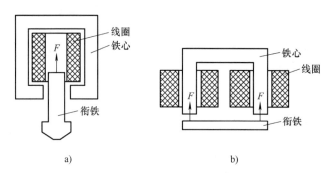

图 6.27　常用的电磁铁结构

吸力是电磁铁的主要参数之一。直流电磁铁吸力的大小与气隙的截面积 S_0 及气隙中磁感应强度 B_0 的二次方成正比。计算吸力的经验公式为

$$F = \frac{10^7}{8\pi} B_0^2 S_0 \qquad (6.29)$$

交流电磁铁中磁场是交变的，设 $B_0 = B_m \sin\omega t$，则吸力为

$$
\begin{aligned}
f &= \frac{10^7}{8\pi} B_m^2 S_0 \sin^2\omega t = \frac{10^7}{8\pi} B_m^2 S_0 \frac{1 - \cos 2\omega t}{2} = F_m \frac{1 - \cos 2\omega t}{2} \\
&= \frac{1}{2} F_m - \frac{1}{2} F_m \cos 2\omega t
\end{aligned}
\qquad (6.30)
$$

其中，$F_m = \dfrac{10^7}{8\pi} B_m^2 S_0$ 是吸力的最大值。

吸力的平均值为

$$F = \frac{1}{T} \int_0^T f \mathrm{d}t = \frac{1}{2} F_m = \frac{10^7}{16\pi} B_m^2 S_0 \qquad (6.31)$$

由式（6.30）可知，吸力在零与最大值 F_m 之间脉动，如图 6.28 所示，脉动的频率是电源频率的两倍。电磁铁的衔铁都装有释放弹簧，其作用力方向与电磁吸力相反。在脉动吸力的作用下，衔铁必产生颤动，发出噪声，并易损坏触点。为了消除这种现象，可在磁极的部分端面上套一个分磁环（或称短路环），如图 6.29 所示。分磁环中产生感应电流，以阻碍磁通的变化，使磁极两部分中的磁通 Φ_1 和 Φ_2 之间产生一定的相位差。由于 Φ_1 和 Φ_2 产生的磁力不会同时为零，合力也就不会有零值，这就消除了衔铁的颤动。

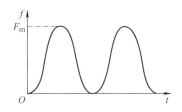

图 6.28 交流电磁铁的吸力曲线

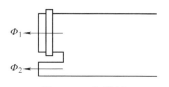

图 6.29 分磁环

在交流电磁铁中铁心由硅钢片叠成，以减小损耗；而直流电磁铁铁心用整块软钢制成。

直流电磁铁与交流电磁铁除上述差别外，在使用时还应该注意，它们在吸合过程中电流和吸力的变化情况是不同的。

在直流电磁铁中，励磁电流仅与线圈电阻有关，不因气隙的大小而变。但在交流电磁铁的吸合过程中，线圈中电流（有效值）变化很大。因为其电流不仅与线圈电阻有关，而且与线圈感抗有关。在吸合过程中，随着气隙的减小，磁阻减小，线圈的电感和感抗增大，因而电流逐渐减小。因此，如果由于某种机械障碍，衔铁或机械可动部分被卡住，通电后衔铁吸合不上，线圈中就会流过较大电流，使其严重发热，甚至烧毁。

习 题

填空题

6.1 磁性材料与非磁性材料在物质电磁结构上有根本性的区别，所以磁性材料具有 3 个重要的磁性能：_____、_____ 与 _____。

6.2 已知某交流铁心线圈电路的等效电阻 $R_0 = 4\Omega$，流过的电流 $I = 2A$，涡流损耗为 31W，总功率损耗为 80W，那么磁滞损耗是 _____ W。

6.3 为了减小交流铁心线圈中涡流损耗，制造铁心时所采取的措施是 _____
_____。

6.4 在电源电压不变的情况下，当负载增加时，二次电流会增大，那么变压器铁心中的工作主磁通 Φ 将 _____。

6.5 变压器在额定运行时的输出电压比空载运行时的输出电压 _____，出现这种现象的本质原因是 _____。

6.6 某变压器一次绕组接电压为 220V、内阻为 55Ω 的电源，二次侧接 5Ω 的电阻负载。已知变压器的电压比为 3，则变压器一次绕组的电流为 _____ A。

6.7 交流电磁铁与直流电磁铁工作时的磁场情况不同，所以直流电磁铁铁心不需要加分磁环。如果交流电磁铁的磁极不加分磁环，工作时会发生的主要问题是 _____
_____。

6.8 一般电流互感器二次绕组的电流比一次绕组的电流 _____，电压互感器二次绕组的匝数比一次绕组的匝数 _____。

选择题

6.9 磁性物质的磁导率 μ 不是常数，因此（   ）。

A. B 与 H 不成正比　　　　　　　　　　B. φ 与 B 不成正比

C. φ 与 I 成正比   D. B 与 H 成正比

6.10　交流铁心线圈的匝数、电源频率不变时，则铁心中主磁通的最大值基本上决定于（　　）。

A. 磁路结构　　　　B. 线圈阻抗　　　　C. 电源电压　　　　D. 其他

6.11　图6.30所示输出变压器的二次绕组有中间抽头，以便接8Ω和3.5Ω的扬声器。若两者都能达到阻抗匹配，则二次绕组两部分匝数比 N_2/N_3 为（　　）。

A. 2/3   B. 1/2

C. 1/3   D. 1/5

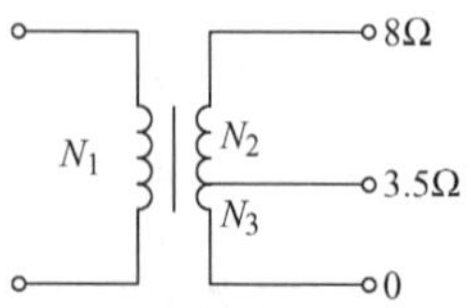

图6.30　题6.11图

6.12　变压器空载时，一次电压与二次电压之比等于两者的匝数比，这个比值 $K = N_1/N_2 = U_1/U_2$，称为变压器的电压比。当 $K < 1$ 时，这种变压器称为（　　）。

A. 降压变压器   B. 升压变压器

C. 自耦变压器   D. 以上答案都不正确

6.13　负载电阻 R_L 经理想变压器接到信号源上，已知信号源的内阻 $R_0 = 800\Omega$，变压器的电压比 $K = 10$。若该负载折算到一次侧的阻值 R_{L1}，正好与信号源内阻 R_0 达到阻抗匹配，则可知负载 R_L 为（　　）。

A. 80Ω   B. 10Ω   C. 8Ω   D. 1Ω

6.14　当变压器负载减小时，一次绕组和二次绕组的电流 I_1 和 I_2 的变化情况为（　　）。

A. 同时增加   B. 同时减小

C. I_1 增加、I_2 减小   D. I_1 减小、I_2 增加

6.15　将直流电磁铁接在电压大小相等的交流电源上使用，结果是（　　）。

A. 没有影响、照常工作

B. 电流过小，吸力不足，铁心发热

C. 电流过大，烧坏线圈

D. 上述三种情况都没发生

6.16　某变压器额定电压为220V/110V，今电源电压为220V，欲将其升高到440V，可采取的措施是（　　）。

A. 将二次绕组接到电源上，由一次绕组输出

B. 将二次绕组匝数增加到4倍

C. 将一次绕组匝数减少为1/4

D. 将二次绕组匝数增加到2倍

6.17　某三相变压器一次侧每相绕组2000匝，二次侧每相绕组100匝。若一次绕组所加线电压 $U_1 = 6000\sqrt{3}$ V，试求在Y/Y和Y/△两种接法时，二次绕组端的相电压分别为（　　）。

A. 300V　300V   B. 300V　$300\sqrt{3}$ V

C. $300\sqrt{3}$ V　300V   D. $300\sqrt{3}$ V　$300\sqrt{3}$ V

6.18　已知某信号源内阻为 R_0，通过电压比为8的变压器，可使阻抗为8Ω的扬声器获取最大功率，则信号源内阻 R_0 为（　　）。

A. 488Ω   B. 516Ω   C. 512Ω   D. 568Ω

6.19 为了求出铁心线圈的铁损，先将它接在直流电源上，从而测得线圈的电阻为 3.75Ω；然后接在交流电源上，测得电压 $U = 120V$，有功功率 $P = 80W$，电流 $I = 2A$，此铁心线圈中的铁损为（   ）。

A. 15W   B. 30W   C. 45W   D. 65W

计算题

6.20 有一线圈，其匝数 $N = 1000$，绕在由铸钢制成的闭合铁心上，铁心的截面积 $S = 20cm^2$，铁心的平均长度 $l = 50cm$。如要在铁心中产生磁通 $\Phi = 0.002Wb$，试问线圈中应通入多大直流电流？

6.21 如果题6.20中的铁心含一长度为 $\delta = 0.2cm$ 的气隙（与铁心柱垂直），由于气隙较短，磁通的边缘扩散可忽略不计，试问线圈中的电流必须多大才可使铁心中的磁感应强度保持题6.20中的数值。

6.22 将某铁心线圈电路接于电压 $U = 100V$、频率为50Hz的正弦交流电源上，其电流 $I_1 = 5A$，$\cos\varphi_1 = 0.7$。若将此线圈中的铁心抽出，再接于上述交流电源上，则线圈中的电流 $I_2 = 10A$，$\cos\varphi_2 = 0.05$。求此线圈没抽铁心时的铜损和铁损。

6.23 如图6.31所示的电源变压器，已知一次绕组 $N_1 = 550$ 匝，$U_1 = 220V$。二次绕组有两个，电压 $U_2 = 30V$，负载功率为36W；电压 $U_3 = 12V$，负载功率为24W，两个都是纯电阻负载。试求：（1）二次绕组的匝数 N_2 和 N_3。（2）二次电流 I_2、I_3。（3）一次电流 I_1。

6.24 某教学楼由一台单相照明变压器供电，其额定容量为 $15kV \cdot A$，额定电压为3300V/220V，问此变压器最多能带多少只220V/40W、$\cos\varphi = 0.5$ 的荧光灯？

6.25 如图6.32所示，将 $R_L = 8\Omega$ 的扬声器接在输出变压器的二次侧。（1）已知 $N_1 = 300$，$N_2 = 100$，信号源电动势 $E = 12V$，内阻 $R_0 = 200\Omega$，试求信号源输出的功率。（2）当 N_1 为多少匝时扬声器与信号源达到阻抗匹配？信号源输出的最大功率是多少？

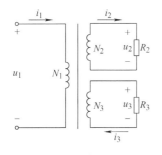

图6.31 题6.23图

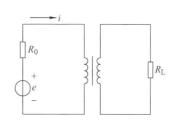

图6.32 题6.25图

第7章

交流电动机

实现电能与机械能互相转换的旋转机械称为电机。将机械能转换为电能的电机称为发电机，将电能转换为机械能的电机称为电动机。

现代生产机械广泛应用电动机来拖动。按照消耗电能的种类不同，可把电动机分为交流电动机和直流电动机。交流电动机又分为异步电动机（或称为感应电动机）和同步电动机。由于异步电动机结构简单、运行可靠、维护方便、价格便宜，所以应用最为广泛。

本章主要讨论三相异步电动机。首先介绍它的结构、转动原理和机械特性，然后讨论它的起动、调速和制动。最后介绍单相异步电动机。

7.1 三相异步电动机的基本构造

三相异步电动机由定子（静止部分）和转子（旋转部分）构成。通过电磁作用，将定子从电源吸取的电能转换成转子轴上输出的机械能。三相笼型异步电动机结构如图 7.1 所示。

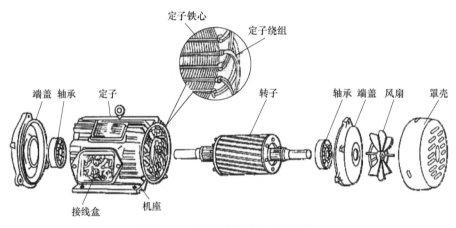

图 7.1 三相笼型异步电动机结构

7.1.1 三相异步电动机的定子

三相异步电动机的定子由定子铁心、定子绕组和机座等构成，如图 7.2 所示。

定子铁心是电动机磁路的主要组成部分。为了减少铁损，铁心用厚度为 0.5mm 的硅钢片冲叠成圆筒状。铁心内表面均匀冲有与轴平行的槽孔，槽孔内嵌放定子绕组。硅钢片表面涂有绝缘漆，以减少涡流损耗。铁心、槽孔尺寸大小由电动机容量大小决定。图 7.3 所示为定子和转子铁心冲片，转子铁心冲片中心冲有轴孔。

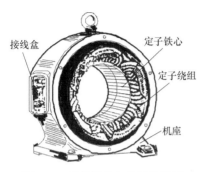

图 7.2　三相异步电动机的定子

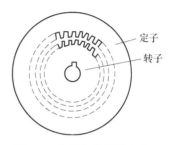

图 7.3　定子和转子铁心冲片

异步电动机的机座（或称外壳）材料通常为铸铁。机座两端装有轴承和端盖，用来支撑转子，而座脚用来固定电动机。

定子绕组是结构对称的三相绕组，在空间上相互间隔 120°。它由许多线圈连接而成，线圈用绝缘的铜导线绕制。三相绕组的 6 个引出端分别连接到机座外部接线盒。三个绕组的首端接头分别用 A、B、C 表示，对应的末端接头分别用 X、Y、Z 表示。根据电源电压和电动机的额定电压，三相定子绕组可以联结成丫或△，如图 7.4 所示。

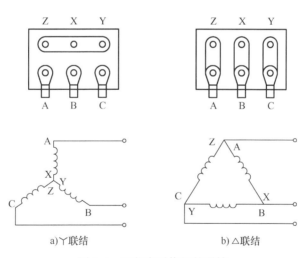

a)丫联结　　　　　　　　　　b)△联结

图 7.4　三相定子绕组的联结

中小型异步电动机的线圈是用高强度漆包线绕制而成。线圈从槽口嵌入槽内，线圈与铁心间、不同相的线圈间，用绝缘材料（青壳纸、聚酯薄膜等）隔开。线圈嵌入槽后，槽口要用槽楔封好，防止线圈导线脱出。线圈端部要用线绑扎好。线圈间的连接方式，决定了绕组的结构形式。定子绕组装好后，还要进行浸绝缘漆处理，以提高电动机绝缘强度及散热效果。

7.1.2 三相异步电动机的转子

三相异步电动机的转子由转子铁心、转子绕组、转轴和风扇等构成。转子铁心也是硅钢片叠成的圆柱形，压装在转轴上。转子铁心外圆周表面冲有均匀分布的槽，槽内安置转子绕组。转子分为笼型和绕线转子两种。

三相笼型异步电动机转子如图7.5所示。转子铁心由硅钢片叠压而成，铁心槽中嵌有转子绕组。转子绕组与端环及转子风扇用铝铸成一体，成笼型，故得名笼型异步电动机。

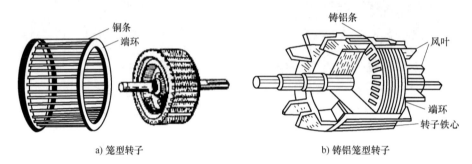

a) 笼型转子 b) 铸铝笼型转子

图7.5 三相笼型异步电动机的转子

绕线转子同定子一样，都是在铁心槽中嵌入三相绕组。三相绕组的一端连成丫，另一端分别连接在3个铜制的集电环上。集电环固定在转轴上，3个环之间及环与转轴之间相互绝缘。在集电环上用弹簧压着电刷与外电路连接，以便改善电动机的起动和调速特性，如图7.6所示。

绕线转子异步电动机的结构复杂、价格较高，一般用于对起动和调速性能有较高要求的场合，如带动起重机工作。

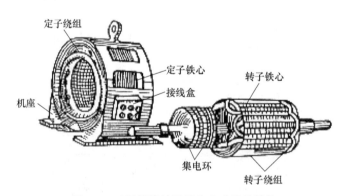

图7.6 三相绕线转子异步电动机的结构

7.2 三相异步电动机的工作原理

三相异步电动机接上三相电源就会转动，工作原理可以用一简单的演示说明。

在马蹄形磁铁中间放一个磁针，如图7.7a所示。当转动马蹄形磁铁时，磁针便会跟着转动。这说明转动的马蹄形磁铁形成了一个旋转磁场，这一旋转磁场带动磁针与其一起旋转。现在把上述装置改变一下，如图 7.7b 所示。用 3 个在空间上相差 120°的线圈 AX、BY、CZ 代替马蹄形磁铁，并在这 3 个线圈中通入对称三相交流电流。可以看到，放在 3 个线圈中间的磁针会自动旋转。这说明静止不动的 3 个相差 120°的线圈通入对称三相交流电流以后产生一个旋转磁场。

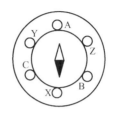

a) 磁针随磁铁旋转　　　　b) 磁针随三相电流产生的旋转磁场旋转

图 7.7　异步电动机转动演示图

7.2.1　三相异步电动机的旋转磁场

异步电动机
转动原理

当三相异步电动机的每相定子绕组中流过正弦交流电流时，每相定子绕组都产生脉动磁场。由于 3 个绕组相差 120°，而绕组中流过的三相交流电流相位相差 120°，三个脉动磁场在空间上合成一个旋转磁场。

1. 旋转磁场的产生

设三相异步电动机的三相定子绕组在结构上完全对称，其中流过的三相正弦交流电流也是对称的。为了便于分析，用 AX、BY、CZ 三个线圈表示电动机的三相定子绕组，它们在定子中的位置如图 7.8a 所示，把它们联结成丫，如图 7.8b 所示。

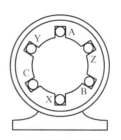
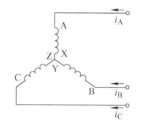

a) 定子剖面示意图　　　b) 定子绕组接线图

图 7.8　三相定子绕组的布置与接线

当定子绕组的 3 个首端 A、B、C 与三相电源接通时，在定子绕组中便有对称的三相交流电流 i_A、i_B、i_C 流过。设三相电流分别为

$$\begin{cases} i_A = I_m \sin\omega t \\ i_B = I_m \sin(\omega t - 120°) \\ i_C = I_m \sin(\omega t + 120°) \end{cases}$$

现在根据不同时刻每相绕组电流及其方向来分析定子铁心磁场的分布情况。对称三相交流电流波形如图 7.9a 所示。

为了分析方便，规定：电流为正值时，由绕组首端流向末端；电流为负值时，由绕组末端流向首端。在剖视图中，电流流入用⊗表示，电流流出用⊙表示。

下面分析在不同时刻（角度）由对称三相正弦电流所产生的磁场是如何变化的。

当 $\omega t = 0°$ 时，A 相电流 $i_A = 0$。C 相电流 i_C 为正值，即从 C 端流入、Z 端流出。B 相电

流 i_B 为负值，即从 Y 端流入、B 端流出。根据电流的流向，应用右手螺旋定则，由 i_B 和 i_C 产生的合成磁场如图 7.9b 所示。

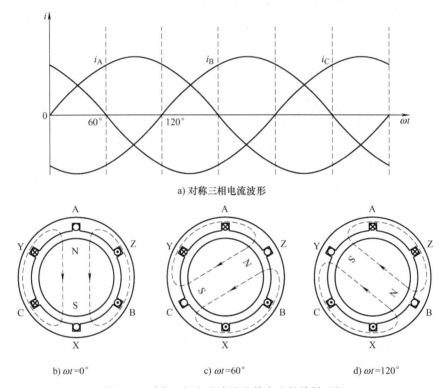

a) 对称三相电流波形

b) $\omega t = 0°$ c) $\omega t = 60°$ d) $\omega t = 120°$

图 7.9   对称三相电流波形及其产生的旋转磁场

当 $\omega t = 60°$ 时，C 相电流 $i_C = 0$。A 相电流 i_A 为正值，即从 A 端流入、X 端流出。B 相电流 i_B 为负值，即从 Y 端流入、B 端流出。由 i_A 和 i_B 产生的合成磁场如图 7.9c 所示。可以看出，此时合成磁场同 $\omega t = 0°$ 时相比，按顺时针方向旋转了 60°。

当 $\omega t = 120°$ 时，B 相电流 $i_B = 0$。A 相电流 i_A 为正值，即从 A 端流入、X 端流出。C 相电流 i_C 为负值，即从 Z 端流入、C 端流出。由 i_A 和 i_C 产生的合成磁场如图 7.9d 所示。可以看出，此时合成磁场同 $\omega t = 60°$ 时相比，又按顺时针方向旋转了 60°。

不难理解，当 $\omega t = 180°$ 时，此时的合成磁场同 $\omega t = 0°$ 时相比，按顺时针方向旋转了 180°。根据这样的规律，当 $\omega t = 360°$ 时，合成磁场正好转了一周。

通过以上分析可知，当定子绕组中的对称三相电流随时间连续变化时，在定子空间所产生的合成磁场随电流不断旋转着。这就是使转子能够转动的旋转磁场。

2. 旋转磁场的转向

图 7.9 中旋转磁场是顺时针旋转的。当改变三相电源的相序，即把原三相绕组的接线端中的任意两个端线对调后，再接上三相电源，旋转磁场会改变旋转方向。利用这种方法可改变三相电动机的旋转方向。

分析方法与前面相同，读者不妨自己画图分析来加以证明。

3. 旋转磁场的极数和转速

三相异步电动机的极数就是旋转磁场的极数。

从以上分析可知，对于图 7.9，从 $\omega t = 0°$ 变到 $\omega t = 60°$，旋转磁场也转动了 $60°$。当电流变化一周时，磁场恰好在空间旋转一圈。设三相电流的频率为 f_1，则每分钟变化 $60f_1$ 次，旋转磁场的转速为 $n_0 = 60f_1$。

n_0 的单位为 r/min。若 f_1 为 50Hz 的工频交流电，则此时的旋转磁场的转速为 3000r/min。

上面所讨论的旋转磁场的转速是对应于一对磁极的情况（即 $p = 1$），也就是磁场只有一个 N 极和一个 S 极。

如果电动机绕组由原来的 3 个线圈增至 6 个线圈（为了理解方便，仍使用单匝绕组），每个绕组的始端（或末端）之间在定子铁心的内圆周上按互差 $60°$ 的规律进行排列，并按相序编出绕组顺序编号，如图 7.10a 所示。6 个绕组的接线如图 7.10b 所示。

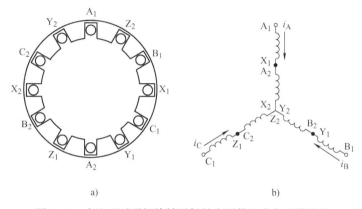

a)   b)

图 7.10　产生两对磁极旋转磁场的定子绕组分布及其接线

参考图 7.9，分析图 7.10 的定子绕组上磁场分布情况。不难发现，在定子铁心内圆周上有两对磁极（即 $p = 2$），如图 7.11 所示。从 $\omega t = 0°$ 变到 $\omega t = 60°$，经历了 $60°$，而磁场在空间仅旋转了 $30°$。就是说，电流经历一个周期（$360°$），磁场在空间仅能旋转半个周期（$180°$），由此可知，两对磁极的磁场转度比一对磁极的磁场转速慢了一半，即 $n_0 = \dfrac{60f_1}{2}$。

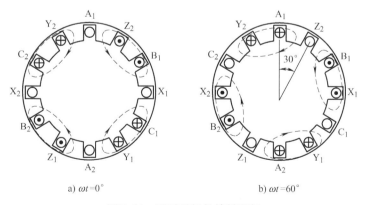

a) $\omega t = 0°$ b) $\omega t = 60°$

图 7.11　两对磁极的旋转磁场

同理，在三对磁极（$p = 3$）的情况下，电流变化一个周期，磁场在空间仅旋转了 1/3

周，只是 $p=1$ 情况下转速的 $1/3$，即 $n_0 = \dfrac{60f_1}{3}$。

所以对于一般情况，当旋转磁场具有 p 对磁极时，磁场的转速为

$$n_0 = \frac{60f_1}{p} \qquad\qquad (7.1)$$

式中，f_1 为三相交流电流频率；p 为磁极对数。

由式（7.1）可知，旋转磁场的转速 n_0 的大小与电流频率 f_1 成正比，与磁极对数 p 成反比。其中，f_1 由异步电动机的供电电源频率决定，而 p 由三相定子绕组的各相线圈连接（分布）结构决定。通常对于一台具体的异步电动机，f_1 和 p 都是确定的，所以磁场转速 n_0 为常数（旋转磁场转速称为电动机的同步转速）。

在我国工频电 $f_1 = 50\text{Hz}$，于是由式（7.1）可得出对应不同磁极对数 p 的旋转磁场转速 n_0，见表 7.1。

表 7.1　旋转磁场转速

p	1	2	3	4	5	6
$n_0/(\text{r}/\text{min})$	3000	1500	1000	750	600	500

7.2.2　三相异步电动机的转动原理

当三相异步电动机定子绕组中流过三相对称交流电流时，产生旋转磁场。设某瞬间的磁场如图 7.12 所示，旋转磁场以同步转速 n_0 顺时针旋转。转子铸铝条切割旋转磁场，并在其中产生感应电动势。铸铝条中感应电动势方向由右手定则确定。由于旋转磁场顺时针切割转子绕组，相当于磁场不动，转子（绕组）铸铝条逆时针方向运动切割磁场。因而判断出，转子上半部导体中产生的感应电动势方向是穿出纸面，用⊙表示。下半部导体中产生感应电动势方向是进入纸面，

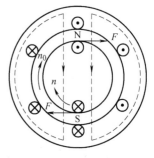

图 7.12　三相异步电动机转动原理

用⊗表示。因转子绕组是闭合的，在感应电动势作用下，产生感应电流，如略去转子感抗，则转子电流与感应电动势同相位，所以图 7.12 中导体上标出的方向代表电动势方向，也可以代表导体中电流方向。

电动机转子（绕组）铸铝条中电流与旋转磁场相互作用，使转子导体受到电磁力，并产生电磁转矩。电磁力 F 的方向用左手定则判定，如图 7.12 所示，F 产生顺时针方向转矩，与旋转磁场方向相同，使电动机转子沿旋转磁场方向转动起来。电动机将电能转换为机械能。

7.2.3　三相异步电动机的转速与转差率

电动机运行时，转子转速总要小于旋转磁场的同步转速 n_0，所以称为异步电动机。如果电动机转子的转速 n 等于旋转磁场的同步转速 n_0（即 $n = n_0$），那么转子与旋转磁场之间没有相对运动，转子绕组不切割磁场，就不能产生感应电动势和电流，也就没有电磁转矩来

驱动转子转动。

通常把旋转磁场转速 n_0 与转子转速 n 之差值称为转差，记为 $\Delta n = n_0 - n$。转差 Δn 与同步转速 n_0 的比值，称为异步电动机的转差率，用字母 s 表示。

$$s = \frac{n_0 - n}{n_0} \quad 或 \quad s = \frac{n_0 - n}{n_0} \times 100\% \tag{7.2}$$

转差率是三相异步电动机的一个重要参数。当电动机处于静止状态时，转子转速 $n = 0$，则 $s = 1$。当转子转速等于同步转速时，$n = n_0$，则 $s = 0$。

三相异步电动机的额定转速与同步转速接近，转差率很小，在 $0.01 \sim 0.09$ 之间。

【例 7.1】 有一台 Y100L2-4 型三相异步电动机，接到工频电源上，额定转速为 1430r/min。求该电动机的转差率 s_N。

【解】 异步电动机型号的最后一位数字表示磁极数，即 $p = 2$。

$$n_0 = \frac{60f_1}{p} = \frac{60 \times 50}{2} r/min = 1500 r/min$$

则

$$s_N = \frac{n_0 - n_N}{n_0} = \frac{1500 - 1430}{1500} \approx 0.047$$

【例 7.2】 一台三相异步电动机接到工频电源上，额定转速为 975r/min，。求该电动机的磁极对数 p、同步转速 n_0 和转差率 s_N。

【解】 在 $f_1 = 50Hz$ 条件下，该电动机的额定转速 $n_N = 975 r/min$。因 n_N 略低于 n_0，由表 7.1 可知，该台电动机同步转速 $n_0 = 1000 r/min$。

根据式（7.1）可得电动机磁极对数为

$$p = \frac{60f_1}{n_0} = \frac{60 \times 50}{1000} = 3$$

根据式（7.2）可得额定转差率

$$s_N = \frac{n_0 - n_N}{n_0} = \frac{1000 - 975}{1000} = 0.025$$

7.3 三相异步电动机的转矩与机械特性

电动机
电磁转矩

异步电动机的电磁转矩是由所有转子绕组导体在磁场中受力而产生的。电磁转矩与转子电流 I_2 和磁场每极磁通 Φ 成正比。由于转子电路有感抗存在，所以转子电路中的感应电动势与转子电流之间有相位差 φ_2，即转子电路的功率因数 $\cos\varphi_2 < 1$。电磁转矩对外做机械功，输出有功功率，所以电磁转矩与电流有功分量成正比。异步电动机的电磁转矩为

$$M = K_m \Phi I_2 \cos\varphi_2 \tag{7.3}$$

式中，K_m 为转矩系数，它是一常数，与电动机的结构有关。

异步电动机通过电磁感应把定子边（一次绕组）的电功率转换成转子边（二次绕组）的机械功率。从电磁关系上来看，异步电动机同变压器的运行相似，即定子可看成一次绕组，转子则相当于二次绕组。所不同的是，在电动机定子绕组和转子绕组中的感应电动势都是由旋转磁场作用产生的，实际上在电动机运行时，旋转磁场是由定子绕组和转子绕组产生的合成磁场。但与变压器相比，工作原理和分析方法有很多相似之处。

三相异步电动机的每相等效电路如图7.13所示。

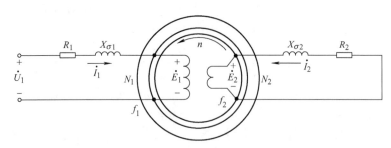

图7.13　三相异步电动机的每相等效电路

图7.13中，$\dot{E}_1$ 和 $\dot{E}_2$ 分别为旋转磁场在定子绕组和转子绕组上产生的感应电动势，R_1 和 R_2 分别为定子绕组和转子绕组上的电阻，$X_{\sigma1}$ 和 $X_{\sigma2}$ 分别为定子磁路和转子磁路漏磁通产生的感抗，N_1 和 N_2 分别为定子和转子绕组的匝数。

下面进一步分析三相异步电动机的每相等效电路，来获得电磁转矩与电源电压、转速以及电动机转子电路有关参数之间的关系。

7.3.1　三相异步电动机的定子电路

旋转磁场每极磁通 Φ 与定子绕组和转子绕组交链，在定子绕组产生感应电动势的有效值为

$$E_1 = 4.44 f_1 N_1 \Phi \tag{7.4}$$

式中，Φ 为旋转磁场每极磁通；f_1 为电源频率；N_1 为定子每相绕组匝数。

如果忽略定子绕组的电阻和漏磁感抗，则每相定子绕组的感应电动势 E_1 与其外加电源电压 U_1 平衡，于是有

$$U_1 \approx E_1 \tag{7.5}$$

$$\Phi = \frac{E_1}{4.44 f_1 N_1} \approx \frac{U_1}{4.44 f_1 N_1} \tag{7.6}$$

从式（7.5）和式（7.6）可知：当外加电压不变时，定子绕组感应电动势基本不变，旋转磁场的每极磁通也基本不变。

7.3.2　三相异步电动机的转子电路

在电动机转子静止的情况下，电动机定子绕组通入三相交流电流，转子转速 $n = 0$，转差率 $s = 1$，此时电动机转子电路相当于变压器的二次绕组，旋转磁场在转子绕组中产生感应电动势的频率 f_2 与定子外接电源频率 f_1 相等，转子感应电动势的有效值为

$$E_{20} = 4.44 f_2 N_2 \Phi = 4.44 f_1 N_2 \Phi \tag{7.7}$$

式中，N_2 为转子每相绕组匝数。

电动机起动后，转速 $n > 0$，旋转磁场与转子导体的转速差 $n_0 - n$ 便逐渐减少，转差率 s 也随之逐渐减少。因此，转子感应电动势、电流的频率 f_2 便不再等于 f_1，而是随着转速的升高而降低。

$$f_2 = p \frac{n_0 - n}{60} = \left(\frac{n_0 - n}{n_0} \right) \frac{p n_0}{60} = s f_1 \tag{7.8}$$

此时转子绕组的感应电动势的有效值也随之降低。

$$E_2 = 4.44 s f_1 N_2 \Phi = s E_{20} \tag{7.9}$$

可见,转子电动势的有效值与频率和转差率有关。电动机起动时, $n = 0$, $s = 1$, $f_2 = f_1 = 50\text{Hz}$,转子电动势 E_{20} 最高;电动机在额定运行时, $n = n_N$, s_N 为 $0.01 \sim 0.09$, f_2 为 $0.5 \sim 4.5\text{Hz}$,转子电流的频率很低。

转子电路除了电阻 R_2 外,还存在漏磁电感 L_2 和相应的漏磁感抗 X_2 。转子电路的频率 f_2 随转差率 s 变化,因此感抗 $X_2 = 2\pi f_2 L_2$ 也随 s 而变化。设 $n = 0$ 时,感抗为 $X_{20} = 2\pi f_1 L_2$,则

$$X_2 = 2\pi f_2 L_2 = 2\pi s f_1 L_2 = s X_{20} \tag{7.10}$$

转子绕组中电流为

$$I_2 = \frac{E_2}{\sqrt{R_2^2 + X_2^2}} = \frac{s E_{20}}{\sqrt{R_2^2 + (s X_{20})^2}} \tag{7.11}$$

转子电路功率因数为

$$\cos\varphi_2 = \frac{R_2}{\sqrt{R_2^2 + X_2^2}} = \frac{R_2}{\sqrt{R_2^2 + (s X_{20})^2}} \tag{7.12}$$

式(7.11) 和式(7.12) 中, E_{20} 、 R_2 和 X_{20} 都是定值,因此 I_2 和 $\cos\varphi_2$ 随 s 变化,如图 7.14 所示。由图可见:转子电流 I_2 随转差率 s 的增大而增大,当 $s = 1$ 时,即转子静止时 I_2 最大。转子电路功率因数 $\cos\varphi_2$ 随转差率 s 的增大而减少,当 $s = 1$ 时,即转子静止时 $\cos\varphi_2$ 最小。

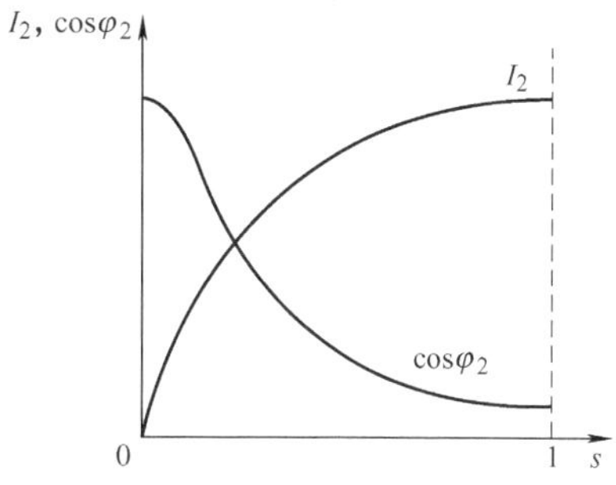

7.3.3 三相异步电动机的电磁转矩

图 7.14 I_2 、 $\cos\varphi_2$ 与 s 的关系

把式(7.6)、式(7.7)、式(7.11) 与式(7.12) 代入式(7.3) 并整理化简后得到电磁转矩的另一种表达式,即是

$$M = K'_m \frac{s R_2 U_1^2}{R_2^2 + (s X_{20})^2} \tag{7.13}$$

式中, K'_m 为由电动机结构和电源频率决定的常数。

式(7.13) 说明,异步电动机的电磁转矩 M 与电源电压 U_1 的二次方成正比。可见电源电压波动时,对异步电动机影响很大。例如电源电压降低到额定值的 70% 时,异步电动机的电磁转矩下降到额定转矩的 49% ,造成异步电动机不能正常运行、电流增大,有烧坏绕组的可能。所以,当电源电压低于额定电压的 85% 时,异步电动机应当停止运行。

7.3.4 三相异步电动机的机械特性

根据式(7.13),在电源电压和频率恒定时,转子电阻 R_2 和 X_{20} 为常数时,异步电动机的电磁转矩与转差率的关系曲线 $M = f(s)$ 如图 7.15 所示。

由于转差率 s 与转速 n 的关系为

电动机
机械特性

$$s = \frac{n_0 - n}{n_0}$$

则
$$n = (1 - s) n_0 \tag{7.14}$$

若将 $M = f(s)$ 特性曲线按顺时针方向旋转 $90°$，再将水平的 M 轴下移至 $s = 1$ 处，得到 $n = f(M)$ 的特性曲线，如图 7.16 所示。

在电源电压 U_1 及转子电阻 R_2 一定的情况下，$M = f(s)$ 或 $n = f(M)$ 特性曲线称为异步电动机的机械特性曲线。机械特性曲线对分析异步电动机运行情况很有用。从机械特性曲线上看出，在 $0 < s < s_m$ 区间，因为转差率很小，又因 $R_2 >> sX_{20}$，所以 sX_{20} 可忽略不计，可近似地认为电磁转矩与转差率 s 成正比。随着转差率 s 的增加，sX_{20} 增大，电磁转矩 M 上升变慢。当转差率 s 增加到临界转差率 s_m 时，电磁转矩达最大值 M_{max}。当转差率 $s > s_m$ 后，sX_{20} 值更大，这时电磁转矩随着转差率增加而减小。

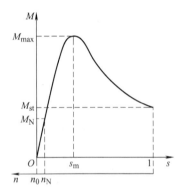

图 7.15　$M = f(s)$ 特性曲线

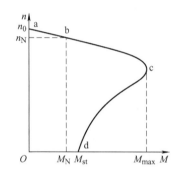

图 7.16　$n = f(M)$ 特性曲线

当三相异步电动机的定子绕组加上三相对称额定电压，而定子和转子电路都不存在任何外加阻抗时，所得到的机械特性称为电动机的自然机械特性。

在机械特性曲线上，要特别注意 3 个转矩。

1. 额定转矩 M_N

额定转矩对应图 7.16 所示机械特性曲线上的 b 点。额定转矩是电动机在额定负载时的转矩。额定负载转矩可从电动机铭牌数据给出的额定功率 P_N（注意：电动机铭牌数据给出的功率是输出到转轴上的机械功率，而不是电动机消耗的电功率）和额定转速 n_N 求得。

$$M_N = \frac{P_N \times 10^3}{\omega_N} = \frac{60 P_N \times 10^3}{2\pi n_N} = 9550 \frac{P_N}{n_N} \mathrm{N \cdot m} \tag{7.15}$$

其中，功率的单位是 kW，转速的单位是 r/min，转矩的单位是 N·m。

在电动机运行过程中，负载通常会变化。例如电动机机械负载增加时，打破了电磁转矩和负载转矩间的平衡。由于负载转矩大于电磁转矩，电动机的速度将下降，此时旋转磁场对于转子的相对速度加大，旋转磁场切割转子（绕组）铸铝条的速度加快，导致转子电流 I_2 增大，从而电磁转矩增大。直到电磁转矩与负载转矩相等，电动机将在一个略低于原来转速的速度下平稳运转。所以，电动机有载运行一般工作在图 7.16 所示机械特性曲线较为平坦的 ac 段。

2. 最大转矩 M_{max}

最大转矩 M_{max} 对应图 7.16 所示机械特性曲线上的 c 点，对应的转差率为 s_m。把式(7.13) 对 s 进行求导，并令其导数等于零，解出

$$s = s_m = \frac{R_2}{X_{20}} \tag{7.16}$$

再将 s_m 带回式(7.13) 得到最大转矩 M_{max} 的表达式为

$$M_{max} = K'_m \frac{U_1^2}{2X_{20}} \tag{7.17}$$

由式(7.16)、式(7.17) 可见，M_{max} 与电源电压 U_1 的二次方成正比，与 X_{20} 成反比，而与 R_2 无关；而 s_m 与 R_2 成正比、与 X_{20} 成反比。M_{max} 与 U_1 及 R_2 的关系曲线分别如图 7.17 和图 7.18 所示。

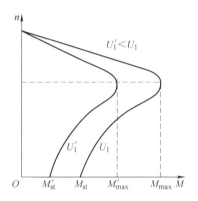

图 7.17　R_2 不变、U_1 变化时的

$n = f(M)$ 特性曲线

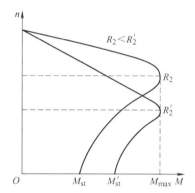

图 7.18　U_1 不变、R_2 变化时的

$n = f(M)$ 特性曲线

当异步电动机的负载转矩超过最大转矩 M_{max} 时，电动机将发生"堵转"的现象。此时电动机的电流是额定电流的数倍，若时间过长，电动机剧烈发热，甚至烧坏。电动机负载转矩超过 M_N 称为过载，常用过载系数 λ 来标定异步电动机的过载能力，即

$$\lambda = \frac{M_{max}}{M_N} \tag{7.18}$$

一般三相异步电动机的过载系数 λ 为 $1.6 \sim 2.3$。

3. 起动转矩 M_{st}

起动转矩 M_{st} 对应图 7.16 所示机械特性曲线上的 d 点，M_{st} 是电动机运行性能的重要指标。因为起动转矩的大小，将直接影响到电机拖动系统加速度的大小和加速时间的长短。如果起动转矩小，电动机的起动变得十分困难，有时甚至难以起动。

在电动机起动时，$n = 0$、$s = 1$，将 $s = 1$ 代入式(7.13) 可得

$$M_{st} = K'_m \frac{R_2 U_1^2}{R_2^2 + X_{20}^2} \tag{7.19}$$

由式(7.19) 可以看出，异步电动机的起动转矩同电源电压 U_1 的二次方成正比。参看图 7.17，当 U_1 降低时，起动转矩 M_{st} 明显降低。结合前面讨论过的最大转矩可以看出，异步电动机对电源电压的波动十分敏感。运行时，如果电源电压下降太多，会大大降低异步电

动机的过载能力和起动能力，这个问题在使用异步电动机时要十分重视。

由式（7.19）和图 7.18 可知，当转子电阻 R_2 变化时，最大转矩 M_{max} 没有变化（最大转矩同 R_2 无关），但起动转矩 M_{st} 会变化。变化关系分析如下：

当 $R_2 < X_{20}$ 时，$s_m < 1$，R_2 增加时，M_{st} 增加。

当 $R_2 = X_{20}$ 时，$s_m = 1$，$M_{st} = M_{max}$，起动转矩最大。

当 $R_2 > X_{20}$ 时，$s_m > 1$，R_2 增加时，M_{st} 减小。

通常将机械特性上的起动转矩与额定转矩之比称为起动系数，即

$$\lambda_{st} = \frac{M_{st}}{M_N} \tag{7.20}$$

起动系数是衡量电动机起动能力的重要数据，一般 λ_{st} 为 $1.2 \sim 1.8$。

【例 7.3】 Y112M – 4 型三相异步电动机，额定功率 $P_N = 4kW$，额定转速 $n_N = 1440r/min$，$\lambda = \frac{M_{max}}{M_N} = 2.0$，$\lambda_{st} = \frac{M_{st}}{M_N} = 1.6$，额定效率 $\eta_N = 84\%$。求 M_N、M_{st}、M_{max} 及额定输入功率 P_{1N}。

【解】
$$M_N = 9550\frac{P_N}{n_N} = 9550 \times \frac{4}{1440}N \cdot m = 26.5N \cdot m$$
$$M_{st} = 1.6M_N = 1.6 \times 26.5N \cdot m = 42.4N \cdot m$$
$$M_{max} = 2.0M_N = 2.0 \times 26.5N \cdot m = 53N \cdot m$$

因为
$$\eta_N = \frac{P_N}{P_{1N}}$$

所以
$$P_{1N} = \frac{P_N}{\eta_N} = \frac{4}{0.84}kW = 4.76kW$$

7.4 三相异步电动机的起动

异步电动机由静止状态过渡到稳定运行状态的过程称为起动。在生产过程中，电动机要经常起动、停止。电动机的起动性能好坏对生产影响很大。所以在使用电动机时，要考虑电动机的起动性能和起动方法。

异步电动机的起动性能包括起动电流、起动转矩、起动时间及绕组发热等，其中起动电流和起动转矩是最主要的。正常起动电流约为额定电流的 7 倍。起动电流过大会使电动机绕组承受很大的电磁力并发热。起动时间越长发热越严重，使电动机的绝缘加速老化，缩短使用寿命。另外，起动电流过大，会引起电网电压波动，影响电网中其他用电设备的正常运行。

异步电动机正常的起动转矩约为额定转矩的 $0.95 \sim 2$ 倍。起动转矩小，会使电动机起动过程长，甚至不能起动。起动时间长，消耗能量多，对电动机也不利。所以，对异步电动机的起动应满足 3 点要求：

1）减小起动电流，并使起动转矩满足负载要求。

2）起动方法应正确可靠，起动设备应简单经济，便于操作。

3）起动过程中，功率损耗应尽可能小。

下面介绍几种常用的起动方法。

7.4.1　直接起动（全压起动）

直接起动是采用刀开关或接触器直接将额定电压加到电动机上。这种起动方法的优点是简单、经济、起动快，缺点是由于起动电流很大，起动瞬间会造成电网电压的突然下降。一台电动机能否直接起动，要根据电力管理部门的相关规定确定。如果电动机和照明负载共用一台变压器供电，则规定电动机起动时引起的电网电压降不能超过额定电压的5%；如果电动机由独立的变压器供电，电动机起动频繁，则其功率不能超过变压器容量的20%；如果电动机不经常起动，则其功率只要不超过变压器容量的30%即可。

7.4.2　减压起动

功率较大的电动机，直接起动时起动电流太大，对电网影响较大，应采用减压起动来限制起动电流。常用的减压起动方法有如下几种。

1. 串接电阻或电抗器减压起动

如图 7.19 所示，定子电路串入电阻 R 或电抗器 X_L 限制起动电流，待电动机转速升高、电流下降后，再去掉串接的电阻或电抗器，使电动机在额定电压下工作。

2. Y-△换接起动

Y-△换接起动适用于正常运行时定子绕组为△联结的电动机。电动机三相绕组的 6 个出线端都要引出，并接到转换开关上。起动时，将正常运行时△联结的定子绕组改接为Y联结，起动结束后再换为△联结。这种方法只适用于中小型笼型异步电动机。图 7.20 是这种方法的原理接线图。

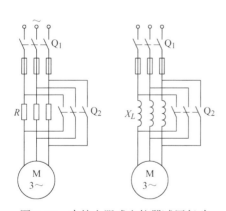

图 7.19　串接电阻或电抗器减压起动

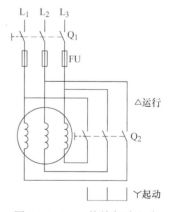

图 7.20　Y-△换接起动电路

起动时，先将三相手动刀开关 Q_1 合上，接通电源，然后将开关 Q_2 向下合，使电动机定子绕组换接成Y，这样定子绕组只承受额定电压的 $1/\sqrt{3}$。当电动机达到一定转速时，再将开关 Q_2 向上合，使电动机定子绕组换接为△，电动机在额定电压下运行。

采用Y-△换接起动可以使起动电流减小至直接起动的 $1/3$，但同时起动转矩也降低至直接起动的 $1/3$。因此，Y-△换接起动只适用于空载或轻载起动。

3. 自耦减压起动

自耦减压起动是利用三相自耦变压器进行减压起动的。自耦变压器上备有 2 或 3 组抽头，输出大小不同的电压（如为电源电压的 80%、60%、40%），供用户选用。这种方法的优点是使用灵活，不受定子绕组接线方式的限制，缺点是设备笨重、投资大。

自耦减压起动电路如图 7.21 所示。起动时，先将 Q_1 合上，接通三相电源，然后将 Q_2 合到下面的位置，降低电压起动。待电动机转速升高后，再将 Q_2 合到上面的位置，将自耦变压器从电源脱离，进入全压运行。

应该指出，采用自耦减压起动，在减小起动电流的同时，起动转矩也会减小。如果选择的自耦变压器的减压比为 $K(K<1)$，则起动电流和起动转矩都为直接起动的 K^2 倍。

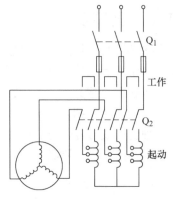

图 7.21　自耦减压起动电路

7.4.3　绕线转子电动机的起动方法

三相笼型异步电动机采用减压起动的方法来限制起动电流，这种方法简易可行，优点很多，其缺点是起动转矩会相应大为减小。因此，对某些要求满载起动或重载起动的生产机械，不能应用三相笼型异步电动机拖动。例如桥式起重机、卷扬机及大型龙门吊车等，都是使用绕线转子异步电动机驱动。

绕线转子异步电动机转子的三相绕组连成丫，如图 7.22 所示。三相绕组的首端分别接到 3 个集电环上，通过集电环和电刷与外部的起动电阻或调速电阻相连接。起动时，在转子电路内串入电阻。异步电动机的临界转差率 s_m 与转子电路电阻成正比，即 $s_m = R_2/X_{20}$，而最大转矩与 R_2 无关。由图 7.23 中可知，R_2 增大，则 s_m 增大，便出现 M_{max} 的点向增大方向移动，起动转矩增加，机械特性也跟着变软。转子电路中由于串入电阻不同，在 $s=1$ 处的起动转矩也不同。当串入电阻 R'_2 时，起动转矩 M'_{st} 最大。R_2 的增大也减小了起动电流，所以这种起动方法改善了电动机的起动性能，加快了起动过程。

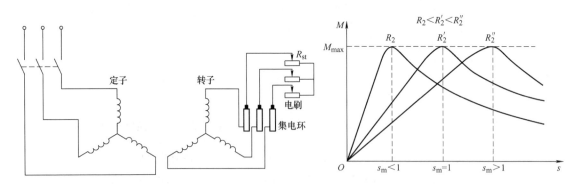

图 7.22　绕线转子异步电动机转子电路接线图　　　图 7.23　转子电阻 R_2 不同时的 $M=f(s)$ 特性曲线

【例 7.4】　某三相异步电动机的额定数据如下：$P_N = 4.5\text{kW}$，$U_N = 220\text{V}/380\text{V}(\triangle/\curlyvee)$，$\eta_N = 0.84$，$\cos\varphi_N = 0.8$，$I_{st}/I_N = 6.5$，$M_{st}/M_N = 1.4$，$M_{max}/M_N = 1.8$，$f_1 = 50\text{Hz}$，$n_N = 1430\text{r/min}$。试求：（1）磁极对数 p；（2）额定转差率 s_N；（3）定子绕组为丫和△联结时的

额定电流 I_N 和起动电流 I_{st}；（4）额定转矩 M_N、起动转矩 M_{st} 和最大转矩 M_{max}。

【解】（1）因 $n_N = 1430\text{r/min}$，所以其同步转速 $n_0 = 1500\text{r/min}$，磁极对数为

$$p = \frac{60f_1}{n_0} = \frac{60 \times 50}{1500} = 2$$

（2）额定转差率为

$$s_N = \frac{n_0 - n_N}{n_0} = \frac{1500 - 1430}{1500} \approx 0.05$$

（3）求 I_N 和 I_{st}。

丫联结时电源线电压应为 380V，则

$$I_{N\curlyvee} = \frac{P_N}{\sqrt{3}\,U_{N\curlyvee}\cos\varphi_N \cdot \eta_N} = \frac{4.5 \times 10^3}{\sqrt{3} \times 380 \times 0.8 \times 0.84}\text{A} \approx 10.2\text{A}$$

$$I_{st\curlyvee} = 6.5 I_{N\curlyvee} = 6.5 \times 10.2\text{A} = 66.3\text{A}$$

△联结时电源线电压应为 220V，则

$$I_{N\triangle} = \frac{P_N}{\sqrt{3}\,U_{N\triangle}\cos\varphi_N \cdot \eta_N} = \frac{4.5 \times 10^3}{\sqrt{3} \times 220 \times 0.8 \times 0.84}\text{A} \approx 17.6\text{A}$$

$$I_{st\triangle} = 6.5 I_{N\triangle} = 6.5 \times 17.6\text{A} = 114.4\text{A}$$

（4）求 M_N、M_{st} 和 M_{max}。

$$M_N = 9550\frac{P_N}{n_N} = 9550 \times \frac{4.5}{1430}\text{N}\cdot\text{m} \approx 30.05\text{N}\cdot\text{m}$$

$$M_{st} = 1.4 M_N = 1.4 \times 30.05\text{N}\cdot\text{m} = 42.07\text{N}\cdot\text{m}$$

$$M_{max} = 1.8 M_N = 1.8 \times 30.05\text{N}\cdot\text{m} = 54.09\text{N}\cdot\text{m}$$

【例7.5】一台 40kW 的三相异步电动机，其额定相电压 $U_{Np} = 380\text{V}$，额定功率因数 $\cos\varphi_N = 0.88$，效率 $\eta_N = 0.9$，$M_{st}/M_N = 1.8$，$I_{st}/I_N = 7$，$n_N = 1450\text{r/min}$，现接到电压为 380V 的三相电源上，试求：（1）该电动机应做何种接法？（2）直接起动时的起动电流和起动转矩是多少？（3）采用丫-△换接法起动时起动电流和起动转矩是多少？（4）当负载转矩为额定转矩 M_N 的 80% 和 50% 时，电动机能否起动？

【解】（1）按题意，该电动机应做△联结。

（2）$I_N = \dfrac{P_N}{\sqrt{3}\,U_N\cos\varphi_N \cdot \eta_N} = \dfrac{40 \times 10^3}{\sqrt{3} \times 380 \times 0.88 \times 0.9}\text{A} \approx 76.7\text{A}$

$$I_{st} = 7 I_N = 7 \times 76.7\text{A} = 536.9\text{A}$$

$$M_N = 9550\frac{P_N}{n_N} = 9550 \times \frac{40}{1450}\text{N}\cdot\text{m} \approx 263.4\text{N}\cdot\text{m}$$

$$M_{st} = 1.8 M_N = 1.8 \times 263\text{N}\cdot\text{m} = 473.4\text{N}\cdot\text{m}$$

（3）$I_{st\curlyvee} = \dfrac{1}{3}I_{st} = \dfrac{536.9}{3}\text{A} \approx 179\text{A}$

$$M_{st\curlyvee} = \frac{1}{3}M_{st} = \frac{473.4}{3}\text{N}\cdot\text{m} = 157.8\text{N}\cdot\text{m}$$

（4）负载转矩 M_L 为额定转矩的 80% 时，可得

$$M_L = 0.8 M_N = 0.8 \times 263.4\text{N}\cdot\text{m} = 210.72\text{N}\cdot\text{m} > 157.8\text{N}\cdot\text{m}$$

即 $M_L > M_{st\curlyvee}$，故电动机不能起动。

当负载转矩 M_L 为额定转矩的 50% 时，可得

$$M'_L = 0.5M_N = 0.5 \times 263.4 \text{N} \cdot \text{m} = 131.7 \text{N} \cdot \text{m} < 157.8 \text{N} \cdot \text{m}$$

即 $M'_L < M_{st\curlyvee}$，故电动机可以起动。

7.5　三相异步电动机的调速

异步电动机调速与制动

电动机的调速就是在一定的负载条件下，人为地改变电动机的电路参数，使电动机的转速改变，以满足生产过程的要求。

过去，由于直流电动机具有优良的调速性能，所以在传动领域一直是直流调速系统占主导地位。随着电力电子技术和计算机控制技术的发展，异步电动机的调速技术已经相当成熟，调速性能完全可以与直流电动机相媲美。加之异步电动机结构上的优势，所以近些年来交流调速电动机（系统）得到广泛应用。

由异步电动机的转速公式

$$n = (1-s)n_0 = (1-s)\frac{60f_1}{p}$$

可见，改变异步电动机转速的方法有：改变磁极对数 p、转差率 s 和电源频率 f_1。

7.5.1　变磁极对数调速

由于 $n_0 = \dfrac{60f_1}{p}$，磁极对数 p 减小一半，旋转磁场的同步转速 n_0 提高一倍，转子转速 n 也近似提高一倍。因此改变磁极对数可以得到不同的转速，但是磁极对数 p 只能成倍变化，所以这种调速是有级的。

改变磁极对数与定子绕组的接法有关，图 7.24 所示为定子绕组的两种接法。将 A 相绕组分成两半：线圈 $A_1 X_1$ 和 $A_2 X_2$。若 $A_1 X_1$ 和 $A_2 X_2$ 串联，得 $p=2$；若 $A_1 X_1$ 和 $A_2 X_2$ 反并联（头尾相连），得 $p=1$。在换极时，一个线圈中的电流方向不变，而另一个线圈中的电流方向必须改变。

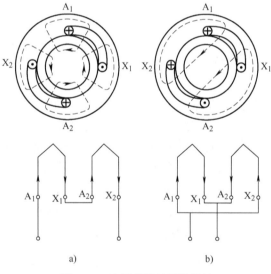

图 7.24　定子绕组的两种接法

应当指出的是，变磁极对数调速只适用于笼型异步电动机。

7.5.2　变转差率调速

在绕线转子异步电动机的转子电路中串入可调电阻，从而可以改变转子电路电阻 R_2，达到改变异步电动机机械特性的目的。使同一负载转矩下的转差率变化，达到调节转速的目

的，如图 7.25 所示。

当转子电阻 R_2 增大时，电动机的转速降低。最大转矩 M_{max} 不变，机械特性变 "软"，而且这种方法转子回路消耗功率较大，对节能不利。但由于这种方法简单又可无级调速，目前还应用于起重设备中。

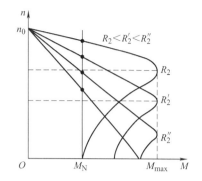

图 7.25 绕线转子异步电动机调节
转子电阻 R_2 来调速

7.5.3 变频调速

改变异步电动机供电电源的频率，可进行无级调速。随着变流技术和计算机技术的发展，异步电动机的变频调速技术已十分成熟。中小功率的变频调速系统十分普及。大功率变频调速器也广泛用于生产中，其驱动功率高达几百千瓦。

在图 7.26 中，先将三相交流电压（频率为 50Hz）经整流器整流后变成直流电压，再经过晶闸管逆变器变成所需频率的交流电源供给三相异步电动机。由于频率是可连续调节的，所以异步电动机的变频调速是无级的。

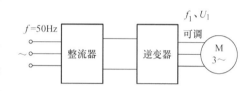

图 7.26 变频调速原理框图

7.6 三相异步电动机的制动

异步电动机切断电源后，由于惯性不能立刻停机。如果生产机械设备要求准确迅速停机，则需要对电动机进行强迫制动。制动方法有电磁抱闸和利用电动机本身反向电磁转矩来制动两种方法。下面只介绍利用电动机本身电磁转矩制动的方法。

7.6.1 能耗制动

能耗制动就是在电动机切断三相电源同时，将一个直流电源接到电动机三相绕组中的任意两相上（见图 7.27），使电动机内产生一恒定磁场。由于异步电动机及所带负载有一定的转动惯量，电动机仍在旋转，转子（绕组）导体切割恒定磁场产生感应电动势和电流，与磁场作用产生电磁转矩，其方向与转子旋转方向相反，对转子起制动作用。在反转电磁转矩的作用下，电动机转速迅速下降，此时机械系统存储的机械能（动能）被转换成电能后消耗在转子电路的电阻上，所以称为能耗制动。

调节励磁直流电流的大小，可以调节制动转矩的大小。这种制动的特点是可以实现准确停车，当转速等于零时，转子不再切割磁场，制动转矩也随之为零。

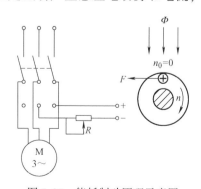

图 7.27 能耗制动原理示意图

7.6.2 反接制动

异步电动机正常稳定运行时，将任意两相（根）电源线对调，三相电源的相序突然改变，旋转磁场也立即随之反转。转子因惯性仍沿原方向旋转，此时旋转磁场转动的方向同转子转动的方向刚好相反。转子（绕组）导体切割旋转磁场的方向也与原来相反，所以产生的感应电流的方向也相反。由感应电流产生的电磁转矩也相反，产生强烈制动转矩，电动机转速迅速下降为零（见图 7.28）。这时，需及时切断电源，否则电动机将反向起动旋转。

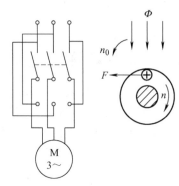

由于在反接制动时旋转磁场与转子的相对速度很大，所以在转子回路会产生很大的冲击电流，从而也对电源产生冲击。为了限制电流，在制动时，常在笼型电动机定子电路串接电阻。在电源反接制动下，电

图 7.28　反接制动原理示意图

动机不仅从电源吸取能量，而且还从机械轴上吸收机械能（由机械系统降速时释放的动能转换而来）并转换为电能，这两部分能量都消耗在转子电阻上。

这种制动方法的优点是制动强度大、制动速度快，缺点是能量损耗大，对电动机和电源产生的冲击大，也不易实现准确制动。

7.6.3 再生制动（发电反馈制动）

再生制动是利用异步电动机转子在转速 n 超过旋转磁场同步转速 n_0 时所产生的制动转矩来实现的。例如起重机吊重物下降，重物拖动电动机转子使其加速或多速电动机换速（从高速转到低速）运行时，都产生再生制动。如图 7.29 所示，由于 $n > n_0$，电动机的电磁转矩与旋转方向相反，成为异步发电制动状态。实际上此时电动机已变成发电机，把转子的动能转化为电能反馈到电网中。

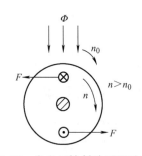

图 7.29　发电反馈制动原理示意图

高速动车组列车，进站前首先切除供电电源。在巨大惯性的作用下，列车继续高速运行，使驱动电机处于发电状态。通过控制电路，将驱动电机发出的电能回馈给电源，将列车的动能转换为电能，使列车平稳制动。当速度降到 90km/h 后，再起动机械制动系统工作，保证定位准确。

7.7　三相异步电动机的铭牌数据

7.7.1　铭牌数据的内容

正确地选择异步电动机，就要详细了解电动机的铭牌数据。电动机铭牌

异步电动机
技术数据

提供了许多有用的信息，根据铭牌数据可以了解电动机的结构、电气、机械等性能参数。所以要正确地选择和使用电动机，就必须看懂电动机铭牌。下面以 Y132M－4 型电动机为例（见图 7.30），来说明铭牌上各个数据的意义。

```
┌─────────────────────────────────────────────────────────┐
│                    三相异步电动机                          │
│                                                           │
│   型号  Y132M-4      功率  18.5kW        频率   50Hz      │
│                                                           │
│   电压  380V         电流  35.9A         接法   △         │
│                                                           │
│   转速  1470r/min    绝缘等级  E         功率因数 0.86     │
│                                                           │
│   效率  0.91         温升  60℃          工作方式 S1       │
│                                                           │
│   出厂编号××××× 出厂日期×××××× ×××××电机厂 │
└─────────────────────────────────────────────────────────┘
```

图 7.30　电动机的铭牌

1. 型号

为了适应不同用途和工作环境的需要，电动机设计制造出不同的系列，每种系列用各自的型号表示。

按国家标准规定，型号包括产品名称代号、规格代号等，由汉语拼音大写字母或英语字母加阿拉伯数字组成（见图 7.31）。

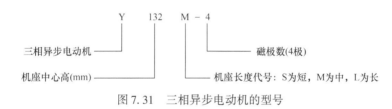

图 7.31　三相异步电动机的型号

目前，我国生产的异步电动机的产品名称代号及其汉字意义摘录于表 7.2 中。

表 7.2　异步电动机的产品名称代号及其汉字意义摘录

产品名称	新代号	新代号的汉字意义	老代号
异步电动机	Y	异	J、JO
绕线转子异步电动机	YR	异绕	JR、JRO
防爆型异步电动机	YB	异爆	JB、JBS
高起动转矩异步电动机	YQ	异起	JQ、JGQ
起重冶金用异步电动机	YZ	异重	JZ
起重冶金用绕线式异步电动机	YZR	异重绕	JZR

2. 电压

铭牌上所标的电压值是电动机在额定运行时定子绕组上应加的线电压。一般规定电源电压与电动机额定电压的差应在 ±5% 之内。

当电压高于额定值时，磁通将增大（因 $U_1 \approx 4.44 f_1 N_1 \Phi$）。若所加电压较额定电压高出较多，这将使励磁电流大大增加，大于额定电流，使绕组过热。同时，由于磁通的增大，铁损（与磁通二次方成正比）也就增大，使定子铁心过热。

若电压低于额定值，将引起转速下降、电流增大。如果在满载或接近满载的情况下，电流的增加将超过额定值，使绕组过热。还必须注意，在低于额定电压下运行时，最大转矩 M_{max} 会显著降低，这对电动机的运行也是不利的。

三相异步电动机的额定电压有 380V、3000V、6000V 等多种。

3. 接法

接法指定子三相绕组的接法。一般笼型电动机的接线盒中有 6 根引出线，标有 A、B、C、X、Y、Z，其中：A、X 是第一相绕组的两端；B、Y 是第二相绕组的两端；C、Z 是第三相绕组的两端。如果 A、B、C 分别为三相绕组的始端，则 X、Y、Z 是相应的末端。

这 6 个引出线端在接电源之前，相互间必须正确连接。连接方法有丫联结和△联结两种，如图 7.4 所示。通常三相异步电动机额定功率为 4.5kW 以下者，连接成丫。

4. 电流

铭牌上所标的电流值是指电动机在额定运行时定子绕组的线电流。

当电动机空载时，转子转速接近于旋转磁场的转速，两者之间的相对转速很小，所以转子电流近似为零，这时定子电流（几乎）为建立旋转磁场的励磁电流。当输出功率增大时，转子电流和定子电流都随之增大。

5. 功率与效率

铭牌上所标的功率值是指电动机在额定运行时轴上输出的机械功率。输出功率小于输入功率，其差值等于电动机本身的损耗功率，包括铜损、铁损及机械损耗等。效率 η 是输出功率与输入功率的比值。

如 Y132S‐4 型电动机：

输入功率　　　　$P_1 = \sqrt{3} U_L I_L \cos\varphi = \sqrt{3} \times 380 \times 11.6 \times 0.84 \text{W} \approx 6.4 \text{kW}$

输出功率　　　　　　　　$P_2 = 5.5 \text{kW}$

效率　　　　　　　$\eta = \dfrac{P_2}{P_1} = \dfrac{5.5}{6.4} \times 100\% \approx 85.9\%$

一般笼型电动机额定运行时效率为 72% ~ 93%（负载功率为额定功率的 75% 时效率最高）。

6. 功率因数

电动机在额定运行时的功率因数称为额定功率因数。因为电动机是感性负载，定子相电流比相电压滞后 φ，因此功率因数 $\cos\varphi$ 总是小于 1。

三相异步电动机在额定负载时功率因数为 0.7 ~ 0.9，而在轻载或空载时更低（空载时只有 0.2 ~ 0.3）。因此，要正确选择电动机的容量，使额定功率等于或略大于负载所需的功率，尽量避免用大功率电动机带小负载运行。

7. 转速

电动机转速是指在额定运行时转子的转速。国产异步电动机的额定转速非常接近而又略低于同步转速，一般 s_N 为 0.01 ~ 0.09。因此，只要知道了额定转速，就能确定同步转速和磁极对数。

8. 绝缘等级

绝缘等级是按电动机绕组所用的绝缘材料在使用时容许的极限温度来分级的。极限温度是指电动机绝缘结构中最热点的最高容许温度。不同等级绝缘材料的极限温度见表 7.3。目前，一般电动机采用 E 级绝缘，Y 系列电动机采用 B 级绝缘。

表 7.3 不同等级绝缘材料的极限温度

绝缘等级	Y	A	E	B	F	H	C
极限温度/℃	90	105	120	130	I55	180	>180

9. 频率

频率是指电动机正常工作时，定子绕组加三相交流电压的频率。

10. 工作方式

工作方式通常分为连续运行、短时运行和断续运行三种，分别用代号 S1、S2、S3 表示。

【例 7.6】 有一个三相异步电动机，其铭牌数据为：$P_N = 7.5\text{kW}$，$n_N = 1470\text{r/min}$，$U_1 = 380\text{V}$，$\eta = 86.2\%$，$\cos\varphi = 0.8$。试求：（1）额定电流；（2）额定转差率；（3）额定转矩；（4）若该电机的 $M_{st}/M_N = 1.8$，在额定负载下，电动机能否采用 $\curlyvee - \triangle$ 换接起动？

【解】（1）额定电流为

$$I_N = \frac{P_N}{\sqrt{3}\,U_1\cos\varphi \cdot \eta} = \frac{7.5 \times 10^3}{\sqrt{3} \times 380 \times 0.8 \times 0.862}\text{A} \approx 16.5\text{A}$$

（2）由 $n_N = 1470\text{r/min}$ 可知，其磁极对数 $p = 2$，同步转速 $n_0 = 1500\text{r/min}$。

所以

$$s_N = \frac{n_0 - n_N}{n_0} = \frac{1500 - 1470}{1500} = 0.02$$

（3）额定转矩为

$$M_N = 9550\frac{P_N}{n_N} = 9550 \times \frac{7.5}{1470}\text{N} \cdot \text{m} \approx 48.7\text{N} \cdot \text{m}$$

（4）$\curlyvee$ 起动转矩是 $\triangle$ 起动转矩的 $1/3$，即

$$M_{st\curlyvee} = \frac{M_{st}}{3} = \frac{1.8M_N}{3} = \frac{1.8 \times 48.7}{3}\text{N} \cdot \text{m} \approx 29.22\text{N} \cdot \text{m}$$

此时，$\curlyvee$ 起动转矩小于额定转矩 48.7N·m，故不能采用 $\curlyvee - \triangle$ 换接起动。

7.7.2 三相异步电动机的选用

在工业生产中，三相异步电动机应用最广泛，合理选用电动机十分重要。

1. 功率的选择

要为某一生产机械选配一台电动机，首先要考虑电动机的功率需要多大。合理选择电动机的功率具有重要的经济意义。

如果功率过大，虽然能保证正常运行，但是不经济。不仅设备投资增加，而且电动机未充分利用，经常在欠载下运行，其效率和功率因数都低。若功率选小了，就不能保证电动机和生产机械的正常运行，不能充分发挥生产机械的效能，并且电动机由于长期过载而过早损

坏。所以，电动机的功率选择是由生产机械所需的功率决定的。

选择电动机的功率，还要根据不同的工作制采用不同的计算方法。

（1）连续运行电动机功率的选择　对于连续运行、恒定负载的生产机械，可先算出生产机械的功率，所选电动机的额定功率等于或稍大于生产机械的功率即可。

$$P_N \geqslant \frac{P_L}{\eta_1 \eta_2} \tag{7.21}$$

式中，P_L 为生产机械的负载功率；η_1 为生产机械的效率；η_2 为电动机与生产机械间传动装置的传动效率。

（2）短时运行电动机功率的选择　短时运行是指运行时间很短、停歇时间很长，且间歇时间能使电动机温升降为零的运行方式，如闸门电动机、机床中的夹紧电动机等。有专为短时运行而设计生产的电动机，其铭牌上所标的额定功率和一定的标准持续时间相对应。当实际工作时间与上述标准运行时间相接近时，可按实际负载功率选用额定功率与之相近的电动机。如果没有合适的专为短时运行设计的电动机，可选用连续运行的电动机。由于发热惯性，在短时运行时可以容许过载。工作时间越短，则允许过载越大，但电动机的过载是受到限制的。因此，通常是根据过载系数 λ 来选择短时运行电动机的功率。

所选电动机的功率大于或等于生产机械所要求的功率。

2. 种类的选择

1）无特殊调速要求时，应选用构造简单、性能优良、价格便宜、维修方便的笼型异步电动机。

2）要求起动转矩大且起动较频繁，又有一定调速要求的，可选用绕线转子异步电动机。

3. 结构形式的选择

生产机械的种类繁多，它们的工作环境也不尽相同。如果电动机在潮湿或含有酸性气体的环境中工作，则绕组的绝缘会较快受到侵蚀。如果在灰尘很多的环境中工作，则电动机很容易脏污，致使散热条件恶化。因此，生产厂家根据工作环境的特殊要求，生产出各种特殊结构形式的电动机，以保证其在不同的工作环境中能安全可靠地运行。

根据使用环境的不同，按以下原则选择电动机：

1）有爆炸性、可燃性气体的场合，应选用防爆式电动机。

2）少尘、无腐蚀性气体的场合则选用防护式电动机。

3）多尘、潮湿或有腐蚀性气体的场合要选用封闭式电动机。

4. 转速的选择

电动机的额定转速是根据生产机械的要求而选定的，形式和功率相同时，高速电动机的尺寸小，价格便宜，所以通常选用高速电动机，再另配减速器比较合适。一般选用 4 极异步电动机，即同步转速 $n_0 = 1500 r/min$。

5. 电压等级的选择

当电动机的类型和容量选定以后，电压等级也基本确定，只要与供电电压一致即可。Y系列笼型异步电动机的额定电压只有 380V 一个等级，只有中、大型异步电动机才使用3000V 和 6000V 的电压。

7.8 同步电机简介

同步电机是交流电机的一种，它的转子转速与旋转磁场转速（同步转速）相同，因此称为同步电机。同步电机可分为同步发电机、同步电动机和同步补偿机三类。三相同步电动机广泛用于驱动需要恒速运行的机械设备，而微型同步电动机在自动控制设备中有着广泛的应用。

7.8.1 三相同步发电机

1. 三相同步发电机的结构

三相同步发电机也是由定子和转子两大部分组成，按结构形式分为旋转磁极式和旋转电枢式两种。其中旋转磁极式应用广泛，只有小容量的同步发电机采用旋转电枢式。旋转磁极式同步发电机定子结构与三相异步电动机相同，也是由机座、定子铁心和绕组组成。定子铁心由硅钢片叠成，其槽中嵌入三相对称绕组。转子由转子铁心、励磁绕组等组成。直流励磁绕组电流由电刷和集电环引入励磁绕组。转子根据形状又分为两种，一种是凸极式集中绕组转子，如图 7.32a 所示；另一种是隐极式分布绕组转子，如图 7.32b 所示。

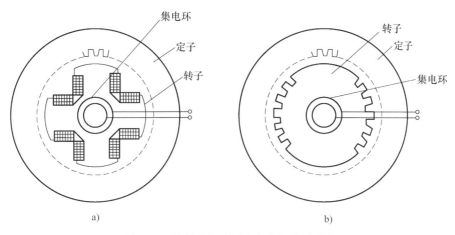

图 7.32 旋转磁极式同步发电机转子形式

凸极式集中绕组转子呈短粗的盘状，有明显的凸极，适于低速旋转，一般为立式安装，为水轮发电机所采用；隐极式分布绕组转子，呈细长的圆柱形，气隙均匀，适于高速旋转，一般为卧式安装，为汽轮发电机所采用。

2. 三相同步发电机的基本工作原理

三相同步发电机的结构如图 7.33 所示。给转子励磁绕组通以直流电，建立一恒定磁场。用原动机拖动转子旋转，形成旋转磁场。旋转磁场切割定子绕组（$D_1 - D_4$、$D_2 - D_5$、$D_3 - D_6$），三相绕组感应产生对称三相工频交流电动势为

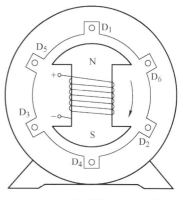

图 7.33 三相同步发电机的结构

$$\begin{cases} e_1(t) = E_m \sin\omega t \quad \text{V} \\ e_2(t) = E_m \sin(\omega t - 120°) \quad \text{V} \\ e_3(t) = E_m \sin(\omega t + 120°) \quad \text{V} \end{cases}$$

其频率为

$$f = \frac{pn}{60} \tag{7.22}$$

式中，p 为发电机磁极对数；n 为转子转速（r/min）。

3. 三相同步发电机的并联运行

同步发电机是现代电力工业的主要发电设备。而在电力系统中，常用到多台发电机的并联运行。它的优点是可以根据负载的变化来调节投入运行的机组数，提高机组的运行效率，也便于轮流检修，提高供电的可靠性，减少发电机检修和事故的备用容量。

（1）同步发电机并联运行的条件　欲并网的发电机的电压必须与电网电压的有效值相等、频率相同，相序、相位相同，波形一致。

（2）同步发电机的并网方法

1）准同步法。该法是使发电机达到并网条件后合闸并网。采用同步指示器，在调节发电机的转速、调整发电机电压的大小和相位后，（基本）满足并网条件时就可合闸。该法的优点是对电网基本没有冲击，缺点是过程复杂。

2）自同步法。发电机先不加励磁，并用一个电阻值等于 5～10 倍励磁电阻的附加电阻接成闭合回路，由原动机带动转子，转速接近同步转速就合闸，然后切除附加电阻，加上励磁电流，将同步发电机自动拉入同步。该法的优点是操作简单，并网迅速，缺点是合闸时冲击电流稍大。

7.8.2　三相同步电动机

1. 三相同步电动机的结构

三相同步电动机的定子和三相异步电动机相同，但转子是磁极。转子由转子铁心、转子绕组（亦称励磁绕组）、集电环和转轴等部件组成。转子磁极由直流励磁，直流电流经电刷和集电环流入励磁绕组，如图 7.34 所示。在磁极的极掌上装有类似笼型异步电动机转子的短路线圈，称为起动绕组。

2. 三相同步电动机的工作原理

设电动机只有一对磁极，工作原理可用图 7.35 来说明。当三相对称定子绕组接到三相对称电源后，产生定子旋转磁场，其转速为 $n_0 = 60f_1$，旋转磁场使电动机转动起来（这时转子尚未励磁，靠起动绕组产生的电磁转矩驱动）。当电动机转速接近同步转速时，转子绕组通入直流励磁电流，产生转子磁场。由于异性磁极相吸，同性磁极相斥，会使定子旋转磁场和转子旋转磁场的磁极异性相互吸引，于是电枢磁场（定子磁场）旋转时，就会拉着转子磁场同方向、等转速地一起旋转，即 $n_0 = 60f_1$，这就是同步电动机名称的由来。

3. 三相同步电动机的基本特性

当电源频率一定时，同步电动机的转速是恒定的，不随负载变化。所以，它的机械特性曲线是一条与横轴平行的直线，如图 7.36 所示。这是同步电动机的基本特性。

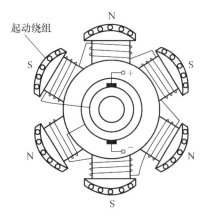

图 7.34 同步电动机的转子

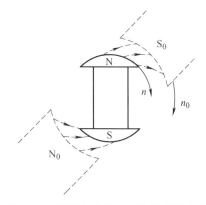

图 7.35 同步电动机的工作原理示意图

同步电动机的另一重要特性：改变励磁电流，可以改变定子相电压和相电流之间的相位差（即改变了同步电动机的功率因数），可以使同步电动机运行于感性、容性和阻性 3 种不同状态。为了提高电网的功率因数，常使同步电动机运行于容性状态。

4. 三相同步电动机的起动

同步电动机本身没有起动转矩，不能自行起动。这是因为当三相定子绕组通入电流后，所产生的旋转磁场一开始就以同步转速旋转，而起动时转子不动，励磁电流所产生的转子磁场也是固定不动的，因此两个磁场之间存在着相对运动，如图 7.37a 所示。假定当定子电流在第一个正半周时，定子旋转磁场的 S 极正好与转子磁场的 N 极相对，欲吸引转子一起旋转。由于转子具有惯性，它还来不及转动，定子电流已达到负半周，定子旋转磁场也相应地转过一个磁极位置，如图 7.37b 所示。两个磁场的 S 极相对，又要排斥转子，使转子倒转。可见，当转子还未转动时，在一个周期内所受到的电磁转矩的平均值等于零，因此，同步电动机不能自行起动。

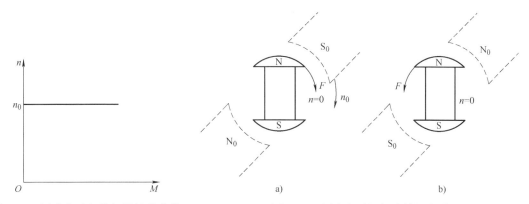

图 7.36 同步电动机的机械特性曲线

图 7.37 同步电动机起动转矩为零

通常有 3 种起动方法：辅助电动机起动法、变频起动法和异步起动法。其中，异步起动法最常用。由于转子上装有起动绕组，所以同步电动机异步起动类似于笼型异步电动机的起动，如图 7.38 所示。同步电动机在起动以后，起动绕组自动失去作用（因为转子与旋转磁场转速相同）。

5. 三相同步电动机的优缺点

与异步电动机相比，三相同步电动机最大的优点是功率因数可调，即可通过调节励磁电流实现所需的功率因数；缺点是结构复杂、需专门的励磁装置等。其常用于长期连续工作及保持转速不变的场所，如用来驱动水泵、通风机、压缩机等。

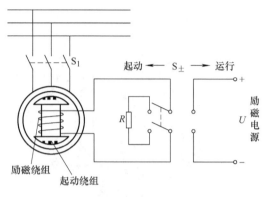

图 7.38　同步电动机异步起动电路图

7.9　单相异步电动机

采用单相交流电源供电的异步电动机称为单相异步电动机。它也是由定子（单相绕组）、转子（笼型转子）组成。

单相异步电动机

单相异步电动机广泛应用于电动工具、家用电器、医用机械和自动化控制系统中。下面介绍两种常用的单相异步电动机，它们都采用笼型转子，但定子有所不同。

7.9.1　电容分相式异步电动机

图 7.39 所示为电容分相式异步电动机电路。定子上放置有工作绕组 A 和起动绕组 B，这两个绕组在空间位置上相差 90°，转子为笼型转子。起动绕组串接电容器 C 后与工作绕组并联接入电源。在同一单相交流电源作用下，选择适当的电容器容量，使工作绕组和起动绕组的电流在相位上相差约 90°，达到分相的目的（一相分为两相）。

设两相电流为

$$i_A = I_{Am} \sin\omega t$$
$$i_B = I_{Bm} \sin(\omega t + 90°)$$

两相电流的正弦波形如图 7.40 所示。根据三相电流产生旋转磁场的原理，可以分析得到两相电流所产生的合成磁场也是在空间旋转的，如图 7.41 所示。在这旋转磁场的作用下，电动机的转子就会转动起来。

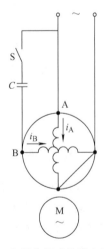

图 7.39　电容分相式异步电动机电路

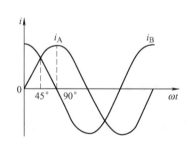

图 7.40　相位相差 90° 的两相电流波形

改变电容 C 的串联位置，可使单相异步电动机反转。电路如图 7.42 所示。

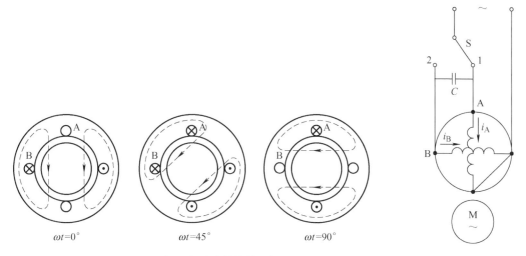

图 7.41　两相电流形成的旋转磁场

图 7.42　实现正反转的电路

7.9.2　罩极式单相异步电动机

罩极式单相异步电动机的结构如图 7.43 所示，单相绕组绕在磁极上，在磁极上约 1/3 部分套一短路铜环。

在图 7.44 所示的罩极式单相异步电动机的移动（分相）磁场中，Φ_1 是励磁电流 i 产生的磁通，Φ_2 是产生的另一部分磁通（穿过短路铜环）和短路铜环中的感应电流所产生的磁通的合成磁通。由于短路环中的感应电流阻碍穿过短路环磁通的变化，使 Φ_1 和 Φ_2 之间产生相位差，Φ_2 滞后于 Φ_1。当 Φ_1 达到最大值时，Φ_2 尚小；而当 Φ_1 减小时，Φ_2 才增大到最大值，这相当于在电动机内形成一个向被罩部分移动的磁场，它使笼型转子产生转矩而起动。

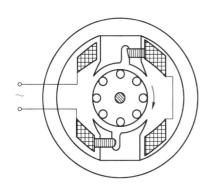

图 7.43　罩极式单相异步电动机的结构

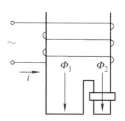

图 7.44　罩极式单相异步电动机的移动（分相）磁场

罩极式单相异步电动机结构简单、工作可靠，但起动转矩较小，常用于起动转矩要求不高的设备，如手电钻、风扇、吹风机等中。

习 题

填空题

7.1 旋转磁场的旋转方向与定子绕组三相电流的_____有关，异步电动机转动方向与旋转磁场方向_____（相同、相反）。

7.2 异步电动机对称三相绕组在空间位置上差_____（角度）。

7.3 转差率是分析异步电动机运行情况的重要参数。转子转速越接近额定转速，转差率越_____；转子转速越接近同步转速时，转差率越_____。

7.4 某台三相异步电动机，已知定子频率 $f_1 = 60\text{Hz}$，旋转磁场磁极对数 $p = 3$，转子频率 $f_2 = 5\text{Hz}$，则转差率 s = _____。

7.5 三相异步电动机，已知 $f_{1N} = 50\text{Hz}$，$n_N = 980\text{r/min}$，则额定运行时 s_N = _____，转子对定子磁场的转速为_____，转子电流频率为_____Hz。

7.6 某台三相异步电动机，已知最大电磁转矩 $M_{\max} = 900\text{N} \cdot \text{m}$，额定转矩 $M_N = 450\text{N} \cdot \text{m}$，则过载系数为_____。

7.7 三相异步电动机在正常运行时，如果转子突然被卡住而不能转动，则电动机的电流_____（增大、减小、不变）。

7.8 变转差率调速适用于_____异步电动机。

7.9 笼型三相异步电动机_____调速方法不能实现无级调速。

7.10 三相异步电动机空载起动电流_____满载起动电流。（大于、等于、小于）

选择题

7.11 三相异步电动机在运行中提高其供电频率，电动机的转速将（　　）。

A. 基本不变　　　　　　　　　　　　B. 增加

C. 降低　　　　　　　　　　　　　　D. 不确定

7.12 某三相异步电动机，其电源频率是 50Hz、额定转速为 720r/min，请问此电动机是（　　）极电动机。

A. 2　　　　　　　B. 4　　　　　　　C. 6　　　　　　　D. 8

7.13 变磁极对数调速的多速电动机的结构属于（　　）三相异步电动机。

A. 笼型　　　　　B. 绕线转子　　　　C. 罩极式　　　　D. 所有

7.14 三相异步电动机产生的电磁转矩是由于（　　）的相互作用而产生的。

A. 旋转磁场和定子电流　　　　　　B. 定子电流和转子电流

C. 旋转磁场和转子电流　　　　　　D. 旋转磁场和转子电压

7.15 有一额定频率为 60Hz 的 4 极三相异步电动机，其额定转速为 1720r/min，则其额定转差率为（　　）。

A. 4.4%　　　　　B. 4.6%　　　　　C. 5.3%　　　　　D. 5.5%

7.16 三相异步电动机的转速 n 越高，其转子电路的感应电动势（　　）。

A. 越大　　　　　B. 越小　　　　　C. 不变　　　　　D. 不能确定

7.17 运行中的三相异步电动机负载转矩从 M_1 增加到 M_2 时，电动机将稳定运行在图 7.45 所示的机械特性曲线的（　　）。

A. E 点   B. F 点

C. D 点   D. 不确定

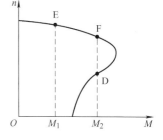

7.18 采用减压起动的三相异步电动机, 应该在 ( )
状态下起动。

A. 额定负载

B. 满载

C. 超载

D. 轻载或空载

图 7.45 题 7.17 图

7.19 三相绕线转子异步电动机的转子回路串入外接电阻后, 它的机械特性将 ( )。

A. 变得较软   B. 变得更硬   C. 保持不变   D. 不确定

7.20 三相异步电动机的转子铁损很小, 这是因为 ( )。

A. 转子铁心选用优质材料   B. 转子铁心中的磁通很小

C. 转子中磁场频率很低   D. 转子铁心导磁

综合题

7.21 两对磁极的三相异步电动机的额定功率为 30kW, 额定电压为 380V, 三角形联结, 频率为 50Hz。在额定负载下运行, 其转差率为 0.02, 效率为 90%, 线电流为 57.5A。试求: (1) 转子旋转磁场对转子的转速。(2) 额定转矩。(3) 电动机的功率因数。(4) 若电动机的 $M_{st}/M_N = 1.2$、$I_{st}/I_N = 7$, 用丫-△换接起动的起动转矩和起动电流。(5) 当负载转矩为额定转矩的 60% 和 25% 时, 电动机能否起动?

7.22 Y801 - 2 型三相异步电动机的额定数据如下: $U_N = 380V$, $I_N = 1.9A$, $P_N = 0.75kW$, $n_N = 2825r/min$, $\cos\varphi_N = 0.84$, 丫联结。试求: (1) 在额定情况下的效率 η_N 和额定转矩 M_N。(2) 若电源线电压为 220V, 该电动机应采用何种接法才能正常运转? 此时的额定线电流为多少?

7.23 一台三相异步电动机, 铭牌数据如下: △联结, $P_N = 10kW$, $U_N = 380V$, $\eta_N = 85\%$, $\cos\varphi_N = 0.83$, $I_{st}/I_N = 7$, $M_{st}/M_N = 1.6$。试求: (1) 此电动机用丫-△换接起动时的起动电流是多少? (2) 当负载转矩为额定转矩的 40% 和 70% 时, 电动机能否采用丫-△换接起动法起动。

7.24 一台三相异步电动机, 铭牌数据如下: 丫联结, $P_N = 2.2kW$, $U_N = 380V$, $n_N = 2970r/min$, $\eta_N = 82\%$, $\cos\varphi_N = 0.83$。试求: (1) 此电动机的额定相电流、线电流及额定转矩。(2) 这台电动机能否采用丫-△换接起动法来减小起动电流, 为什么?

7.25 某三相异步电动机, 铭牌数据如下: △联结, $P_N = 10kW$, $U_N = 380V$, $I_N = 19.9A$, $n_N = 1450r/min$, $\cos\varphi_N = 0.87$, $f = 50Hz$。试求: (1) 电动机的磁极对数及旋转磁场转速 n_0。(2) 电源线电压是 380V 的情况下, 能否采用丫-△换接法起动? (3) 额定负载运行时的效率 η_N。(4) 已知 $M_{st}/M_N = 1.8$, 计算直接起动时的起动转矩。

7.26 某三相异步电动机, 铭牌数据如下: △联结, $P_N = 45kW$, $U_N = 380V$, $n_N = 980r/min$, $\eta_N = 92\%$, $\cos\varphi = 0.87$, $I_{st}/I_N = 6.5$, $M_{st}/M_N = 1.8$。试求: (1) 直接起动时的起动转矩及起动电流。(2) 采用丫-△换接法起动时的起动转矩及起动电流。

7.27 一台三相异步电动机的机械特性曲线如图 7.46 所示, 其额定工作点 A 的参数为: $n_N = 1430r/min$, $M_N = 67N \cdot m$, 电源频率为 50Hz。试求: (1) 电动机的磁极对数。(2) 额定转差率。（3）额定功率。（4）过载系数。（5）起动系数 M_{st}/M_N。（6）说明该电动机能否起动 90N·m 的恒定负载。

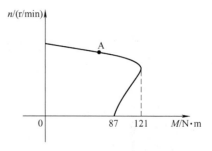

图 7.46　题 7.27 电路图

7.28　某工厂的电源容量为 560kV·A，一传送带运输机采用三相笼型异步电动机拖动，其技术数据为：40kW、△ 联结，$I_{st}/I_N = 7$，$M_{st}/M_N = 1.8$。现要求带 $0.8M_N$ 的负载起动，试问应采用什么方法起动？（直接起动、丫-△换接起动、自耦减压起动）

7.29　某工厂原有总负载为 850kW，总功率因数为 0.6（滞后），由 1600kV·A 变压器供电。现添加一台 400kW 的设备，由同步电动机拖动，其功率因数为 0.8（超前）。问是否需要加大电源容量？这时将工厂的总功率因数提高到多少？

△第8章

直流电动机与控制电机

将机械能转化为直流电能的机械称作直流发电机,将直流电能转换为机械能的机械称作直流电动机。

与三相异步电动机相比,直流电动机的结构复杂、生产成本较高、维护不便,但其调速性能好、起动转矩较大。因此,对调速性能要求较高的生产机械(如龙门刨床、镗床、轧钢机等)或需要较大起动转矩的生产机械(如起重机械、电力牵引等)往往采用直流电动机驱动。在自动控制系统中,小容量的直流电动机应用很广泛。

8.1 直流电动机的基本结构与工作原理

8.1.1 直流电动机的构造与分类

1. 直流电动机的构造

直流电动机的结构与三相异步电动机类似,也是由定子和转子两大部分构成,如图8.1所示。

(1)定子 直流电动机的定子由主磁极、换向极和机座三部分组成。

主磁极用来产生磁场,分为极心和极掌两部分。极心上放置励磁绕组,极掌的作用是使电动机气隙中磁感应强度的分布最为合适,并用来挡住励磁绕组。主磁极通常由厚0.5 ~ 1mm的低碳钢片叠成,固定在机座上,如图8.2所示。小型直流电动机中,也用永久磁铁作为磁极。

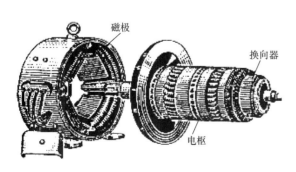

图8.1 直流电动机的结构

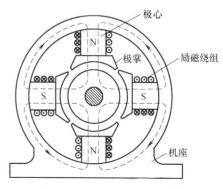

图8.2 直流电机的磁极和磁路

励磁绕组套在磁极铁心上。当通入直流励磁电流时，主磁极即产生固定的极性。改变励磁电流的方向，可以改变主磁极的极性。

（2）转子　直流电动机的转子（电枢）由电枢铁心、电枢绕组和换向器三部分组成。

电枢铁心在旋转时被交变磁化，为了减少铁心损耗，通常采用厚 $0.35 \sim 0.55\text{mm}$ 的硅钢片叠压而成。圆柱状叠片两面涂绝缘漆，使片间绝缘。其表面冲有槽，槽中放电枢绕组，如图 8.3 所示。电枢的作用是通电后受到电磁力的作用，产生电磁转矩。

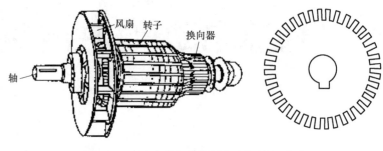

图 8.3　直流电动机的转子和电枢铁心冲片

电枢绕组由按一定规律连接的线圈组成，是直流电动机中复杂而重要的电路部分。它通过电流产生电磁转矩，在电磁转矩的推动下旋转，并产生感应电动势，从而在转子上实现机电能量转换。

换向器起整流作用。它由楔形铜片组成，彼此绝缘，如图 8.4 所示。安装于转轴上，是直流电动机的构造特征。

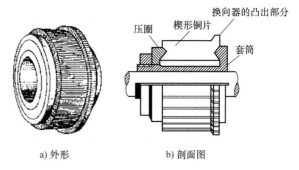

a) 外形　　　　　b) 剖面图

图 8.4　换向器结构

（3）端盖　端盖上装有轴承以支撑电动机转子旋转，端盖固定在机座的两端，使电动机构成一个整体。

（4）电刷架　电刷架装在端盖上。电刷外接直流电源，内与换向器相接触。

2. 直流电动机的分类

直流电动机分为永磁式和励磁式两种。永磁式直流电动机的磁极由永久磁铁制成；励磁式直流电动机在其磁极上缠绕励磁绕组，通入直流电流形成磁场。励磁式直流电动机有两种励磁绕组：串励绕组和并励绕组。并励绕组的导线细、匝数多；串励绕组的导线粗、匝数少。根据励磁绕组和电枢绕组的连接关系，励磁式直流电动机又可细分为：

1）他励电动机：励磁绕组与电枢绕组采用不同的直流电源供电。

2）并励电动机：励磁绕组与电枢绕组并联到同一直流电源上。

3）串励电动机：励磁绕组与电枢绕组串联到同一直流电源上。

4）复励电动机：励磁绕组与电枢绕组的连接有串有并，接在同一直流电源上。

8.1.2　直流电动机的工作原理

图 8.5 所示为直流电动机的工作原理示意图。直流电源通过电刷和换向

直流电动机的工作原理

器给电枢绕组供电。由于电刷和电源固定连接，电枢绕组按一定的规则与换向器的换向片连接，换向器和电枢绕组一起绕转轴旋转，电刷压在换向片上。所以，电枢绕组在转动时，通过换向片与上面电刷连接的电枢的电流方向始终由外向内，与接电源负极的电刷接通的电枢电流方向由内向外。电枢电流使电枢绕组在磁场中受力 F 而产生力矩。用左手定则可以判定转矩方向，通电线圈在磁场的作用下逆时针旋转。电枢绕组在磁场中旋转又将在其中产生感应电动势。用右手定则可以判定感应电动势的方向，感应电动势 E 与电枢电流 I 的方向相反。

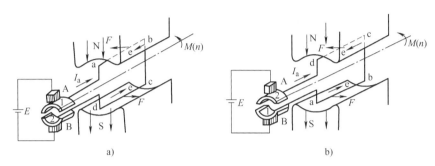

图 8.5　直流电动机的工作原理示意图

在图 8.5a 中，导体 ab 处于 N 极下，电流方向为 a→b，导体 cd 处于 S 极下，电流方向为 c→d。导体 ab、cd 在磁场中受到电磁力作用，形成电磁转矩，使线圈沿逆时针方向旋转。随着线圈的转动，ab、cd 换位，如图 8.5b 所示。

在图 8.5b 中，为保持旋转方向不变，必须将 ab、cd 中电流方向同时改变，这就是换向。换向是通过换向片、电刷完成的。

1. 直流电动机电枢绕组中的感应电动势和电压方程

根据以上分析，直流电动机在运行时，会在电枢绕组中产生感应电动势 E_a。因为 E_a 的方向与通入的电流方向相反，所以叫反电动势。E_a 与电枢绕组的转速和磁场的强度成正比，即

$$E_a = K_e \Phi n \tag{8.1}$$

式中，K_e 为电动势常数，与电动机的结构有关；n 为转速（r/min）；Φ 为磁通（Wb）；E_a 为反电动势 E_a（V）。

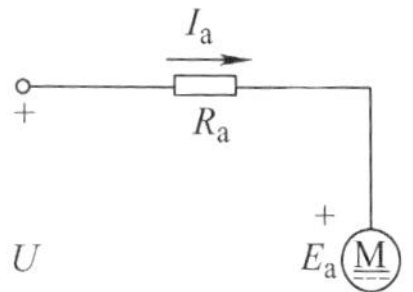

电枢绕组的等效电路如图 8.6 所示。U 为直流电源的电压，R_a 为电枢绕组的等效电阻，E_a 为电枢绕组中产生的反电动势。

用 KVL 可列出电枢绕组中的电压方程为

$$U = E_a + I_a R_a \tag{8.2}$$

图 8.6　电枢的等效电路

2. 直流电动机电枢绕组中的电磁转矩

电枢绕组中产生转矩的条件是必须有磁通和电枢电流。改变电枢电流的方向或者改变磁通的方向就可以改变电动机的转向。

电磁转矩 M 与电枢电流和磁通成正比，即

$$M = K_m \Phi I_a \tag{8.3}$$

式中，K_m 为转矩常数，与电动机的结构有关；Φ 为磁通（Wb）；I_a 为电枢电流（A）；M 为电磁转矩（N·m）。

8.2 直流电动机的机械特性

直流电动机
的机械特性

机械特性是指在电动机的端电压一定，主磁通 Φ 不变的条件下，转速与电磁转矩之间的关系。下面主要介绍并励和串励直流电动机的机械特性。

8.2.1 并励直流电动机的机械特性

并励直流电动机的励磁绕组和电枢绕组并联，如图 8.7a 所示。并励电动机的励磁电流为 $I_f = U/R_f$，其中 R_f 为励磁电路的电阻。当电源电压 U 和励磁电路的电阻 R_f（包括励磁绕组的电阻和励磁调节电阻 R_f'）保持不变时，励磁电流 I_f 以及由它产生的磁通 Φ 也保持不变，即 Φ 为常数。

根据式（8.1）~ 式（8.3）可以推导出

$$n = \frac{U}{K_e\Phi} - \frac{R_a}{K_mK_e\Phi^2}M \quad (8.4)$$

即

$$n = n_0 - \Delta n$$

其中，$n_0 = \dfrac{U}{K_e\Phi}$ 为理想空载转速（即 $M = 0$ 时的转速）；$\Delta n = \dfrac{R_a}{K_mK_e\Phi^2}M$。

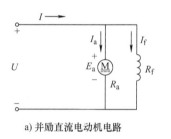
a) 并励直流电动机电路

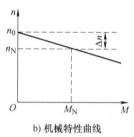
b) 机械特性曲线

图 8.7 并励电动机

根据式（8.4）可知，并励直流电动机的机械特性曲线为一条直线，如图 8.7b 所示。由该特性曲线可以直观地看出，当电磁转矩 M 增加时转速 n 下降，但由于并励电动机的电枢电阻 R_a 很小，所以在负载变化时，转速 n 的变化不大，属于硬机械特性。

【例 8.1】 已知并励电动机的额定电压 $U_N = 220\text{V}$，额定功率 $P_N = 10\text{kW}$，额定转速 $n_N = 1000\text{r/min}$，额定效率 $\eta_N = 0.8$，$R_a = 0.3\Omega$，$R_f = 150\Omega$。试求：（1）励磁电流 I_f、电枢电流 I_a 及额定电流 I_N；（2）电枢电势 E_a 及额定转矩 M_N；（3）当负载转矩为额定转矩一半时的转速 n。

【解】 （1）励磁电流为 $\quad I_f = \dfrac{U_N}{R_f} = \dfrac{220}{150}\text{A} \approx 1.47\text{A}$

由于 P_N 是输出的机械功率，而输入的电功率为

$$P_1 = \frac{P_N}{\eta_N} = \frac{10}{0.8}\text{kW} = 12.5\text{kW}$$

额定电流为 $\quad I_N = \dfrac{P_1}{U_N} = \dfrac{12.5}{220}\text{A} \approx 56.82\text{A}$

电枢电流为 $\quad I_a = I_N - I_f = (56.82 - 1.47)\text{A} = 55.35\text{A}$

（2）电枢电势为 $E_a = U - I_aR_a = (220 - 55.35 \times 0.3)\text{V} = 203.395\text{V}$

额定转矩为 $\quad M_N = 9550\dfrac{P_N}{n_N} = 9550 \times \dfrac{10}{1000}\text{N} \cdot \text{m} = 95.5\text{N} \cdot \text{m}$

（3）由电磁转矩公式可知，当磁通不变时，电枢电流与电磁转矩成正比，因此当 $M =$

$M_N/2$ 时，电枢电流为

$$I'_a = \frac{1}{2}I_a = 0.5 \times 55.35\text{A} = 27.675\text{A}$$

此时电枢电动势为

$$E'_a = U - I'_a R_a = (220 - 27.675 \times 0.3)\text{V} = 211.7\text{V}$$

又因为

$$\frac{E'_a}{E_a} = \frac{K_e \Phi n'}{K_e \Phi n_N} = \frac{n'}{n_N}$$

所以

$$n' = \frac{E'_a}{E_a}n_N = \frac{211.7}{203.395} \times 1000\text{r/min} \approx 1040\text{r/min}$$

8.2.2 串励直流电动机的机械特性

串励直流电动机的电路如图8.8所示。由于串励是将励磁绕组与电枢绕组串联接到同一直流电源上，所以串励的特点为励磁绕组的电流 I_f 和电枢绕组的电流 I_a 相同，即 $I = I_a = I_f$，故主极磁通 Φ 要随电枢电流而变化。

当磁路未饱和时，Φ 与 I_a 成正比，即

$$\Phi = K_f I_a \qquad (8.5)$$

式中，K_f 为比例常数。

则电磁转矩为

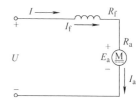

图8.8 串励直流电动机的电路

$$M = K_m \Phi I_a = K_f K_m I_a^2 = K'_m I_a^2 \qquad (8.6)$$

即 $M \propto I_a^2$。$K'_m = K_f K_m$ 为常数。

串励电动机电枢电动势为

$$E_a = K_e \Phi n = K'_e I_a n \qquad (8.7)$$

式中，$K'_e = K_e K_f$ 为常数。

串励电动机电枢回路电压方程为

$$U = E_a + I_a(R_a + R_f)$$

由以上各式可得，串励电动机的机械特性方程为

$$n = \frac{U - I_a(R_a + R_f)}{K'_e I_a} = \frac{U}{K'_e I_a} - \frac{R_a + R_f}{K'_e}$$

$$= \frac{\sqrt{K'_m}}{K'_e}U \frac{1}{\sqrt{M}} - \frac{R_a + R_f}{K'_e} = \frac{A}{\sqrt{M}} - B \qquad (8.8)$$

其中，$A = \frac{\sqrt{K'_m}}{K'_e}U$，$B = \frac{R_a + R_f}{K'_e}$，在电压一定时 A、B 均为常数。

式(8.8)表明，当磁路不饱和时，串励电动机的转速与电磁转矩的二次方根成反比。

所以，串励直流电动机的机械特性曲线如图8.9所示。该特性曲线有如下特点：

1）$M = 0$ 时，在理想情况下 $n \to \infty$。但实际上负载转矩不会为0，即不会工作在 $M = 0$ 的状态，但空载时 M 很小，n 很大，所以串励直流电动机不允许空载运行，以防转速过高。

2）随转矩的增大，n 下降得很快，这种特性属软机械特性。

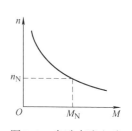

图8.9 串励直流电动机的机械特性曲线

167

3）电磁转矩 M 与电枢电流 I_a 的二次方成正比，因此起动转矩大，过载能力强。

8.3 并励（他励）电动机的调速

直流电动机
调速

在负载不变的情况下，通过人工的方法改变电动机的转速，称为速度调节（简称调速）。与交流电动机相比，直流电动机最大的优点是具有良好的调速性能，可以在大范围内实现平滑而经济的调速。由电动机转速公式

$$n = \frac{U - I_a R_a}{K_e \Phi}$$

可知，调速方法有 3 种：第一，改变电枢回路的电阻调速；第二，改变励磁磁通调速；第三，改变电源端电压调速。

8.3.1 改变电枢回路电阻调速

在电源电压及磁通为额定值的条件下，在电枢回路串入一个电阻进行调速。以并励电动机为例，其原理如图 8.10 所示。此时电枢回路总电阻为 $R_a + R_T$，机械特性方程为

$$n = \frac{U - I_a(R_a + R_T)}{K_e \Phi} = \frac{U}{K_e \Phi} - \frac{R_a + R_T}{K_e K_m \Phi^2} M \tag{8.9}$$

其相应的机械特性曲线如图 8.11 所示。

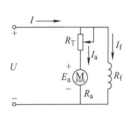

图 8.10 改变电枢回路的电阻调速电路

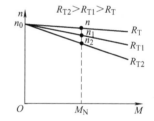

图 8.11 改变电枢回路电阻调速的机械特性曲线

改变电枢回路电阻调速的特点是：

1）R_T 的接入只能使转速在低于额定转速的范围内调节。

2）机械特性变软。当 R_T 太大时，将影响电动机的稳定性，从而使调速范围受到限制。

3）如果能均匀调节 R_T 的大小可实现无级调速。但调速时能量损耗大，调速经济性差。

4）调速方法简单，可与起动装置共用一套变阻器，设备投资少。

8.3.2 改变励磁磁通调速

在电源电压为额定值，且电枢回路不串电阻的条件下，在励磁回路中串入可调电阻进行调速。以并励电动机为例，由机械特性方程

$$n = \frac{U}{K_e \Phi} - \frac{R_a}{K_m K_e \Phi^2} M$$

可知：若 $\Phi \downarrow$，则 $n_0 \uparrow$，$\Delta n \uparrow$。机械特性曲线如图 8.12 所示。

改变励磁磁通调速的特点：

1）为了使电动机磁路不会过饱和，只能弱磁（减小磁通）调速，因此转速只能在高于额定值的范围内调节。

2）减小磁通使机械曲线上移，特性变软。

3）调速平滑，可实现无级调速。

4）因励磁回路电流小，所以调速经济，控制方便。

5）调速范围不大。对专门生产的调磁电动机，其调速范围可达 3、4 倍，例如调速范围为 530～2120r/min 及 310～1240r/min。

6）目前采用电力半导体可控整流电路进行调磁调速。

这种调速方法适用于转矩与转速约成反比而输出功率基本不变（恒功率调速）的场合，如用于切削机床中。

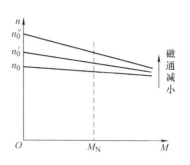

图 8.12　改变磁通调速的机械特性曲线

8.3.3　改变电源电压调速

在保持磁通为额定值，且电枢电路不串电阻的条件下，调节电源电压来进行调速。以他励电动机为例，改变电动机电源电压调速的电路图如图 8.13 所示。由机械特性方程

$$n = \frac{U}{K_e \Phi} - \frac{R_a}{K_m K_e \Phi^2} M$$

可知：U 下降，n_0 变低，Δn 不变。

机械特性曲线如图 8.14 所示，为一族平行的直线。

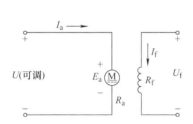

图 8.13　改变电源电压调速电路

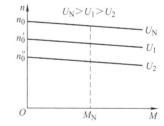

图 8.14　改变电源电压调速的机械特性曲线

改变电源电压调速的特点：

1）为了使电动机绝缘不受影响，通常只能降低电源电压，故转速只能在低于额定转速的范围内调节。

2）机械特性硬度不变，调速范围宽，调速稳定性好。

3）可均匀调节电枢电压，实现平滑的无级调速。

4）调速范围较大，可达 6～10 倍。

5）改变电压需用专用的调压电源，投资费用高。目前普遍采用可控整流电路进行变压调速。

改变电源电压调速适用于恒转矩负载的拖动（恒转矩调速），如起重设备。

【例 8.2】　有一他励电动机，已知 $U = 220\text{V}$，$I_a = 53.8\text{A}$，$n = 1500\text{r/min}$，$R_a = 0.7\Omega$。若将电枢电压降低一半，而负载转矩不变，问转速降低多少？

【解】 由 $M = K_{\mathrm{m}}\Phi I_{\mathrm{a}}$ 可知，在保持负载转矩和励磁电流不变的条件下，电流也保持不变。电压降低后的转速 n' 与原来的转速 n 之比为

$$\frac{n'}{n} = \frac{E'/(K_e\Phi)}{E/(K_e\Phi)} = \frac{E'}{E} = \frac{U' - R_a I'_a}{U - R_a I_a} = \frac{110 - 0.7 \times 53.8}{220 - 0.7 \times 53.8} \approx 0.4$$

即转速降低到原来的40%。

8.4 伺服电动机

伺服电动机

在自动控制系统中，伺服电动机作为执行元件来驱动控制对象，故又称执行电动机。其功能是将输入的电信号变换为轴的转动输出，它的转速和转向能非常灵敏和准确地随控制电信号的大小和极性而改变。

伺服电动机有交流和直流两种，下面分别进行介绍。

8.4.1 交流伺服电动机

1. 结构

交流伺服电动机是一种可控的两相异步电动机，它的定子与电容式单相异步电动机相似，装有励磁绕组和控制绕组，两相绕组在空间十字交叉（相隔90°）。

交流伺服电动机的转子有笼型和杯型两种。笼型转子与三相笼型电动机的转子结构相似，区别在于交流伺服电动的转子为了减小转动惯量而做得细长一些。杯型转子结构如图8.15所示，为了减小转动惯量，杯型转子通常是用铝合金或铜合金制成的空心薄壁圆筒。另外，为了减小磁路的磁阻，在空心杯型转子内放置固定的内定子。

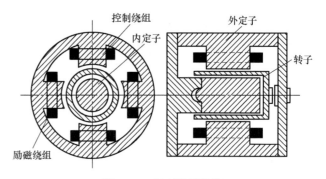

图 8.15 杯型转子结构

交流伺服电动机原理电路及相量图如图8.16所示。励磁绕组与电容 C 串联后接到交流电源上，其电压为 $\dot{U}$，励磁绕组电压为 $\dot{U}_1$。控制绕组常接在放大器的输出端，控制电压为 $\dot{U}_2$（即放大器的输出电压）。

2. 转动原理

励磁绕组串联电容 C 是为了分相而产生两相旋转磁场，即在励磁绕组和控制绕组中产生相位差约为90°的电流 $\dot{I}_1$ 和 $\dot{I}_2$。在空间相隔90°的两个绕组，分别

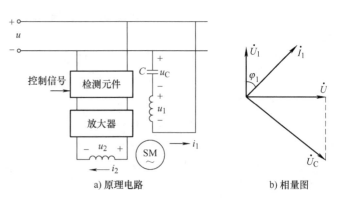

a) 原理电路　　　　　　b) 相量图

图 8.16 交流伺服电动机原理电路及相量图

通入相位相差90°的两个电流，便产生两相旋转磁场。在两相旋转磁场的作用下，转子转动起来。

当电源电压 $\dot{U}$ 为常数而信号控制电压 $\dot{U}_2$ 的大小变化时，转子的转速随之变化。控制电压大，电动机转得快，反之则转得慢。当控制电压反相时，旋转磁场和转子都反转。运行时，若控制电压变为零，则电动机立即停转。由此通过改变 $\dot{U}_2$ 的大小和相位来控制电动机的转速和转向。

交流伺服电动机的机械特性比较软，且为非线性（转子电阻较大，使 $s_m > 1$），如图 8.17 所示。U_2 为额定控制电压。可见，当负载恒定时，控制电压越高，转速也越高。

交流伺服电动机的输出功率一般为 $0.1 \sim 100\text{W}$。当电源频率为 50Hz 时，电压有 36V、100V、200V 和 380V 四种，频率为 400Hz 时，电压有 20V、26V、36V 和 115V 等。它的应用很广泛，如应用在自动控制、温度自动记录等系统中。

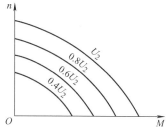

图 8.17　交流伺服电动机的机械特性曲线

8.4.2　直流伺服电动机

直流伺服电动机的结构和原理与一般直流电动机基本相同，只是为了减小转动惯量而做得细长些，而且直流伺服电动机均为他励式或永磁式。直流伺服电动机原理电路如图 8.18 所示。

直流伺服电动机通常用电枢绕组控制，即励磁绕组电压恒定，所以建立的磁通恒定，由电枢绕组输入控制信号电压来控制电动机的运转状态。

直流伺服电动机的机械特性方程与他励直流电动机相同，即

$$n = \frac{U}{K_e \Phi} - \frac{R_a}{K_e K_M \Phi^2} M \tag{8.10}$$

图 8.19 所示为直流伺服电动机的机械特性。由图可见：在一定负载转矩下，当磁通不变时，改变电枢电压的大小和方向可以控制电动机的转速和转向。如果升高电枢电压，电动机的转速就升高；反之，降低电枢电压，转速就下降。当电枢电压为零时，电动机立即停转。改变电枢电压极性，可使电动机反转。

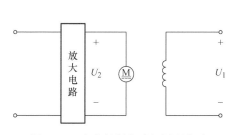

图 8.18　直流伺服电动机原理电路

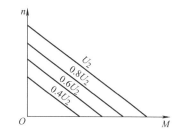

图 8.19　直流伺服电动机的机械特性曲线

与交流伺服电动机相比，直流伺服电动机的机械特性较硬，但可靠性稍差，通常用于功率稍大的系统中，输出功率一般为 $1 \sim 600\text{W}$。

8.5 步进电动机

8.5.1 步进电动机的概述

步进电动机也称脉冲电动机，是一种利用电磁铁的作用原理将电脉冲信号转换为线位移（或角位移）的执行元件，即每输入一个脉冲信号，步进电动机便转过一定角度。电动机转过的总角度与输入脉冲数成正比，故转速与脉冲频率成正比。

1. 特点

步进电动机具有结构简单、维护方便、精确度高、起动灵敏、停车准确等性能，同时控制输入脉冲的输入方式和参数，可实现连续调速，且可获得较宽的调速范围。

2. 分类

1）按工作方式的不同可分为功率式和伺服式两种：功率式——其输出转矩较大，能直接带动较大的负载；伺服式——输出转矩较小，只能直接带动较小的负载，对于大负载需通过液压放大元件来驱动。

2）按工作原理不同，可分为反应式、永磁式、永磁感应式等。功率较大的步进电动机可采用电磁式，用直流励磁系统代替永久磁铁。

3）按相数可分为单相、两相、三相、四相、五相、六相和八相等多种。增加相数能提高性能，但电动机的结构和驱动电源会更复杂，成本也会增加。

目前以反应式步进电动机应用最多。

8.5.2 基本结构与工作原理

三相反应式步进电动机结构示意图如图 8.20 所示，它由定子和转子两部分构成。定子铁心由硅钢片叠成，共有 6 个磁极，每个磁极上装有控制绕组，相对两极上的绕组串联成一组，形成 3 个独立的绕组。转子上均匀分布着 4 个齿或称 4 个极，由硅钢片或其他软磁材料制成。转子齿上不带绕组。

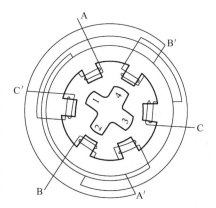

图 8.20 三相反应式步进电动机结构示意图

工作时，驱动电源将脉冲信号按一定顺序轮流加到三相绕组上。按通电顺序不同，其运行方式有三相单三拍、三相双三拍和三相单双六拍三种。下面分别讨论其基本原理。

1. 三相单三拍运行方式

设首先 A 相通电（B、C 两相不通电），产生 A – A′ 轴线方向的磁通，并通过转子形成闭合回路，即 A、A′ 极成为电磁铁的 N、S 极。在磁场的作用下，转子总是力图转到磁阻最小的位置，即转子的 1、3 齿与 A、A′ 极的位置对齐，如图 8.21a 所示。接着 B 相通电（A、C 两相不通电），转子的 2、4 齿与 B、B′ 极对齐，转子顺时针方向转过 30°，如图 8.21b 所示。随后 C 相通电（A、B 两相不通电），转子的 1、3 齿和 C′、C 极对齐，转子又顺时针转过 30°，如图 8.21c 所示。

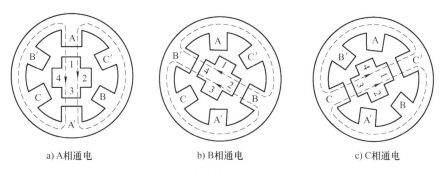

a) A相通电　　　　　　　b) B相通电　　　　　　　c) C相通电

图8.21　三相单三拍运行方式转子的位置

当脉冲信号不断到来时，若定子绕组按 A 相→B 相→C 相→A 相→⋯的顺序轮流通电，则定子磁场顺相序（顺时针）步进式地转动，电动机转子跟随旋转磁场转动起来。如果按 A 相→C 相→B 相→A 相→⋯的顺序通电，则电动机转子逆时针方向转动，即反向旋转。每输入一个脉冲，转子转过 1/3 齿距，步距角为 30°。步进电动机的转速取决于控制绕组结构与电源接通和断开的脉冲变化频率。

2. 三相双三拍运行方式

每次都是两相通电，另一相不通电，例如按 A、B 相→B、C 相→C、A 相→A、B 相→⋯的顺序通电，则称双三拍运行方式，步距角为 30°，如图 8.22 所示。A、B 相同时通电，形成合成磁场，其等效磁轴中心与 C − C′轴线重合，如图 8.22a 所示。同理 B、C 相和 C、A 相通电时其等效磁轴中心与 A − A′和 B − B′轴线重合，如图 8.22b、c 所示。如果通电顺序改为 A、C 相→C、B 相→A、B 相→A、C 相→⋯，则步进电动机反转。

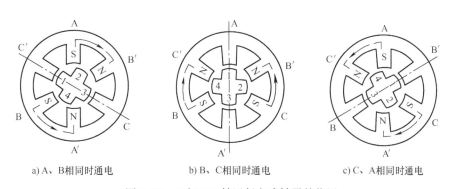

a) A、B相同时通电　　　　b) B、C相同时通电　　　　c) C、A相同时通电

图8.22　三相双三拍运行方式转子的位置

3. 三相单双六拍运行方式

如果单三拍和双三拍相间通电，即按 A 相→A、B 相→B 相→B、C 相→C 相→C、A 相→A 相→⋯顺序通电，称为三相单双六拍运行方式。此时每输入一个脉冲信号，转子转过 1/6 齿距，步距角为 15°。若通电顺序改为 A 相→C、A 相→C 相→C、B 相→B 相→B、A 相→A 相→⋯顺序通电，则步进电动机反转。

4. 各种运行方式的比较

三相单三拍运行方式的突出问题是每次只有一相绕组通电，在转换过程中，一相绕组断电，另一相绕组通电，容易发生失步；另外，单靠一相绕组通电吸引转子，稳定性不好，容易在平衡位置附近振荡，故用得较少。

三相双三拍运行方式的特点是每次都有两相绕组通电，而且在转换过程中始终有一相绕组保持通电状态，因此工作很稳定，且步距角与单三拍相同。

三相单双六拍运行方式因转换时始终有一相绕组通电，且步距角较小，故工作稳定性好，但电源较复杂，实际应用较多。

8.5.3 步距角与转速

1. 步距角（θ）

每输入一个脉冲信号步进电动机所转过的角度称为步距角，用 θ 表示。步距角不受电压波动和负载变化的影响，也不受温度、振动等环境因素的干扰。

步距角 θ 的大小由转子的齿数 Z、运行相数 m 所决定。它们之间关系可表示为

齿距
$$t = \frac{360°}{Z} \tag{8.11}$$

步距角
$$\theta = \frac{t}{m} = \frac{360°}{mZc} \tag{8.12}$$

其中，c 为状态系数，如三相单三拍或三相双三拍通电方式中 $c = 1$，三相单双六拍通电方式中 $c = 2$。步距角 θ 越小，精确度越高。

增加相数和增加转子齿数都可减小步距角，目前多用增加转子齿数的方法减小步距角。

2. 步进电动机的转速

由式（8.12）得，转子每转过一个步距角，就相当于转过了整个圆圈的 $1/mZc$ 圈。若电源的脉冲频率为 f，则转子每秒转过 f/mZc 圈，故转子每分钟的转速为 $n = 60f/mZc(\text{r/min})$。

在一定的脉冲频率下，运行拍数和齿数越多，步距角越小，则转速越低。

习　　题

填空题

8.1 直流电动机能将直流电能转换为机械能，而电枢绕组的作用是通过电流产生_____和_____实现电能与机械能的转换。

8.2 直流电动机按电枢绕组与励磁绕组的接法不同可分为_____、_____、_____和_____4 种。

8.3 他励直流电动机的励磁绕组由_____供电，因此，励磁电流的大小与电枢端电压大小无关。

8.4 运行中的他励电动机切忌_____开路，所以励磁回路不允许装开关及熔断器。

8.5 由于电动机的外加电压不允许超过_____，因此改变电枢电压调速只能在_____下进行。

8.6 直流电动机电枢回路串接电阻后，理想空载转速不变，但机械特性的硬度_____。

8.7 电磁转矩对直流电动机来说是_____转矩，而对直流发电机来说则为_____转矩，其方向与发电机的旋转方向相反。

8.8 直流电动机转速调节方法有 3 种，分别是_____调速、_____调速和改变电枢回路电阻调速。

8.9 直流电动机的两个电刷之间接直流电源，但是电枢绕组中流过的是_____电流。

8.10 并励直流电动机的机械特性较"硬"是指当负载转矩变化时，电动机转速变化_____。

选择题

8.11 在直流电动机中，电枢绕组中的电流是（ ）。

A. 交变电流　　　　B. 脉冲电流　　　　C. 恒定电流　　　　D. 不确定

8.12 并励直流电动机起动电流大，是因为电枢绕组中的反电动势为（ ）。

A. 最大　　　　B. 零　　　　C. 等于电源电压　　　　D. 不等于零的常数

8.13 他励直流电动机的电枢绕组和励磁绕组之间的连接方式为（ ）。

A. 串联　　　　B. 并联　　　　C. 互相独立　　　　D. 星形

8.14 在直流电动机中改变磁通调速，通常是（ ）。

A. 往上调速　　　　　　　　　B. 往下调速

C. 往上、往下均调速　　　　　D. 不确定

8.15 若将并励直流电动机改用工频（50Hz）交流电源供电，则该电动机（ ）。

A. 不能转动，会烧坏　　　　　B. 不能转动，但不会烧坏

C. 能转动，但不能长期工作　　D. 能正常转动

8.16 电枢电压和励磁电流均不变，当减小负载转矩时，直流电动机的转速将（ ）。

A. 上升　　　　B. 不变　　　　C. 下降　　　　D. 上升或下降

8.17 以下（ ）因素不能改变直流电动机的转向。

A. 只改变电枢电压方向　　　　　　B. 只改变励磁电流方向

C. 改变电枢电压方向或磁通的方向　D. 同时改变电枢电压方向和磁通的方向

8.18 直流电动机稳定运行时，电枢电流的大小取决于（ ）。

A. 电枢电压　　B. 电枢电流　　C. 负载转矩　　D. 励磁电流

8.19 他励直流电动机的励磁和负载转矩均不变，若电枢电压降低，则（ ）。

A. 电枢电流不变，转速降低　　　B. 电枢电流不变，转速不变

C. 电枢电流减小，转速升高　　　D. 电枢电流增大，转速降低

8.20 直流电动机在串入电阻调速过程中，若负载转矩保持不变，则（ ）保持不变。

A. 输入功率　　B. 输出功率　　C. 电磁功率　　D. 电动机的效率

综合题

8.21 有一台额定电压为 110V 的他励直流电动机，工作时的电枢电流为 25A，电枢电阻为 0.2Ω。问：当负载保持不变时，在下述两种情况下转速变化了多少？（1）电枢电压保持不变，主磁通减少 10%。（2）主磁通保持不变，电枢电压减少 10%。

8.22 有一台并励直流电动机，额定功率为 10kW、额定电压为 220V、额定电流为 53.8A、额定转速为 1500r/min、电枢电阻为 0.7Ω、励磁绕组电阻为 198Ω。设励磁电流与电动机主磁通成正比，且采用调磁调速。试求：（1）如果在励磁回路串联调磁电阻 $R_f' = 49.5\Omega$，且维持额定转矩不变，试求转速 n、电枢电流 I_a、输入功率 P_1。（2）如果 R_f' 值保持

不变，且额定电枢电流不变，试求转速 n、转矩 M、转子输出功率 P_2。

8.23 有一台并励直流电动机，额定功率为 10kW、额定电压为 220V、额定电流为 53.8A、额定转速为 1500r/min、电枢电阻为 0.3Ω、最大励磁功率为 260W。在额定负载转矩下，如果在电枢中串联 0.7Ω 的调节电阻，试求此时的转速。

8.24 有一台他励直流电动机，额定电压为 110V、额定电流为 82.2A、电枢电阻为 0.12Ω、额定励磁电流为 2.65A。试求：（1）若直接起动，起动瞬间的电流是额定电流的几倍？（2）要把起动电流限制为额定电流的 2 倍，应选多大的起动电阻？

8.25 一台并励直流电动机，额定电压为 220V、额定转速为 1000r/min、电枢电阻为 0.3Ω、额定电流为 70.1A、额定励磁电流为 1.82A。试求：（1）如果负载转矩减小为额定转矩的一半时，电动机转速为多少？（2）如果在轻载情况下，电动机转速为 1080r/min，求输入电流。

第9章

继电接触器控制系统

目前，工业生产机械以三相交流电动机拖动为主。传统上，采用按钮、继电器、接触器及断路器等控制电器组成的有触点（开关）电路来实现自动控制的系统为继电接触器控制系统。虽然由于计算机技术的发展，许多场合继电接触器控制系统已被可编程控制器所取代，但继电接触控制的基本原理仍是可编程控制器系统的基础。

本章首先介绍一些常用控制电器，接着以三相异步电动机的起停、正反转控制等为例，介绍继电接触器控制的一些基本原理，最后介绍行程控制、时间控制、速度控制等实际应用的控制电路。

9.1 常用低压电器

控制电器分为高压电器和低压电器。用于交流 50Hz（或 60Hz）、额定电压为 1000V 及以下，直流额定电压为 1500V 及以下的电路中起通断、保护、控制或调节作用的电器称为低压电器。工程上大多采用低压供电，各种设备的运行和控制也靠低压电器来实现。

9.1.1 按钮

按钮通常用于接通或断开电流较小的控制电路，以便操作接触器、继电器等动作，从而控制电流较大的电动机或其他电气设备的运行。

按钮的结构与图形符号如图 9.1 所示。在按钮未按下时，如果动触头与上面的静触头接通，则这对触头称为常闭（动断）触点；如果动触头与下面的静触头断开，则这对触头称为常开（动合）触点。当按下按钮帽时，上面的常闭触点先断开，而后下面的常开触点接通；当松开按钮帽时，动触头在复位弹簧的作用下复位，使常闭触点和常开触点都恢复原来的状态。

图 9.1b 所示按钮具有一对常开触点和一对常闭触点。有的按钮只有一对常开触点或常闭触点，也有的具有两对常开触点或常闭触点。每个按钮的常开触点和常闭触点可根据需要灵活选用。实际上，往往把多个常开触点或常闭触点组成多联按钮，以满足电动机起停、正反转或其他复杂控制的需要。

按钮触头的接触面积很小，额定电流一般不超过5A。有的按钮装有信号灯，以显示电路的工作状态，如绿色按钮表示起动，红色按钮表示停止。

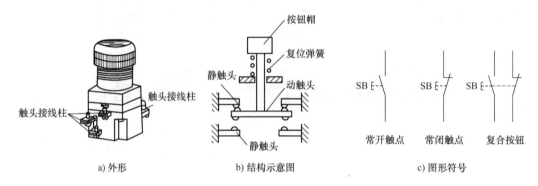

图 9.1　按钮结构与图形符号

9.1.2　转换开关

转换开关的结构如图9.2a所示。它由许多装在多层绝缘件内的动、静触片组成。动触片装在有附加手柄的绝缘转轴上，而静触片固定在外壳上。用手柄转动转轴使动触片与静触片接通或断开，可实现多条线路、不同连接方式的转换。

转换开关主要用来接通和分断电路、转换控制电路等。图9.2c所示为用转换开关实现三相电动机起停控制的接线示意图。

转换开关有单极、双极和多极三大类，通断方式有同时通断、交替通断、两位转换、三位转换、四位转换等。其额定通断电流有10A、25A、60A和100A等。转换开关的触片通流能力有限，一般在交流380V、直流220V，电流100A以下的电路中作电源开关。

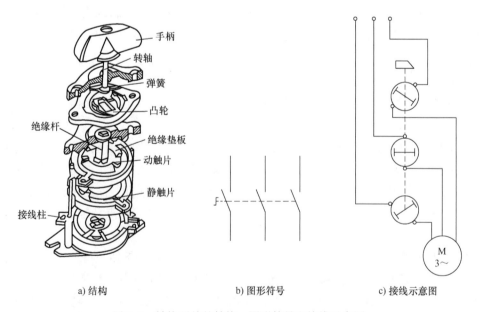

图 9.2　转换开关的结构、图形符号和接线示意图

9.1.3　熔断器

熔断器（fuse）是最简便有效的短路保护电器，串接在被保护的电路中。熔断器中的熔体是用电阻率较高的易熔合金如铅锡合金等制成；或用截面积很小的良导体如铜、银等制成。电路正常工作时，通过熔体的电流小于或等于其额定电流，熔断器的熔体不会熔化。一旦电路发生严重过载或短路，熔断器中的熔体会立即熔化，电源被自动切断，从而起到保护电气设备和电路的目的。

熔断器中的熔体熔断后可以更换，因而熔断器可多次使用。常用的熔断器有插入式、螺旋式、管式等，如图9.3所示。

插入式熔断器（RC系列）分断能力差，已逐步被淘汰。螺旋式熔断器（RL系列）的额定电流为5～200A，主要用于短路电流大的分支电路或有易燃气体的场所。管式熔断器分为无填料管式和填料管

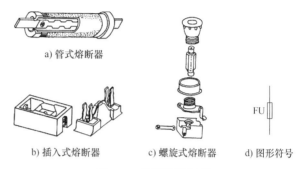

a) 管式熔断器

b) 插入式熔断器　　　　c) 螺旋式熔断器　　　　d) 图形符号

图9.3　常用的熔断器

式。无填料管式熔断器（RM系列）的额定电流为15～1000A，一般与刀开关组合使用。此外还有快速熔断器，主要用于半导体器件过电流和短路保护。

熔断器最重要的参数就是熔体的额定电流，只有准确地选择熔体的额定电流，它才能起到保护作用。否则，它不但不能起保护作用，还可能影响用电设备的正常工作。

选择熔体额定电流的方法如下：

1）电阻负载或其他无冲击电流负载，熔体的额定电流≥电路的实际工作电流。

2）防止电动机的起动电流将熔体熔断，熔体的额定电流≥电动机起动电流的2.5倍。

3）若电动机起动频繁，则熔体的额定电流≥电动机起动电流的（1.6～2）倍。

4）几台电动机合用的熔断器，熔体的额定电流=（1.5～2.5）×容量最大的电动机的额定电流+其余电动机的额定电流的和。

熔体的额定电流有4A、6A、10A、15A、20A、25A、35A、60A、80A、100A、125A、160A、200A、225A、260A、300A、350A、430A、500A和600A等多种。

9.1.4　断路器

断路器相当于刀开关、熔断器、热继电器和欠电压继电器部分或全部功能的集合，是一种既能进行手动操作，又能自动进行欠电压、失电压、过载和短路保护的常用电器，适用于交流50Hz、380V和直流440V以下低压配电网络中，如图9.4所示。

断路器与接触器

断路器工作原理如图9.4b所示。主触点通常由手动操作机构来闭合，并被锁钩锁住。正常情况下，所有脱钩器都不动作。如果电路发生故障，脱钩机构就在相关脱钩器的作用下将脱钩脱开，主触点在弹簧作用下快速分断。发生严重过载或短路故障时，与主电路串联的线圈（图9.4b中只画出一相）就会产生较强的电磁力，将衔铁吸下而顶开锁钩，使主触点

断开。在电压严重下降或断电时，欠电压脱钩器的电磁铁吸力大幅度减小，衔铁被释放，使主触点断开。

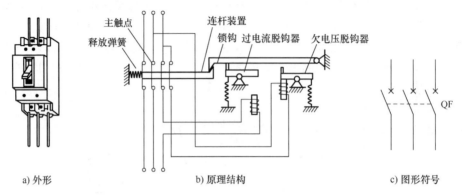

a) 外形　　　　　　　　b) 原理结构　　　　　　　　c) 图形符号

图 9.4　断路器外形、原理结构及图形符号

当故障排除后需搬动开关的手柄至合闸位置，使主触点闭合后才能重新工作。

断路器应用广泛，因为它结构紧凑、安装方便、操作安全，而且在短路发生时将三相电源同时切除，避免了电动机单相运行。另外，所有脱钩器都可重复使用，不必更换。

9.1.5　接触器

接触器是一种能通过外来信号，远距离频繁接通或断开交、直流主电路及大容量控制电路的自动控制电器。它是利用电磁吸力及弹簧弹力的配合作用，使触点闭合与断开的一种电磁式自动切换电器，通常分为交流接触器（CJ 系列）及直流接触器（CZ 系列）两大类。

接触器主要由电磁铁和触点两部分组成。交流接触器的结构如图 9.5a 所示。电磁铁的铁心分上、下两部分，下铁心是固定不动的静铁心，上铁心是可以上下移动的动铁心。电磁铁的线圈（吸引线圈）装在静铁心上。每个触点组分静触点和动触点，动触点与动铁心直接连在一起。当线圈得电时，电磁铁产生足够的吸力，动铁心带动动触点一起下移，使同一触点组中的动触点和静触点部分闭合（常开触点闭合、常闭触点断开）。当线圈失电时，电磁吸力消失，动铁心在释放弹簧的作用下脱离静铁心，触点组恢复到原始状态。

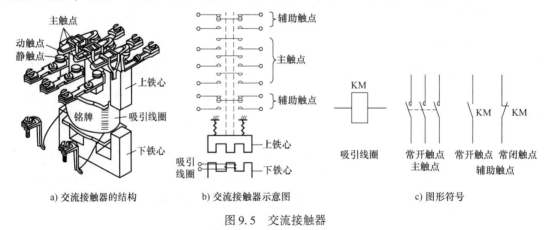

a) 交流接触器的结构　　　b) 交流接触器示意图　　　c) 图形符号

图 9.5　交流接触器

按状态不同，接触器的触点分为常开触点和常闭触点两种。

按用途不同，接触器的触点分为主触点和辅助触点两种。

主触点接触面积大，用于接通或分断较大的电流。主触点一般为三副常开触点，串接在电源和电动机之间，起到直接控制电动机起停的作用，这部分电路称为主电路。有时为了接通或分断较大的电流，在主触点上装有灭弧装置，以熄灭由于主触点断开而产生的电弧。

辅助触点接触面积小，只能通过较小的电流。辅助触点有常开触点和常闭触点，通常接在由按钮和接触器线圈组成的控制电路中，以实现相应的控制功能，这部分电路又称辅助电路。

为了减少铁损，交流接触器的铁心由硅钢片叠压而成。为消除单相脉动磁场造成的铁心颤动，在铁心端面加有短路环。而直流接触器中不存在脉动磁场，因而其铁心由整块铁磁材料制成。因为交流铁心线圈电路与直流铁心线圈电路差别很大，即使线圈额定电压相同的交流接触器和直流接触器也不能互换使用。

设计接触器的触点时已考虑到接通负载时起动电流的问题，因此选用接触器时主要应根据负载的额定电流来确定。交流接触器线圈的额定电压有：36V、110V、220V、380V，主触点电流有：5A、10A、20A、40A、75A、120A；直流接触器线圈的额定电压有：12V、24V、48V、110V、220V，主触点电流的种类也很多。

9.1.6　继电器

继电器是一种根据外界输入信号来控制电路通断的自动切换电器，广泛应用于生产过程自动控制系统及自动化设备的保护系统中。它主要用来反映各种控制信号，其触点通、断电流的能力比接触器小，通常接在控制电路中。继电器的种类很多，按反映的信号可分为电流继电器、电压继电器、功率继电器、时间继电器、热继电器、温度继电器、速度继电器、压力继电器等，按动作原理分为电磁式、感应式、电动式、电子式继电器和热继电器等。

1. 电流继电器和电压继电器

这两种继电器都属于电磁式，与接触器的结构和动作原理大致相同。继电器体积小、动作灵敏、无灭弧装置、触点的种类和数量较多。

电流继电器反映的是电流信号。当其线圈中的电流达到动作值时，电磁机构将动铁心吸合，使触点系统动作；当其线圈中的电流小于动作值时，动铁心被释放，触点系统恢复原状。电流继电器又分为欠电流继电器和过电流继电器。欠电流继电器在线圈电流低于某值时动作；过电流继电器在线圈电流大于某值时动作。

电压继电器反映的是电压信号。其线圈两端电压的大小决定其电磁机构的动作。同电流继电器相同，分为欠电压继电器和过电压继电器。

电流继电器和电压继电器在结构上的区别在于它们的线圈。电流继电器的线圈与负载串联，反映负载电流的大小，故匝数少而导线粗；电压继电器的线圈与负载并联，反映负载电压，故匝数多而导线细。

2. 中间继电器

中间继电器实质是一种电压继电器，但它的触点数量较多、容量较大，能起到中间放大作用（在触点数量和容量上），因而称为中间继电器。它可用于传递信号，并能同时控制多个支路，也可以用来控制小容量电动机或其他电气执行元件。例如，在用可编程控制器进行自动控制时，为了保护可编程控制器的输出点，正确的做法是可编程控制器控制中间继电器，再由中间继电器控制接触器或最终负载。中间继电器的结构基本与接触器相同。图 9.6 所示为中间继电器的图形符号。

选用中间继电器时，主要考虑线圈电压等级、触点（常开、常闭）数量和触点电流。

图 9.6　中间继电器的图形符号

3. 热继电器

热继电器是利用电流的热效应原理工作的保护电器，它主要用于电动机的过载保护、断相保护、电流不平衡的保护及其他电气设备发热状态的控制。

热继电器的结构及图形符号如图 9.7 所示。热继电器由发热元件和触点动作机构组成。3 个发热元件绕在 3 个双金属片上。双金属片是用不同膨胀系数的两层金属片压制而成。加热电阻丝串接在三相电动机定子电路中。当电动机发生过载后，电流超过额定电流，发热元件发出较多的热量，使双金属片受热向左（膨胀系数小的一侧）弯曲，推动导板，并带动杠杆向右压迫弹簧片变形，使动触点和静触点分开，而与螺钉接触。这就是说，动触点和静触点构成了一副常闭触点，动触点和螺钉构成一副常开触点。只要将常闭触点接在电动机控制电路中，当电动机过载时，常闭触点断开使接触器的线圈断电，主触点被释放，使电动机自动断电而停止，起到过载保护作用。

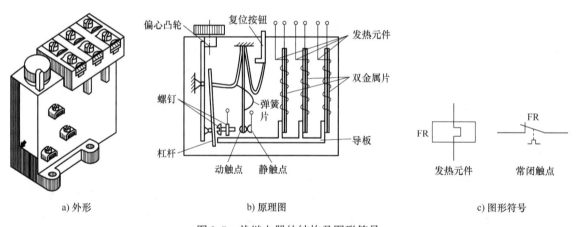

a) 外形　　　　　　　　b) 原理图　　　　　　　　c) 图形符号

图 9.7　热继电器的结构及图形符号

目前，实际应用的热继电器绝大多数都装有 3 个热元件，提高了它的灵敏度。当电源因某种原因断相时，正在运行的电动机的电流就会急剧增加，热继电器必有两个热元件发热，使触点动作，切除电动机的电源，实现三相电动机的断相保护。

热继电器的重要技术数据是整定电流。热元件中通过的电流超过整定电流的 20% 时，热继电器应在 20min 内动作。应根据整定电流选用热继电器。整定电流与电动机的额定电流基本一致。一般整定电流不是一个固定值，它可在一定的范围内调节（根据控制要求确定）。图 9.7 中的偏心凸轮就是用来调节整定电流的。

若使热继电器的常闭触点重新闭合，需要经过一段时间待双金属片冷却。有两种复位方式：自动复位和手动复位。当螺钉旋入时，弹簧片的变形受到螺钉的限制而处于弹性变形状态，只要双金属片自然冷却恢复原态，动触点会自动复位。为了避免排除故障前会再次开机，可取消自动复位而设定手动复位，在图9.7中将螺钉旋出至一定位置时，使弹簧片达到自由变形状态，则双金属片冷却后，动触点不可能自动复位。想要再次起动，必须按一下手动复位按钮，才能使其复位。

由于热惯性，热继电器不能作短路保护用，因为发生短路时，要求电源立即断开，而热继电器不能立即动作。但这个热惯性可以使电动机起动或短时过载时，热继电器不动作，可避免电动机不必要的停车。

9.1.7 剩余电流断路器

剩余电流断路器主要是用来在设备发生漏电故障以及发生有致命危险的人身触电时，当剩余电流达到其限定的动作电流值时，在限定的时间内自动断开电源进行保护。

剩余电流断路器利用系统的剩余电流反应和动作，正常运行时系统的剩余电流几乎为零，故它的动作整定值可以整定得很小（一般为 mA 级）。当发生人身触电或设备外壳带电时，系统出现较大的剩余电流，剩余电流断路器通过检测和处理这个剩余电流后可靠地动作，切断电源，如图9.8a 所示。

剩余电流断路器主要分为 3 个部分：检测元件、中间放大机构和执行机构。

检测元件的主要组成部分是反向缠绕的双线圈。中性线和相线电流分别从线圈中流过。正常情况下，线圈内中性线电流和相线电流方向是相反的，且电流大小相同，根据线圈互感原理，检测线圈中的电流为零。如果电路中发生漏电，那么电流就会泄漏一部分，此时检测线圈中的电流不为零，检测元件就会将这一信号传递给中间放大机构。

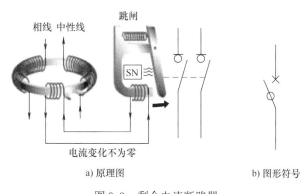

a) 原理图　　　　b) 图形符号

图 9.8　剩余电流断路器

中间放大机构包括放大器、比较器和脱扣器。一旦接收到检测元件传来的漏电信号，中间环节就会经过放大，传递信号给执行机构。

执行机构由一块电磁铁和一个杠杆组成。当中间放大机构将漏电信号放大后，电磁铁通电，产生磁力，将杠杆吸落，完成跳闸动作。

9.2 三相异步电动机直接起动控制

三相异步电动机直接起动时的起动电流为其额定电流的 4～7 倍。过大的起动电流既影响其他用电设备的正常工作，又会降低电动机的使用寿命。一般规定，10kW 以下的小型电动机可以直接起动。

图9.9 给出了小容量笼型电动机直接起动的控制电路。其中使用了组合开关 SCB、交流接触器 KM、按钮 SB、热继电器 FR 和熔断器 FU 等控制电器。

三相交流电源来自组合开关的上端，先将组合开关 SCB 合上，为电动机起动做好准备。按下起动按钮 SB_2，交流接触器 KM 的线圈得电，动铁心被吸合，同时带动 3 个主触点闭合，电动机便得电起动。松开按钮 SB_2 后，其会自动恢复原位（断开），但由于与 SB_2 并联的接触器 KM 的辅助常开触点和主触点同时闭合，接触器线圈照常通电，使接触器保持吸合状态，电动机持续运行下去。与 SB_2 并联的辅助常开触点的作用，就是避免松手后电动机停转，这种措施称为自锁。

电动机起动时使用按钮的常开触点，停止就要使用另一个按钮的常闭触点。按下停止按钮 SB_1，接触器线圈失电、吸力消失，动铁心在弹簧的作用下返回原位，主触点断开，使电动机断电停止转动。起动按钮和停止按钮必须是两个独立的按钮。

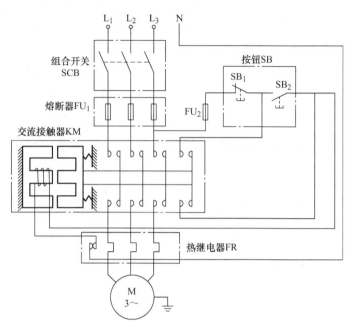

图 9.9　小容量笼型电动机直接起动的控制电路

上述控制电路还实现了短路保护、过载保护和零电压保护。

1）起短路保护作用的是熔断器 FU。根据电动机的额定电流选择相应的熔断器，一旦短路，熔体会在安全时间内熔化，保护用电设备及电源。

2）热继电器 FR 起过载保护作用。当电动机长期过载运行时，它的热元件发热弯曲程度增大，使其常闭触点断开。接触器的线圈回路（控制电路）被断开，主触点随即释放，切除电源使电动机停止工作。

3）所谓零电压（或欠电压）保护就是当电源暂时断电或电压严重下降时，控制电路能使电动机自动断电。因为这时接触器的吸合力小于弹簧的释放力，主触点必然断开。当电源恢复正常时，如不重新按下起动按钮，则电动机不会自行起动，因为自锁触点已经断开。

9.2.1　电气控制原理图的画法

图 9.9 中各个电器都是按照其实际位置画出的，属于同一电器的各部件都集中在一起，这种图称为控制电路的结构图。这种图看起来比较直观，也便于安装和维修。但当电路比较复杂、控制电器较多时，电路因交叉太多而不易看清，因为同一电器的不同部件在机械上虽然连在一起，但在电路上并不一定互相关联。为了读图、分析研究和设计电路的方便，控制电路常根据其作用原理画出。这样的图称为电气控制原理图。

绘制电气控制原理图应遵守以下原则：

1）控制电路中各电器或电器的各部件，必须用其图形符号和基本文字符号来表示。电器符号必须使用规定的符号。常用电器的图形符号见表 9.1，常用电器的基本文字符号见表 9.2。

表 9.1 常用电器的图形符号

名称	符号	名称	符号	名称	符号
三相笼型异步电动机		熔断器		行程开关 常开触点	
		热继电器 发热元件		行程开关 常闭触点	
刀开关					
		热继电器 常闭触点		线圈	
断路器				瞬时动作常开触点	
		交流接触器 线圈		瞬时动作常闭触点	
按钮 常开		交流接触器 常开主触点		时间继电器 延时闭合常开触点	
按钮 常闭		交流接触器 常开辅助触点		延时闭合常闭触点	
				延时断开常开触点	
按钮 复合		交流接触器 常闭辅助触点		延时断开常闭触点	

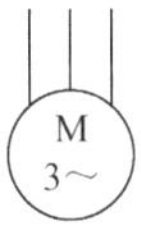

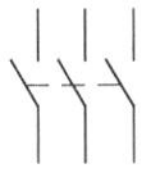

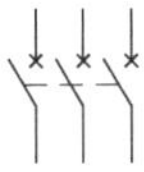

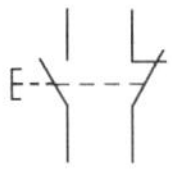

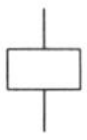

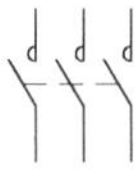

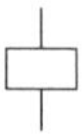

表 9.2 常用电器的基本文字符号

设备、装置和元器件种类	基本文字符号		设备、装置和元器件种类		基本文字符号	
	单字母	双字母			单字母	双字母
电阻器	R		控制、信号电路的开关器件	控制开关		SA
电容器	C			按钮	S	SB
电感器	L			行程开关		ST
变压器	T		保护器件	熔断器	F	FU
电动机	M			热继电器		FR
发电机	G		接触器继电器	接触器	K	KM
电力电路开关器件	Q			时间继电器		KT

2）绘图时应把主电路与控制电路分开。主电路放在左侧，控制电路放在右侧。主电路是指给电动机供电的电路，它以传递能量为主。控制电路是指由接触器线圈、辅助触点、继电器、按钮及其他控制电器组成的电路，它用来完成信号传递及逻辑控制，并按一定程序来控制主电路工作。

3）在电气控制原理图中，同一个电器的不同部分（无电路关联）要分开画。例如接触器的线圈与触点不能画在一起，而是从电气联系的角度出发，分散画出。同一电路中各部件都要用各自的图形符号代替。但是，同一电器的不同部件必须用同一个文字符号来标明。

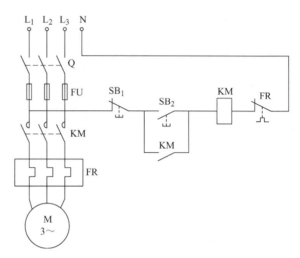

4）几乎所有电器都有两种状态，而原理图中只能画一种，因此规定：电气控制原理图中各个电器都要用其常态画出。常态即动作发生之前的状态。

根据上述原则，将图 9.9 中的控制电路（结构图）画成图 9.10 所示的电气控制原理图。

图 9.10　笼型电动机直接起动的电气控制原理图

主电路：三相电源→Q→FU→KM（主触点）→FR（热元件）→M（电动机）

控制电路：

9.2.2　点动与长动（连续）控制电路

点动与长动控制

在图 9.10 所示的控制电路中，按下起动按钮 SB_2，接触器 KM 得电吸合，电动机转动。由于自锁触点 KM 的作用，松手后虽然 SB_2 断开，但电动机仍然能连续地转动，这就是电动机的长动控制。

若 KM 的辅助常开触点不与起动按钮 SB_2 并联，按下 SB_2，接触器 KM 主触点闭合，电动机转动；松开 SB_2，接触器 KM 线圈失电，电动机停止。每按一次 SB_2，电动机转动一下。这就是电动机的点动控制。在生产中，很多场合需要点动操作，如起重机吊重物、机床对刀调整等。

一台设备可能有时需要点动，有时又需要长动，这在控制上是矛盾的。图 9.10 中，SB_2 并联自锁触点只能长动不能点动，不并联自锁触点就只能点动不能长动。在图 9.10 中做适当的改进，就能实现既能点动又能长动的控制电路，如图 9.11 所示。

在图9.11中，接触器 KM 的常开辅助触点与复合按钮 SB_3 的常闭触点串联后再与 SB_2 并联。因此，SB_2 是长动起动按钮。因为按下 SB_2，线圈 KM 得电，主触点和辅助触点吸合，电动机得电转动；松开 SB_2，电流经 KM 辅助常开触点和 SB_3 常闭触点流过线圈，电动机照常运转。由于 SB_3 的常闭触点与自锁触点串联，按下 SB_3，常闭触点先断开，常开触点后闭合，消除了自锁作用。因此，SB_3 是点动控制按钮。

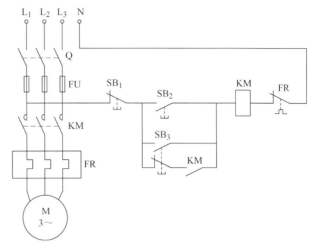

图 9.11 点动与长动控制电路

9.3 三相异步电动机正反转控制

异步电动机
正反转控制

在生产上往往要求电动机能正反向转动，因为机床工作台的前进与后退、主轴的正转与反转、起重机的升降等都要求正反两个方向的运动。根据三相异步电动机的转动原理可知：只要将任意两根电源线对调，就能使电动机反转。因为两线对调改变了定子绕组电流的相序，从而改变了旋转磁场的转向。

9.3.1 正反转控制电路

在工作中电动机正反转要反复切换，因而要用两个接触器 KM_F 和 KM_R 交替工作，一个使电动机正转，另一个使电动机反转。从图 9.12 中可知，若两个接触器同时得电工作，电源将经过它们的主触点短路，这就要求控制电路保证同一时间内只允许一个接触器通电吸合。

在图 9.12 的控制电路中，正转接触器 KM_F 的一个常闭辅助触点串接在反转接触器 KM_R 的线圈回路中；而反转接触器 KM_R 的一个常闭辅助触点串接在正转接触器 KM_F 的线圈回路中。当按下正转起动按钮 SB_F 时，正转接触器 KM_F 线圈得

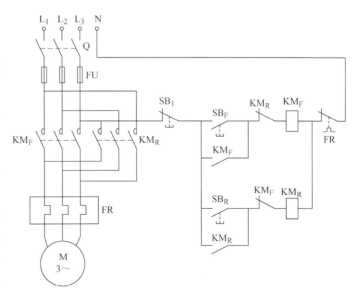

图 9.12 三相异步电动机正反转控制电路

电，主触点闭合，电动机正转。与此同时，其常闭触点 KM_F 断开反转接触器 KM_R 的线圈回路。这样，即使误按反转起动按钮 SB_R，反转接触器 KM_R 也不会得电，反之也如此。这两个交叉串联的辅助常闭触点起互锁作用，保证两个接触器不能同时得电。

9.3.2 立即反转控制电路

上述正反转控制电路的缺点是：在运行中要想反转，必须先按停止按钮 SB_1，使互锁触点复位（闭合）后，才能按反转起动按钮使其反转。否则，按反转起动按钮 SB_R 也不能反转，因为其线圈回路被互锁触点断开。

生产中有时要求电动机在运行中能够立即反转，因而设计出图 9.13 所示的改进的正反转控制电路。这里两个起动按钮 SB_F 和 SB_R 的（联动）常闭触点交叉地串在 KM_R 和 KM_F 的线圈回路中。在电动机正转运行时，按下反转起动按钮 SB_R，它的常闭触点先断开正转接触器 KM_F 的线圈回路，使正转停止（在惯性作用下继续正转）。与此同时，SB_R 常开触点闭合，使反转接触器得电吸合。给电动机加上反相序的电源，使电动机快速制动，并立即反转。如果在

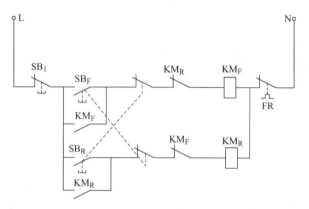

图 9.13 改进的正反转控制电路

反转运行时，要求立即正转，只要按下按钮 SB_F 即可，原理相同。

9.4 行程控制

9.4.1 行程开关

行程控制就是当运动部件到达一定行程位置时，对其运动状态进行控制。反映其行程位置的检测元件，称为行程开关。行程开关也称为位置开关，它能将机械位移变为电信号，以实现对机械运动的限位控制。

行程开关种类很多，既有机械式，也有电子式。图 9.14a 所示为推杆式行程开关的结构图。它有一对常闭触点和一对常开触点。当推杆没被撞压时，两对触点处于原始状态。当运动部件压下推杆时，常闭触点断开、常开触点闭合。当运动部件离开后，在弹簧作用下复位。工作原理基本与按钮

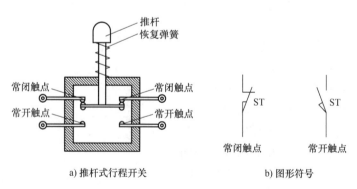

a) 推杆式行程开关　　　b) 图形符号

图 9.14 行程开关结构及图形符号

相同，区别是按钮为用手按动，而它为运动部件压动。

9.4.2 限位控制

在生产中，机械设备的各运动机构或部件，应在其安全行程内运动。若超出安全行程，就可能发生事故。为防止这类事故发生，利用行程开关进行限位控制。当运动机械或部件超出其行程范围，就会撞到限位行程开关，使其常闭触点断开，切断电动机电源，运动停止。起到了限位保护作用。

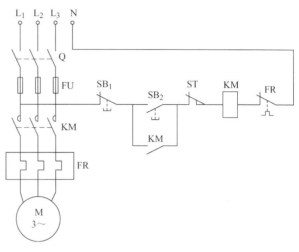

图 9.15 限位控制电路

应用行程开关进行限位控制的电路如图 9.15 所示。当生产机械运动到位后，将行程开关 ST 的常闭触点推开，接触器 KM 线圈断电，于是主电路断路，电动机停止运行。

9.4.3 自动往复控制

在机械加工中，有时要求工作台（或其他运动部件）实现自动往复运动，如刨床和磨床的工作台等。这就要求控制电路完成自动正反转切换控制。因这种自动往复运动是在一定行程内进行，所以要用行程开关完成控制。

图 9.16a 所示为工作台运动循环示意图。图 9.16b 所示为利用行程开关控制工作台自动往复的控制电路。这个控制电路是在图 9.12 正反转控制电路的基础上，加入了行程开关。其主电路与图 9.12 中主电路相同。

当按下 SB_F 时，KM_F 线圈通电，电动机正转带动工作台前进。运动到预定位置时，工作台上的左挡铁 L 压下安装于床身的行程开关 ST_1，行程开关 ST_1 的常闭触点先断开，使 KM_F 线圈断电，正转停止。接着 ST_1 的常开触点闭合，KM_R 线圈通电，电动机电源换相反转，使工作台后退，行程开关 ST_1 复位，为下一次循环做准备。当工作台后退到

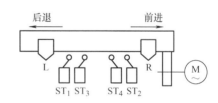

a) 工作台运动循环示意图

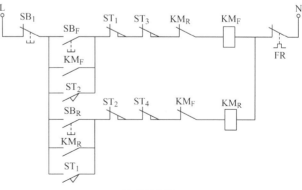

b) 控制电路

图 9.16 工作台自动往复控制电路

预定位置时，右挡铁 R 压下 ST$_2$，KM$_R$ 线圈断电，接着 KM$_F$ 线圈通电，电动机又正转……如此自动往返，实现了工作台的自动往复运动。

加工结束，按下停止按钮 SB$_1$，电动机断电停转。若要改变工作台行程，可调整挡铁 L 和 R 之间的距离。图 9.16 中 ST$_3$ 和 ST$_4$ 是作为极限位置限位保护而设置的，目的是防止当 ST$_1$ 或 ST$_2$ 失灵时造成工作台超越极限位置出轨。车间里的桥式起重机，其大车的左右运行，小车的前后运行和吊钩的提升都必须有限位保护。

9.5 时间控制

时间控制

在工业生产中，有些过程控制不但有顺序要求，而且有延时要求。如三相异步电动机的 丫-△ 换接起动。先将电动机接成 丫 起动，经过一定时间待转速接近额定值时，再换接成 △ 运行。延时时间的长短，用时间继电器来控制。

9.5.1 时间继电器

时间继电器是用来反映时间间隔的自动控制电器。从工作原理上，时间继电器可分为电磁式、空气阻尼式、电子式和钟摆式，从控制方式上又分为通电延时和断电延时两类。这里仅介绍空气阻尼式和电子式时间继电器。

1. 通电延时空气阻尼式时间继电器

图 9.17a 所示为通电延时空气阻尼式时间继电器的工作原理示意图。它是利用空气阻尼作用实现延时控制的。当电磁铁线圈 1 通电后，将动铁心 2 吸下，使动铁心与活塞杆 4 分开。在释放弹簧 5 的作用下，活塞杆向下移动。在伞形活塞 6 的表面固定有一层橡皮膜 7，它将气室分成上、下两部分。当活塞向下移动时，使上半气室空气稀薄压力减小，活塞受到下面空气的压力，不能迅速下移。随着空气从进气孔 9 进入，活塞逐渐下移。当移动到最后

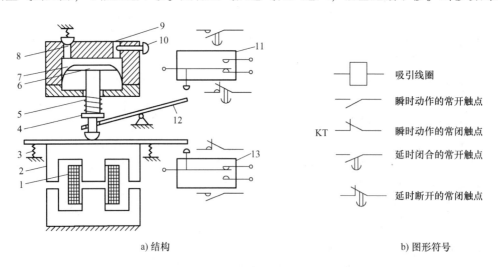

a) 结构   b) 图形符号

图 9.17 通电延时空气阻尼式时间继电器

1—电磁铁线圈 2—动铁心 3、5—释放弹簧 4—活塞杆 6—伞形活塞

7—橡皮膜 8、9—气孔 10—螺钉 11、13—微动开关 12—杠杆

位置时，杠杆 12 使微动开关 11 动作。延时时间为自电磁铁线圈通电到微动开关动作的时间间隔。通过螺钉 10 可调节进气孔的大小，从而调节延时时间。

电磁线圈断电后，在释放弹簧 3 的作用下使动铁心恢复原位。动铁心推动活塞杆使活塞迅速上移，将上半气室内的空气从出气孔 8 迅速排出。

从图 9.17 看出，这种通电延时的时间继电器有两个延时触点：延时断开的常闭触点和延时闭合的常开触点，此外还有两个瞬时动作触点：瞬时动作的常开触点和瞬时动作的常闭触点（与动铁心一起动作的微动开关 13）。

2. 断电延时空气阻尼式时间继电器

断电延时空气阻尼式时间继电器与通电延时空气阻尼式时间继电器基本相同，只是把铁心倒装过来，如图 9.18 所示。电磁铁线圈通电，动铁心被吸合，动铁心推动活塞杆迅速上移，两个微动开关瞬时动作，常闭触点断开、常开触点闭合。当线圈失电时，动铁心在弹簧作用下迅速复位。这样，动铁心与活塞杆分离。但由于空气（室）的阻尼作用，活塞不能迅速下移，只能缓慢下移。当移动到一定位置时，杠杆使微动开关（上）复位。从电磁铁线圈失电到微动开关（上）复位的时间就是继电器的延时时间。微动开关（上）的触点为延时动作触点，微动开关（下）的触点为瞬时动作触点。断电延时空气阻尼式时间继电器有延时断开的常开触点和延时闭合的常闭触点、瞬时动作的常开触点和瞬时动作的常闭触点。

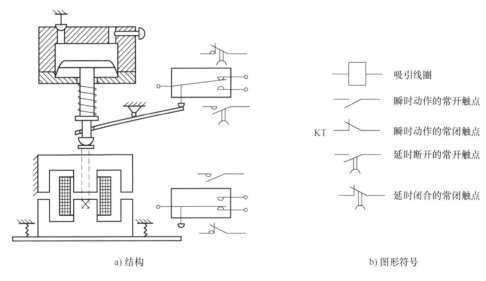

a) 结构　　　　　　　　　　　　　　　b) 图形符号

图 9.18　断电延时的空气阻尼式时间继电器

3. 电子式时间继电器

目前最常用的时间继电器为电子式时间继电器，它利用阻容充放电原理来实现延时。电子式时间继电器的定时精度及可靠性比空气阻尼式时间继电器要好得多。随着单片机的普及，目前各厂商相继采用单片机作为时间继电器的核心器件，而且产品的可控性及定时精度完全可以由软件来调整。

电子式时间继电器又分为晶体管式时间继电器和数字式时间继电器。

晶体管式时间继电器具有体积小、重量轻、延时精度高、延时范围广、抗干扰性能强、可靠性高、寿命长等特点。

晶体管式时间继电器分为通电延时型、断电延时型和带瞬动触点的通电延时型。它们均是利用 RC 电路充放电原理形成延时。图 9.19 所示为一种单结晶体管构成的通电延时时间继电器的原理电路。

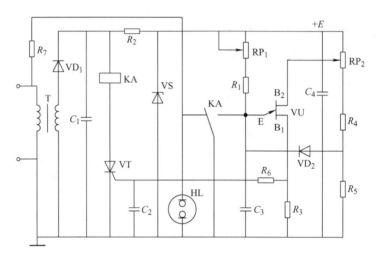

图 9.19　单结晶体管构成的通电延时时间继电器的原理电路

当电源接通后，经二极管 VD_1 整流，电容 C_1 滤波及稳压器（R_2 和 VS）稳压后，输出直流电压。稳定的直流电压经 RP_1 和电阻 R_1 向 C_3 充电。当充电电压大于单结晶体管 VU 的峰值电压时，VU 导通。R_3 上输出脉冲使晶闸管 VT 导通，继电器线圈 KA 得电动作，达到了通电延时的目的。电位器 RP_1 用来调节延时时间，电位器 RP_2 用来调节单结晶体管 VU 的峰值电压的大小。

数字式时间继电器用软件（数字）技术产生延时。相较晶体管式时间继电器，其延时范围更大，精度更高，适用于各种要求高精度、高可靠性自动化控制的场合作延时控制用。这类时间继电器功能强，有通电延时、断电延时、定时吸合等十几种延时范围供用户选择。

9.5.2　三相异步电动机丫-△换接起动控制电路

对于容量较大的三相异步电动机，一般采用丫-△换接减压起动。图 9.20 所示为笼型三相异步电动机丫-△换接起动控制电路。这里采用图 9.17 所示的通电延时空气阻尼式时间继电器 KT。KM_1、KM_2、KM_3 是 3 个交流接触器。起动时，KM_1 和 KM_3 工作，使电动机丫联结起动；运行时，KM_1 和 KM_2 工作，使电动机△联结运行。电路的动作次序如图 9.21 所示。

本控制电路的特点是在接触器 KM_1 断开的情况下进行丫-△换接，这样可以避免由丫-△切换可能造成的电源短路。同时接触器 KM_3 的常开触点在无电时断开，不产生电弧，可延长使用寿命。

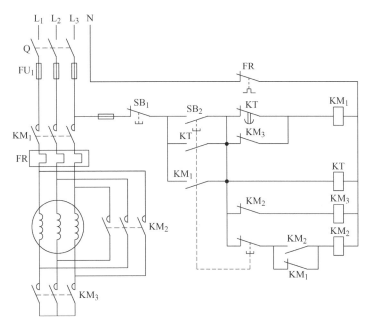

图 9.20 笼型三相异步电动机丫-△换接起动控制电路

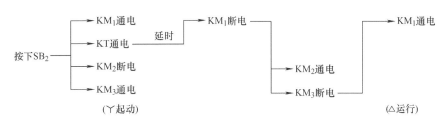

图 9.21 电路的动作次序

*9.6 速度控制

在机械设备电气控制系统中，有时也需要根据电动机或主轴转速的变化来自动转换控制动作。例如在电动机反接制动电路中，为避免电动机制动后反向转动，要根据电动机的转速来自动切除电源。用来反映转速快慢的控制电器，称为速度继电器。

9.6.1 速度继电器

速度继电器的结构示意图如图 9.22 所示。速度继电器由转子、定子及触点 3 部分组成。图 9.22 中的永久磁铁就是转子，它与电动机（或机械）转轴相连接，并随之转动。在内圈装有笼型绕组的外环就是定子，它能绕转轴转动。当永久磁铁随转轴转动时，在空间产生一个旋转磁场，在定子绕组中必然产生感应电流。定子因受磁力作用，朝转子转动的方向转动一个角度。当速度达到一定值时，定子带动顶块使触点动作。触点接在控制电路中，使控制电路改变控制状态。

随电动机的转动，外环可左转也可右转。顶块两侧各装有常开触点和常闭触点。一般情况下，当轴上转速高于 100r/min 时，触点动作，而低于 100r/min 时，触点恢复原状。

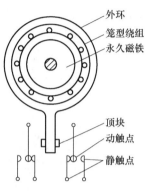

图 9.22　速度继电器的结构示意图

实际上，触点动作所需的转轴速度可以人为调整。因为外环的转动角度不仅与转速有关，而且还与外环的质量以及外环所受的阻力有关。外环越重，受的阻力越大，使其转动同样角度所需转速越高。一般通过改变加在动触点上的压力来调整速度继电器的整定速度。加在动触点上的力越大，使其动作所需的力就越大。只有提高旋转磁场的转速，外环才能有足够的力量使触点动作。

9.6.2　三相异步电动机反接制动控制电路

为了使电动机迅速停止，可采用图 9.23 所示的笼型电动机反接制动控制电路。电动机正常工作时，接触器 KM_1 通电，其常闭触点断开、常开触点闭合。同时，速度继电器 KS 的常开触点闭合，为制动做好准备。

按下反接制动按钮 SB_1，对电动机实施反接制动。控制电路动作顺序如下：

按下 $SB_1 \rightarrow KM_1$ 断电 →

KM_2 通电 $\xrightarrow{制动}$ KS 触点复位

$(n \approx 0) \rightarrow KM_2$ 断电 → 制动结束

由于反接制动时旋转磁场与电动机转子的相对转速 $n_0 + n$ 较大，制动电流很大。为减小制动

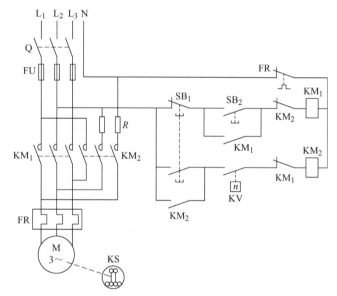

图 9.23　笼型电动机反接制动控制电路

电流和冲击力，一般在 10kW 以上的电动机定子电路中串入制动电阻 R。

习　题

填空题

9.1　按钮是手动操作电器，通常用于接通或断开电流较小的控制电路，以操作接触器、继电器等。按钮虽小，作用很大，发射火箭、导弹必须用按钮。请写出图 9.24 按钮图形符号的名称和作用：_____、

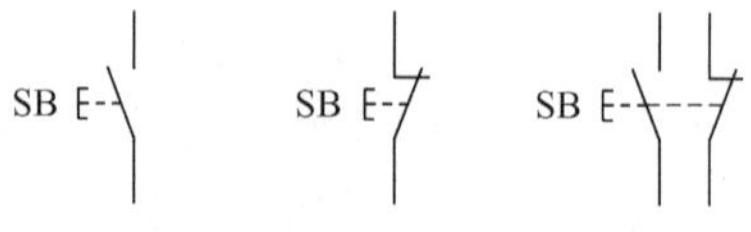

_____、_____。

图 9.24　题 9.1 图

9.2　断路器相当于刀开关、熔断器、热继电器和欠电压继电器部分或全部功能的集合，

是一种既能进行手动操作，又能自动进行欠电压、失电压、过载和短路保护的常用电器。那么当电动机过载时，它是通过什么物理过程使主触点断开的？＿＿＿＿＿＿＿＿＿＿＿＿。

9.3 接触器是一种能通过外来信号，远距离频繁接通或断开交、直流主电路的自动控制电器。根据工作电压可分为直流接触器和交流接触器。如果工作线圈电压和等效电阻都相同，交流接触器和直流接触器能不能互换使用，为什么？＿＿＿＿＿＿＿＿＿＿＿＿。

9.4 交流接触器图形符号如图9.25所示。请写出各自的名称和作用：＿＿＿＿＿＿、＿＿＿＿＿＿、＿＿＿＿＿＿、＿＿＿＿＿＿。

9.5 继电器是根据输入信号来控制电路通断的自动切换电器，它主要用来反映各种控制信号，通常接在控制电路中。按反映的信号分为电流继电器、电压继电器、时间继电器、热继电器等。继电器的优点是：＿＿＿＿＿＿＿＿＿＿＿＿。

9.6 热继电器在继电接触器控制系统主电路中，对三相异步电动机起＿＿＿＿＿＿作用。它的作用原理是＿＿＿＿＿＿＿＿＿＿＿＿。

9.7 行程开关是检测运动部件到达一定行程位置的自动控制电器，主要用于将机械位移变为电信号，以实现对机械运动的限位控制。在具有限位保护的自动往复控制电路中，需要＿＿＿＿＿＿个行程开关。

9.8 时间继电器是用来反映时间间隔的自动控制电器。从工作原理上，时间继电器可分为电磁式、空气阻尼式、电子式和钟摆式，从控制方式上分为＿＿＿＿＿＿两类。图9.26所示触点图形符号的名称是＿＿＿＿＿＿、＿＿＿＿＿＿、＿＿＿＿＿＿。

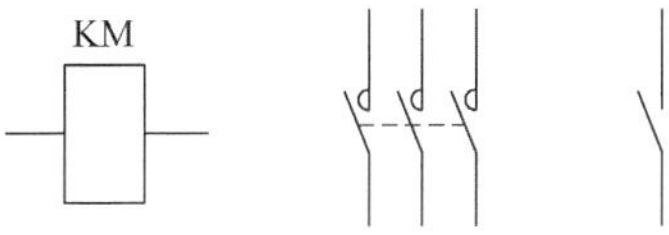

图9.25 题9.4图 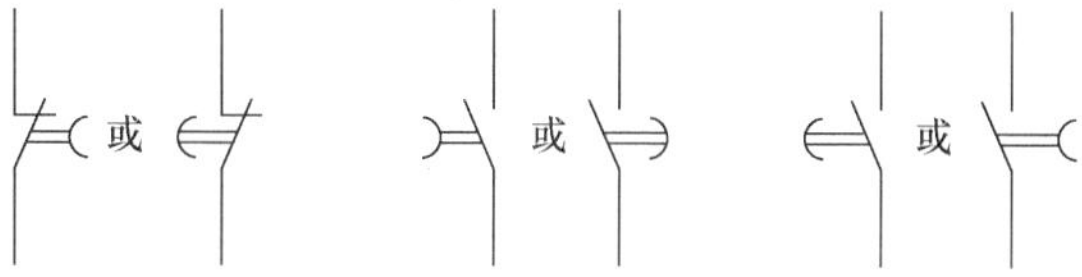   图9.26 题9.8图

9.9 在三相异步电动机正反转控制电路中，为了保证电路安全有效运行，采取了欠电压保护、过载保护、短路保护等措施。为了保证电动机正反转换接时不会误操作，还应当采取怎样的保护措施＿＿＿＿＿＿＿＿＿＿＿＿。

选择题

9.10 交流接触器的工作原理实质是一个电磁铁，衔铁带动主触点和辅助触点动作。那么常闭的辅助触点一般在控制电路中的作用是（   ）。

A. 自锁   B. 互锁   C. 欠电压保护   D. 保护线圈

9.11 三相交流电动机正反转控制电路中，一般对主电路进行保护的电器是（   ）。

A. 断路器   B. 热继电器   C. 电压继电器   D. A和B都是

9.12 要求在两处可以停车的控制电路中，一定有两个安装在两处的停止按钮，两个停止按钮的电气关系是（   ）。

A. 并联   B. 串联   C. 串联或并联均可   D. 既串联又并联

9.13 短路器对主电路的主要保护功能为（   ）。

A. 过电流保护   B. 欠电压保护   C. 短路保护   D. 上述三项

9.14　在电动机正反转控制电路中，熔断器保护作用是（　　）。

A. 短路保护　　　　B. 欠电压保护　　　　C. 过电流保护　　　　D. 上述三项

9.15　在电动机正反转控制电路中，采取的保护措施有（　　）。

A. 短路保护　　　　B. 欠电压保护　　　　C. 过电流保护　　　　D. 上述三项

9.16　在三相异步电动机丫-△起动控制电路中，电动机正常运行时的接法是（　　）。

A. 丫接法　　　　B. △接法　　　　C. 先丫后△　　　　D. 都不正确

9.17　在工作台自动往复运行的控制电路中，熔断器和热继电器对三相异步电动机不能起到的保护作用是（　　）。

A. 欠电压保护　　　　B. 过载保护　　　　C. 过电流保护　　　　D. 短路保护

9.18　在三相异步电动机正反转控制电路（图9.12）中的常闭触点 KM_F 和 KM_R 的作用是（　　）。

A. 自锁　　　　　　　　　　　　B. 使接触器同时动作

C. 防止接触器同时动作　　　　　　D. 能灵活控制

9.19　在三相异步电动机反接制动控制电路中，在制动过程中避免电动机反向转动的自动控制电器是（　　）。

A. 行程开关　　　　B. 交流接触器　　　　C. 时间继电器　　　　D. 速度继电器

分析设计题

9.20　三相异步电动机点动控制电路不能长动，长动控制电路不能点动。如何改进控制电路，既可以实现长动又能实现点动，请画出控制电路图（不必画主电路）。

9.21　指出图9.27所示电路异步电动机4个起-停控制电路的接线错误之处。

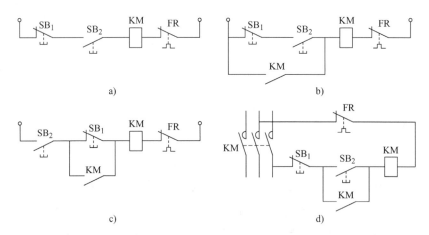

图9.27　题9.21图

9.22　根据图9.10做实验时，将 Q 合上后按下起动按钮 SB_2，发现有下列现象，试分析和处理故障：(1) 接触器 KM 不动作。(2) 接触器 KM 动作，但电动机不转动。(3) 电动机转动，但一松手电动机就不转。(4) 接触器动作，但吸合不上。(5) 接触器触点有明显颤动，噪声较大。(6) 接触器线圈冒烟甚至烧坏。(7) 电动机不转或者转得极慢，并有"嗡嗡"声。

9.23　试指出如图9.28所示的电动机正反转控制电路中的错误，并改正。

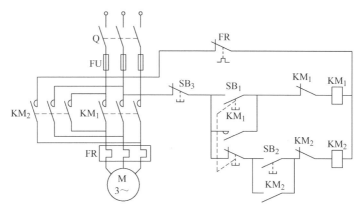

图9.28　题9.23图

9.24　设计一个送料小车控制电路，要求小车在送料到达目的地后自动停车，停车10s后自动返回出发位置，到达出发位置后自动停车。

9.25　设计实现两个电动机的运行控制电路，要求：起动时，电动机M_1先起动，电动机M_2才能起动；停止时，电动机M_2先停止，电动机M_1才能停止，且电动机M_2既能点动又长动控制。

9.26　由3条传送带运输机构成一煤粉运输线路，为了避免煤粉在输送带上堆积，要求：（1）开机顺序为电动机M_3→电动机M_2→电动机M_1。（2）停机顺序为电动机M_1→电动机M_2→电动机M_3。（3）如不满足上述要求应发出报警信号——红色指示灯亮。试为运输线设计手动顺序控制电路和报警信号电路。

9.27　设计一个控制电路，要求：（1）第一台电动机起动10s后，第二台电动机自行起动。（2）第二台运行20s后，第一台停止、第三台起动。（3）第三台运行30s后，电动机全部停止。

9.28　图9.29所示为液位控制电路，可以将液位自动地保持在B_3位置以下、B_1位置以上，即液面达到B_3时自动停机，降至B_2以下时自动开机。试分析该电路的工作原理。KM为接触器，KA_1和KA_2为继电器。

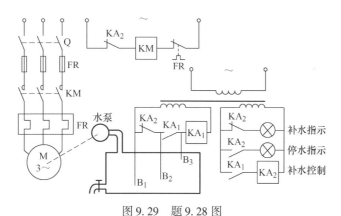

图9.29　题9.28图

9.29　某机床主轴由一台笼型电动机带动，润滑油泵由另一台笼型电动机带动。要求：

（1）主轴必须在油泵开动后才能开动。 （2）主轴能用电器实现正反转，并能单独停车。
（3）有短路、零电压及过载保护。试画出控制电路。

9.30 在图9.30所示行程控制过程图中，要求按下起动按钮后能顺序完成下列动作：
（1）运动部件A从1到2。（2）B从3到4。（3）A从2回到1。（4）B从4回到3。试画出
控制电路。（提示：用4个行程开关，装在原位和终点，每个行程开关有一常开触点和常闭
触点。）

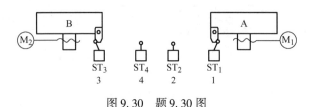

图9.30 题9.30图

第10章

可编程控制器

传统的继电接触器控制系统，具有结构简单、易于掌握、价格便宜等优点，但缺点是机械触点多、接线复杂、可靠性低、功耗高、通用性和灵活性较差等。因此，继电接触器控制系统已不能满足现代化生产过程复杂的控制要求。

可编程控制器（programmable logic controller，PLC）是以中央处理器（CPU）为核心，集计算机、自动控制和通信技术为一体的新型工业控制装置，具有可靠性高、系统结构简单、通用性强、组合灵活以及功耗低等优点，还具有定时、计数、顺序控制、模拟量控制、PID 控制、数据处理、通信联网等功能。

本章将介绍 PLC 的硬件结构、工作原理、梯形图、设计方法以及 PLC 的基本指令和应用实例。通过本章内容的学习，使读者掌握简单程序编制方法，重在实际应用。

10.1　PLC 的结构及工作原理

PLC基本结构

10.1.1　PLC 的结构

PLC 的类型较多，功能和指令系统也不尽相同，但其结构和工作原理大同小异，一般由主机、输入/输出接口、电源、编程器、扩展接口和外部设备接口等构成，如图 10.1 所示。如果把 PLC 看作一个系统，外部的各种开关信号或模拟信号均为输入变量，它们经输入接口寄存到 PLC 内部的数据存储器中，然后经逻辑运算或数据处理，最后以输出变量形式送到输出接口，从而控制输出设备。

（1）CPU　CPU 是 PLC 的核心，主要由运算器、控制器、寄存器及控制接口电路构成。CPU 实现运算、逻辑控制，协调控制系统内部各部分的工作。控制接口电路是 CPU 与外界进行联系的部件。

（2）存储器　存储器用于存放 PLC 的系统程序、用户程序、逻辑变量、输入/输出状态映像以及各种数据信息。

系统程序存储器用于存放监控程序、用户指令解释程序、标准模块程序、系统调用程序等。由于这种存储器的内容只能读出不能修改，因此称为只读存储器（ROM）。

用户程序存储器用于存放用户编写的控制程序。程序存储器中的内容是由用户编写的，

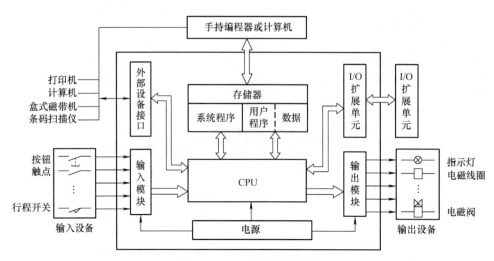

图 10.1　PLC 硬件系统框图

既能读出又可修改，称为读写存储器（RAM）。

（3）数字输入/输出（I/O）模块　它通常由光电耦合电路和输入接口电路等组成，如图 10.2 所示。

光电耦合器的工作原理：当光电耦合器的输入端加上变化的信号，发光二极管就会产生与输入信号变化规律相同的光信号。光电晶体管在光信号的照射下导通，导通程度与光信号的强弱有关。在光电耦合器的线性工作区，输出信号与输入信号有线性关系。输入和输出靠光耦合，在电气上完全隔离。

输入接口电路的工作原理：输入信号是由按钮、行程开关或传感器等产生，

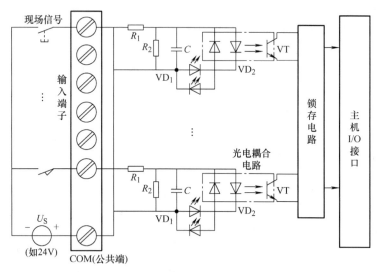

图 10.2　PLC 输入电路示意图

将这些电器接到输入电路的接线端子，当输入信号到来（如按钮被按下）时，端子上将出现电压，使二极管 VD_1、VD_2 导通发光。VD_1 用于显示输入状态。VD_2 导通发光，晶体管 VT 受到光照产生电流向主机 I/O 接口电路输出信号。因此，可通过光电耦合器将输入信号传送到主机 I/O 接口，变成 CPU 可以接收的信号。输入电路可以接入的信号个数称为 PLC 的输入点数。

PLC 输出电路的作用是将主机向外部输出的信号转换成可以驱动外部执行电器的信号，以便控制接触器线圈、电磁阀等，如图 10.3 所示。

CPU 输出电路有 3 种形式：①继电器型，用于低速大功率控制；②晶体管型，用于高速小功率控制；③晶闸管型，用于高速大功率控制。输出电路可以输出的信号数称为 PLC 的输出点数。

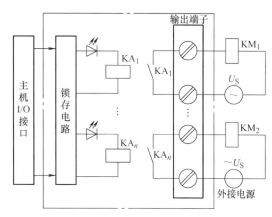

图 10.3　PLC 输出电路示意图

继电器型的接口提供一个常开触点，可直接驱动接触器线圈、电磁阀等功率器件，而不用外加接口，使用方便。由于继电器触点的寿命是有限的并且动作时间较慢，所以继电器型不适用于频繁操作的场合。为了满足频繁操作的要求，应采用晶体管型（无触点直流开关）或晶闸管型（无触点交流开关）。

输入点数与输出点数之和称为 PLC 的 I/O 点数。每个输入点和输出点均有确定的地址（固定编码）以便访问。

（4）模拟量 I/O 模块　模拟量输入模块由信号变换电路、多路开关电路、A/D 转换电路、隔离和锁存电路等组成，能把现场连续变化的模拟量标准信号转换成 PLC 内部能处理的数字量。现场输入标准信号（如 DC 4~20mA 电流信号，DC 1~5V 电压信号）经过该模块转换为分辨率为 12~16 位的数字信号，从而实现对现场各物理量的测量。

模拟量输出模块由光电隔离电路、D/A 转换电路和信号驱动电路等部分组成，能把 PLC 内部运算处理后的数字信号转换为对应的模拟信号输出，以满足现场连续信号的控制要求。

（5）特殊 I/O 模块　为了增强 PLC 的功能，各 PLC 生产商设计生产了多种功能模块，如用于测量位置的高速计数模块，用于控制步进电动机和伺服电动机的脉冲输出模块，用于过程控制的 PID 控制模块等。

（6）网络通信模块　网络通信模块是近几年快速发展起来的功能模块，其作用是将多台 PLC、计算机连接起来，实现远程 I/O 控制或数据交换，以形成容量更大、功能更强的网络化控制系统，也可与网络上的计算机等进行广泛通信。常用的接口有 RS485、RS232C、Ethernet 等，常用的通信协议有 Modbus、TCP/IP、UDP/IP 等。

（7）电源　有些 PLC 中的电源与 CPU 模块合二为一，有些是分开的，其主要用途是为 PLC 各模块的集成电路提供工作电源。有的电源还同时为输入电路提供 24V 的工作电源。电源为交流 220V 或 110V（或 24V 直流电源）。

（8）编程及监控设备　其通过 PLC 上的编程口（RS485 \ RS23C \ RS422，USB）与计算机相连，在计算机上安装 PLC 专用编程软件，供用户进行程序的编程、调试、监控和数据设定等。

（9）存储设备　存储设备有存储卡、磁盘或 ROM，用于永久性地存储用户数据，使用户程序不丢失，如 EPROM、EEPROM 写入器等。

（10）输入、输出设备　输入、输出设备用于接收信号或输出信号，一般有条码读入器、输入模拟量的电位器、打印机等。

10.1.2 PLC 的工作原理

PLC 通过编程完成传统继电接触器控制系统中"控制电路"的功能。PLC 以软继电器（寄存器）替代传统硬继电器。寄存器置于 PLC 主机用户存储器的特定区域中，可按指令要求，实现硬继电器的各种功能。值得注意的是，PLC 内部的继电器仅仅是一个逻辑概念，实际上是指存储器中的存储单元。当输入到存储单元的逻辑状态为 1 时，表示相应继电器的线圈通电；当输入到存储单元的逻辑状态为 0 时，表示相应继电器的线圈断电。软继电器的触点只能供内部逻辑运算用。

图 10.4 所示为 PLC 内部继电器的线圈和触点的图形符号。

图 10.5 所示为电动机的起停控制电路。在主电路相同的情况下，既可以用传统的继电接触器系统实现控制，也

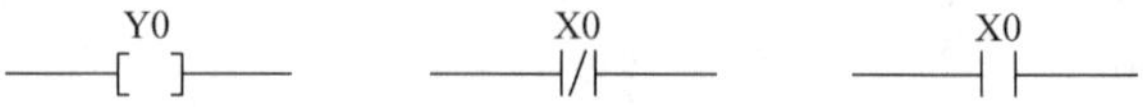

| a) 线圈 | b) 常闭触点 | c) 常开触点 |

图 10.4 PLC 内部继电器的线圈和触点的图形符号

可以用 PLC 实现控制。但无论采用哪种方法，主电路是相同的，只是控制电路不同。对于继电接触器控制电路，根据图 10.5b 来接线、布线；对于 PLC 控制系统，根据图 10.5c 和图 10.5d 控制电路来实现。PLC 的外部接线工作完成后，将梯形图程序送入 PLC，PLC 就可以按照预先设计的程序工作。

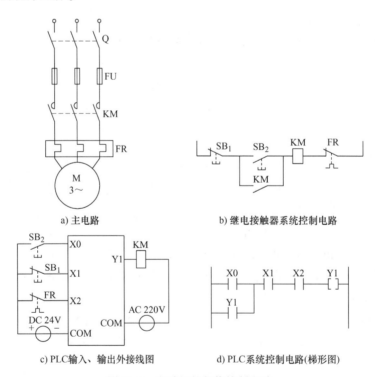

a) 主电路

b) 继电接触器系统控制电路

c) PLC输入、输出外接线图

d) PLC系统控制电路(梯形图)

图 10.5　电动机的起停控制电路

10.1.3 PLC 的工作过程

PLC 采用顺序扫描、不断循环的方式进行工作。其工作过程可分为输入采样、程序执

行、输出刷新 3 个阶段。PLC 工作过程按这 3 个阶段进行周期性循环扫描，如图 10.6 所示。

（1）输入采样阶段　PLC 顺序采样所有的输入端子，并将输入点的状态存入输入映象寄存器，即输入刷新。输入映象寄存器的信息供用户程序执行时取用。在程序执行期间即使外部输入状态发生变化，输入映象寄存器的内容也不会改变。

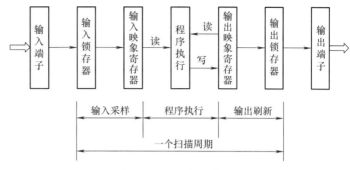

图 10.6　PLC 的工作过程

（2）程序执行阶段　PLC 对用户程序顺序扫描，扫描一条，执行一条，所需的输入状态可从输入或输出映象寄存器中读入，然后按用户编制的程序进行相应的运算，运算结果存入输出映象寄存器中。所以输出状态寄存器的内容，会随着程序的执行过程而变化。

（3）输出刷新阶段　指令执行完毕，进入输出刷新阶段，PLC 将输出映象寄存器中所有输出继电器的状态（接通/断开）转存到输出锁存器中，然后传送到各相应的输出端子，驱动外部负载，这才是 PLC 的实际输出。

10.2　PLC 编程语言和指令系统

PLC编程语言

PLC 编程采用面向控制过程、面向问题的梯形图编程，相当于设计传统继电接触器控制系统的控制电路。厂家提供的 PLC 硬件设计构思不尽相同，所以各厂采用的程序表达方法也不完全相同。由 PLC 生产厂家提供 PLC 编程软件，用户利用计算机在编程软件平台上设计控制程序，再通过计算机的 RS232 口与 PLC 的编程口相连，将梯形图程序传入 PLC。

10.2.1　梯形图

梯形图是由表示 PLC 内部编程元件的图形符号，按照控制逻辑要求组成的阶梯状图形语言。在梯形图中沿用了继电器、线圈、常闭触点、常开触点、串联、并联等术语。梯形图直观、易懂，是目前应用最多的一种编程语言。

1）梯形图按自上而下、从左到右的顺序排列。每一个继电器线圈为一逻辑行，称为一行。每一逻辑行起于左母线，然后是各触点的串、并联连接，最后是线圈与右母线相连。两线圈不能串联，也不能在线圈与右母线之间接其他元件，线圈一般不允许直接与左母线相连。

2）一般同一编号的线圈在梯形图中只能出现一次。若出现多次，称为双线圈输出，它很容易引起误操作，应尽量避免。

3）输入继电器用于接收 PLC 的外部输入信号，而不能由 PLC 内部其他继电器驱动，因而输入继电器的线圈不能出现在梯形图中。梯形图中输入继电器的状态取决于外部输入信号。

4）梯形图中各编程元件的触点使用次数是无限的。绘制梯形图时，应按照"上重下轻、左重右轻"的原则进行。

10.2.2　寄存器与继电器

在使用 PLC 之前最重要的是先了解它的内部寄存器及 I/O 情况。这里以松下公司的 FPX 系列产品为例介绍 PLC 的一些编程元件及其功能。它内部的编程元件，也就是支持该机型编程语言的软元件，按通俗叫法分别称为继电器、定时器、计数器等。但它们与真实元件有很大的差别，一般称它们为"软继电器"。编程用继电器工作线圈没有工作电压等级、功耗大小和电磁惯性等问题；触点没有数量限制、机械磨损等问题。在不同的指令操作下，其工作状态可以无记忆，也可以有记忆，还可以作脉冲数字元件使用。

一般情况下，X 代表输入继电器，Y 代表输出继电器，R 代表内部继电器，T 代表定时器，C 代表计数器，DT、WR、EV、SV 代表数据寄存器，MOV 代表传输。

（1）输入继电器（X）　输入继电器接收 PLC 外部信号，此信号取自输入点上控制设备的状态，如按钮的通、断等。实际上，PLC 的输入点可看成与输入继电器的线圈串联，其接收的信号可以直接驱动这个输入继电器。同时输入继电器提供相当数量的常开、常闭辅助触点供编程使用。在梯形图中，输入继电器的线圈不被表示，而只取用其触点（常开或常闭）。FPX - C60R 的主机有 32 个输入继电器，编号为 X0 ~ XF、X10 ~ X1F。

（2）输出继电器（Y）　输出继电器利用它的输出触点向外部设备发出信号，控制它们的动作。输出继电器的驱动是由控制器内部的软继电器构成的触点逻辑来实现的。输出继电器同样可以提供相当数量的常开、常闭辅助触点供编程时使用。FPX - C60R 的主机有 28 个输出继电器，编号为 Y0 ~ YD、Y10 ~ Y1D。

图 10.7 是输入继电器 X0 的常开触点和 X1 的常闭触点同时接通时，输出继电器 Y0 才接通并发出信号的控制逻辑梯形图。

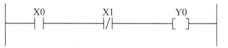

图 10.7　输出线圈的控制逻辑梯形图

（3）内部继电器（R）　内部继电器是用来传递输入、输出信号的中间继电器，它们提供大量的辅助触点服务于编程。它们不能由外部控制信号来驱动，只能由控制器的内部触点驱动。内部继电器分通用型和断电保持型两种。

①通用型：一旦系统掉电，继电器将复位，即其所属的辅助触点回到常态。

②断电保持型：继电器在系统断电后由后备的锂电池供电来保持原有的状态，当系统恢复通电后，这个继电器能在断点处继续工作，使控制系统的一些重要信息不会因断电而丢失。FPX - C60R 的主机有 4096 个内部继电器，编号为 R0 ~ R255F。可以根据实际需要任意设定内部继电器断电保持型起始字地址号。

【例 10.1】　在图 10.8 所示的梯形图中，设定 R100 以后都是断电保持型继电器。若输入继电器 X0 已接通，使内部继电器 R100 接通，试分析电源断电及恢复通电时电路的工作情况。

【解】　图 10.8a 中电源断开后，R100 将记忆这个接通状态。在重新通电时若 X0 仍然接通，则 R100 仍然保持接通，若 X0 断开，则 R100 将断开。

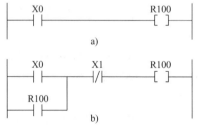

图 10.8　例 10.1 梯形图

图 10.8b 中电源断开后，R100 将记忆这个接通状态。电源重新接通后，无论 X0 接通还是断开，R100 总处于接通状态，除非 X1 常闭触点断开（X1 接通）。

（4）定时器（T） 定时器用于定时控制。它的起动由控制器的内部触点组成的逻辑来控制，其定时值在程序中设定。起动后，定时器减法计时，计至零时定时器动作（常开触点闭合、常闭触点断开）。当控制逻辑使定时器线圈断开时，定时器才复位，属于通电延时。FPX – C60R 的主机有 1024 个定时器/计数器，可根据实际需要设定定时器与计数器的数量。

定时器分为下列 3 种类型：以 0.01s 为单位设置延时 ON 定时器；以 0.1s 为单位设置延时 ON 定时器；以 1s 为单位设置延时 ON 定时器。

【例 10.2】 在图 10.9 所示的梯形图中，图 10.9a 是一个通电延时的定时器控制程序。如果 X0 的接通时间是 50s，试用工作时序图来分析电路的工作情况。

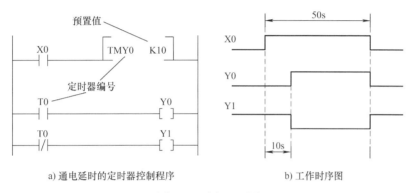

a) 通电延时的定时器控制程序   b) 工作时序图

图 10.9 例 10.2 图

【解】 当 X0 接通时，定时器 T0 开始计时（K10 表示定时时间为 10s）。10s 一到，T0 动作，其常开触点闭合使 Y0 接通；常闭触点断开使 Y1 断开。50s 之后 X0 断开，则 T0 复位，输出继电器 Y0 断开，Y1 接通。工作时序图如图 10.9b 所示。

（5）计数器（C） 计数器用于计数控制。计数器有两个输入端，一个是计数脉冲输入端，一个是复位端。计数值可以在程序中设定。计数器减法计数，计至零时计数器动作。无论何时复位信号到，计数器马上复位，且计数值恢复到设定值。

【例 10.3】 图 10.10a 所示为计数器工作梯形图，X0 接计数器的计数输入端，X1 接计数器的复位端，试用工作时序图来分析电路的工作情况。

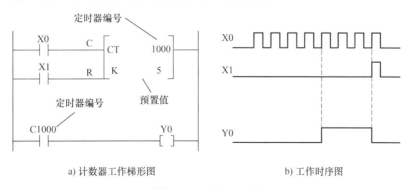

a) 计数器工作梯形图   b) 工作时序图

图 10.10 例 10.3 图

【解】 当 X1 断开，X0 接收到脉冲信号时，计数器 C1000 减 1 计数，即每来一个计数脉冲的上升沿，计数器减 1，直至减为 0 动作，其常开触点闭合，常闭触点断开。本例题是 X0 接收到 5 个脉冲信号后，计数器 C1000 的常开触点闭合，使 Y0 接通。计数器动作后即使 X0 再接收脉冲信号，计数结果为 0 不变，保持动作状态。只有当 X1 接通，计数器才复位，Y0 断开。工作时序图如图 10.10b 所示。

（6）常用特殊内部继电器（R）

1）R9000：自诊断标志，程序发生异常时该继电器为 ON，正常时为 OFF。

2）R9004：I/O 校验异常标志，检测到 I/O 校验异常时置为 ON，正常时为 OFF。

3）R9008：运算错误标志，运算错误发生时置为 ON，正常时为 OFF。

4）R9010：PLC 运行时该继电器保持常通状态（编程时可以把 R9010 的触点作为条件一直满足来使用）。

5）R9011：PLC 运行时该继电器保持常断状态（编程时可以把 R9011 的触点作为条件一直不满足来使用）。

6）R9013（用于产生初始化脉冲）：PLC 运行开始时 R9013 产生一个脉冲（电平由低变高），并持续一个扫描周期。可以把 R9013 的触点接计数器、状态寄存器，使它们在 PLC 起动时初始化复位。

7）R9018、R9019、R901A、R901B、R901C、R901D 和 R901E：R9018 每隔 5ms 改变一次开关状态，利用其触点可以得到周期为 10ms 的时钟脉冲。R9019 产生周期为 2ms 的时钟脉冲，R901A 产生周期为 100ms 的时钟脉冲，R901B 产生周期为 200ms 的时钟脉冲，R901C 产生周期为 1s 的时钟脉冲，R901D 产生周期为 2s 的时钟脉冲，R901E 产生周期为 1min 时钟脉冲。

另外还有一些用于功能指令的特殊内部继电器，请读者自行查找手册。

10.2.3 PLC 的指令

指令是一种与梯形图对应的助记符，由实现一定功能的若干指令组成用户程序。FPX 系列 PLC 具有丰富的指令系统，下面介绍利用计算机编制梯形图最常用的指令。

PLC指令系统

1. SET（置位）**和 RST**（复位）**指令**

SET：条件满足时，使输出线圈（Y、R）接通。

RST：条件满足时，使输出线圈（Y、R）断开。

它们与上面介绍的继电器 Y 或 R 线圈输出的不同之处是：

1）SET（RST）指令一旦使线圈接通（断开），不管触发信号随后如何变化，线圈将接通（断开）并保持状态，直至通过 RST（SET）指令使其断开（接通）。

2）线圈输出与置位、复位指令是不一样的，千万不要混用。

3）对同一继电器 Y（或 R），可以使用多次 SET 指令和 RST 指令。使用 SET 指令，一定要用 RST 指令，即置位也要复位。但只能使用一次线圈输出方式，否则会出现双线圈的错误。

【例 10.4】 如图 10.11a 和图 10.12a 所示的工作梯形图，试用工作时序图来分析电路的工作情况。

【**解**】 图 10.11a 程序执行的结果是，当 X0 接通时，Y0 接通，此后不管 X0 是何状态，Y0 一直保持接通。而当 X1 接通时，Y0 断开，此后不管 X1 是何状态，Y0 一直保持断开。

图 10.12a 程序执行的结果是，当 X0 接通时，Y0 接通，当 X0 断开时，Y0 断开。

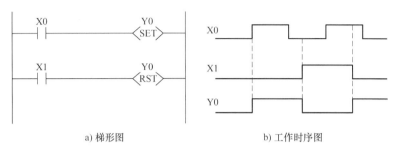

a) 梯形图   b) 工作时序图

图 10.11   SET（RST）指令的用法

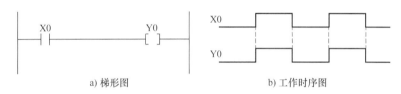

a) 梯形图   b) 工作时序图

图 10.12   线圈输出的用法

2. KP（保持）**指令**

KP 指令的用法如图 10.13 所示，它的作用是将输出线圈 Y（或 R）接通或断开并保持。指令有两个控制条件，一个是置位条件（S），另一个是复位条件（R）。当满足置位条件时，输出继电器接通，一旦接通后，无论置位条件如何变化，继电器仍然保持接通，只有当复位条件满足时才断开。如果置位条件和复位条件同时满足，输出线圈的状态为断开。编程时注意对同一继电器 Y（或 R），一般只能使用一次 KP 指令。

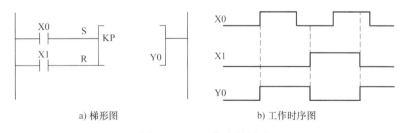

a) 梯形图   b) 工作时序图

图 10.13   KP 指令的用法

3. DF（前沿微分）**和 DF/**（后沿微分）**指令**

DF 指令：输入脉冲前沿触发后面的被控对象，使其接通（或使能）一个扫描周期。

DF/指令：输入脉冲后沿触发后面的被控对象，使其接通（或使能）一个扫描周期。

它们的用法如图 10.14 所示。

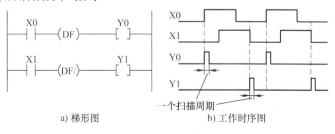

a) 梯形图   b) 工作时序图

图 10.14   DF 和 DF/指令的用法

当检测到 X0 接通的上升沿时，Y0 仅 ON 一个扫描周期。当检测到 X1 断开的下降沿时，Y1 仅 ON 一个扫描周期。DF 和 DF/指令无使用次数限制。

4. SR（左移位）指令

SR 指令相当于一个串行移位寄存器。它们的用法如图 10.15 所示。

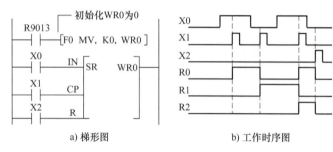

该指令的移位对象只限于内部寄存器 WR，每个 WR 都由相应的 16 个内部继电器构成，例如 WR0 由 R0～RF 构成，R0 是低地址。IN 端为数据输入端，该端（X0）接通，指定寄存器（WR0）的最低位（R0）输入为 1，该端断开，输出为 0。CP 端是移位脉冲输入端，该端（X1）每接通一次（上升沿有效），指定寄存器（WR0）的内容逐位向左移 1 位。R 端是复位端，该端一旦接通，指定寄存器（WR0）的内容全部清零，且移位动作停止。R 端比 CP 端的优先权高。

图 10.15　SR 指令的用法

5. MC（主控继电器开始）和 MCE（主控继电器结束）指令

当 MC 指令前面的触发信号接通时，执行 MC 至 MCE 之间的程序。当触发信号断开时，不执行 MC 至 MCE 之间的程序。MC 指令与 MCE 指令必须成对出现，它们的用法如图 10.16 所示。

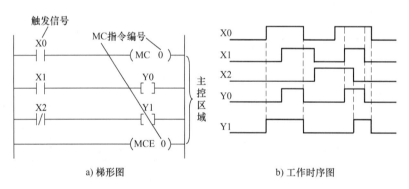

图 10.16　MC 和 MCE 指令的用法

6. JP（跳转）和 LBL（标号）指令

当 JP 指令前面的触发信号接通时，程序不执行 JP 和 LBL 之间的程序，而是跳转到与 JP 相同编号的 LBL 处，执行 LBL 指令以下的程序。JP 指令与 LBL 指令必须成对出现，它们的用法如图 10.17 所示。

当 X0 接通时，不执行 A 段程序，执行 B 段程序；当 X0 断开时，执行 A 段程序，不执行 B 段程序。

7. ED（程序结束）指令

把 ED 放在程序的末尾，使 PLC 不再扫描后面的程序，直接进入输出处理，节省了扫描时间。在调试程序

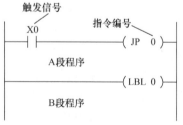

图 10.17　JP 和 LBL 指令的用法

时，往往在程序中分段加入 ED 指令，使程序分段执行。当各段程序工作正常后，则可撤销在程序中分段加入的 ED 指令，这样可大大提高调试效率。

10.3 PLC 的应用

PLC 广泛应用于工业控制领域，使控制电路简化、控制功能增强。下面介绍一些实际编程的例子，进一步熟悉 PLC 的使用方法。

【例 10.5】 试设计一个控制电路：用户按下按钮 10s 后，输出才被接通；系统工作过程中，如果按钮被断开并持续 5s，输出才被切断，且此按钮的延时时间可通过定时器来调整。

【解】 在有些控制系统中为了准确起见，常要求一个按钮按住（下）一定的时间后才被承认，这种情况也可以用定时器的断电和通电延时功能来实现，如图 10.18 所示。

用户按下按钮使常开触点 X0 闭合，则 T0 开始计时，此时 T1 线圈没有接通，不具备计时条件。10s 之后，T0 计时时间到，其常开触点闭合，则输出继电器 Y1 线圈被接通并自保持。由于 Y1 线圈的接通，其常开触点闭

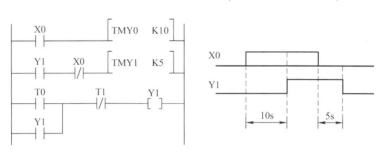

图 10.18 开关动作的延时控制

合，此时 X0 线圈仍接通，则定时器 T1 不具备计时条件。一直到 X0 断开，其常闭触点闭合，定时器 T1 才被接通，计时 5s 后其常闭触点断开，输出继电器 Y1 断电停止输出。

【例 10.6】 用 PLC 控制三相异步电动机的正、反转。

【解】 参照图 9.12 所示的电动机正反转控制电路，保持主电路不变，控制电路用 PLC 来实现，设计出 PLC 的外部接线和梯形图，如图 10.19 所示。图中 SB_F、SB_R 和 SB_1 分别是正、反转起动按钮和停机按钮；FR 是热继电器的保护触点。在梯形图中，X0 和 X1 的常闭触点用来实现按钮互锁，即当正、反转按钮有一个正在按下时，另一个将失去作用。Y0 和 Y1 的常闭触点用来实现 Y0 和 Y1 的互锁，即 Y0 和 Y1 中若有一个有输出，则另一个不能输出。为确保任何情况下两个接触器 KM_F、KM_R 都不会同时接通，除以上软件互锁外，还在

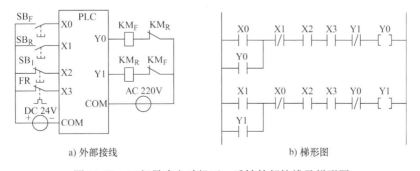

a) 外部接线   b) 梯形图

图 10.19 三相异步电动机正、反转外部接线及梯形图

PLC 的外部设置了由 KM_F、KM_R 常闭触点实现的硬件互锁。

【例 10.7】 用 PLC 控制三相异步电动机 Y-△ 换接起动。

【解】 参照图 9.20 所示的电动机 Y-△ 换接起动控制电路，保持主电路不变，控制电路用 PLC 来实现，设计 PLC 的外部接线和梯形图，如图 10.20 所示。

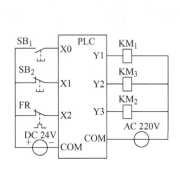

a) 外部接线   b) 梯形图

图 10.20　三相异步电动机 Y-△ 换接起动外部接线及梯形图

三相异步电动机 Y-△ 换接起动控制要求电动机起动时，将定子绕组接成 Y，起动完毕再将定子绕组接成 △。应注意到梯形图中采用了两个定时器，其中 T0 的作用是设定起动延时时间，而 T1 是为防止电源短路而设置的时间互锁。在继电器控制电路中，一般采用 KM_2 与 KM_3 的常闭触点实现互锁，而在梯形图中虽然也采用了 Y3 与 Y2 的常闭触点互锁，但由于 PLC 循环扫描时，执行程序的速度非常快，使 Y3 与 Y2 触点的切换几乎没有时间延迟，同时考虑到 PLC 集中输出的工作方式，因此如果这里不设置 T1 延时，将可能发生电源短路现象。在正、反转控制时同样要注意这个问题。

【例 10.8】 用 PLC 实现电动机的顺次起动控制。有 3 台电动机，每隔 10min 起动一台，每台运行 8h 后自动关机，运行过程中可随时使电动机同时停机。

【解】（1）分配输入、输出点。输入有两个控制端：一个是起动按钮 SB_1，与控制器的一个输入点 X0 相连；一个是停机按钮 SB_2，与控制器的输入点 X1 相连。3 台电动机的接触器分别与控制器的 3 个输出点 Y1、Y2、Y3 相连。PLC 控制接触器动作，从而控制电动机动作。控制电动机顺次起动的外部接线如图 10.21 所示。

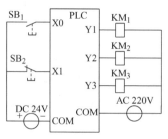

图 10.21　控制电动机顺次起动的外部接线

（2）用梯形图描述控制逻辑。整个梯形图分成三大部分，每个部分各负责一台电动机的动作安排，如图 10.22 所示。

第一台电动机的控制：①常开触点 X0 是起动触点，常闭触点 X1 控制中途停机，常闭触点 C1001 控制 8h 后自动停机，输出继电器 Y1 控制电动机 1 起动，并自保持；②电动机 1 起动后，定时器 T0 开始计时，时间设定为 600s（10min），其触点用于下一台电动机的起动；③定时器 T1 和计数器 C1001 联用，起定时扩展作用，定时时间共为 360 × 80s（8h），计数器触点将控制电动机 1 在 8h 后的自动停机。其中定时器是自复位，计数器是在 Y1 断电后复位。

第二台电动机的控制：①定时器 T0 的常开触点为起动触点（它在电动机 1 起动后 10min 动作），常闭触点 C1002 控制 8h 后的停机，输出继电器 Y2 控制电动机 2 的起动并自保持；②定时器 T2 在 10min 后控制起动下一台电动机，定时器 T3 和计数器 C1002 联用扩展计时，控制 8h 后台电动机 2 的自动停机。

第三台电动机的控制：①定时器 T2 的常开触点为起动触点，常闭触点 C1003 控制 8h 后的停机。②定时器 T4 与计数器 C1003 联用，其触点将控制电动机 3 在 8h 后自动停机。这部分无 10min 定时，因为再没有需要起动的电动机。

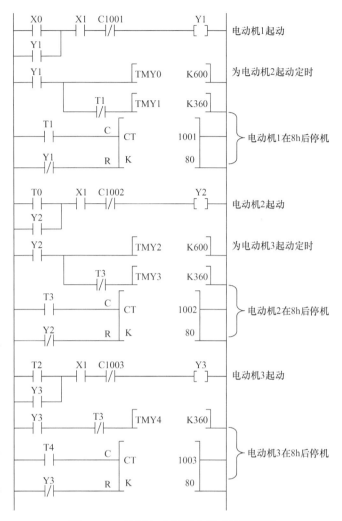

图 10.22 控制电动机顺次起动的梯形图

【例 10.9】 用 PLC 实现对油循环系统的控制。油循环控制系统如图 10.23 所示。

设计要求：（1）当起动按钮 SB_1 按下时，电动机 1、电动机 2 通电运行。电动机 1 将油从循环槽送入淬火槽、沉淀槽；电动机 2 再将油从沉淀槽送入循环槽。如此循环 15min 后，电动机 1、电动机 2 停运。（2）在电动机 1、电动机 2 运行期间，当沉淀槽中液面达到高位时，高液位传感器由断开到接通，使电动机 1 停运，电动机 2 再运行 1min；当沉淀槽中液面达到低位时，低液位传感器由接通到断开，使电动机 2 停运，电动机 1 再运行 1min。（3）停止按钮按下，两台电动机同时停运。

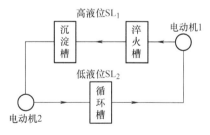

图 10.23 油循环控制系统

211

【解】 (1) 分配输入、输出点。

输入条件有 4 个：起动按钮与输入点 X0 相连，停止按钮与输入点 X1 相连，高液位传感器与输入点 X2 相连，低液位传感器与输入点 X3 相连。输出有两个：电动机 1 与输出点 Y0 相连，电动机 2 与输出点 Y1 相连。油循环控制系统外部接线图如图 10.24 所示。

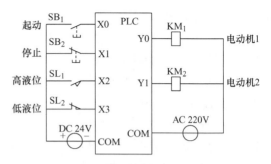

图 10.24 油循环控制系统外部接线图

(2) 用梯形图描述控制逻辑。油循环控制系统梯形图如图 10.25 所示。

①开机时使 R110 为计数器 C1000 产生一个复位脉冲。②起动触点 X0 使 R100 接通，15min 后计数器 C1000 动作，其常闭触点又使 R100 断开，所以 R100 的接通/断开指示着系统的起/停。③为使系统循环运行 15min 后自动停机，这里利用计数器和定时器的串接实现定时。时间一到计数器触点动作，使两个电动机同时停机。定时器可自复位，计数器在系统开启时被复位。④高液位时，电动机 2 要延时工作 1min。前两行为扫描周期的单脉冲产生电路，以此脉冲起动定时器定时 1min，定时器触点动作使电动机 2 停机（用 R102 提供自保）。⑤低液位时，电动机 1 要延时工作 1min。这里是利用 DF 指令为定时器产生驱动脉冲，定时器定时 1min 后，触点动作使电动机 1 停机（用 R105 提供自保持）。⑥两个电动机的起动由 X0 常开触点控制。停机有 4 个条件，分别是液位触点、停机触点、1min 定时触点、15min 定时触点。

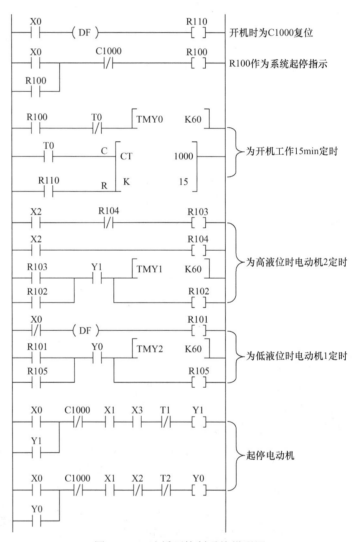

图 10.25 油循环控制系统梯形图

【例 10.10】 用 PLC 实现送料车系统控制，如图 10.26 所示。设计要求：小车右行时，碰撞右限位开关后，用 15s 卸料，然后左行，碰撞左限位开关后，用 10s 装料，再右行，如此反复。左行按钮起动小车左行，右行按钮起动小车右行，停车按钮使小车在任意位置停车。

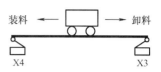

图 10.26 送料车系统

【解】 （1）分配输入、输出点。

输入点有 5 个：左、右行起动按钮分别接控制器的 X1、X0 点，停车按钮接控制器的 X2 点，左、右限位开关分别接 X4、X3 点。

输出点有 4 个：左、右行电动机的接触器分别接控制器的 Y1、Y0 点，装料、卸料电磁阀分别接控制器的 Y2、Y3 点，如图 10.27 所示。

（2）用梯形图描述控制逻辑。

送料车系统梯形图如图 10.28 所示。右行开始由 X0 常开触点控制。右行过程中，可被左行起动触点 X1、停车触点 X2 随时停车。当行至与触点 X3 相连的右限位开关处则自动停车，同时起动定时器 T1 限定卸料时间 15s。定时时间一到由定时器常开触点 T1 起动左行。左行过程中可被右行起动触点 X0、停车触点 X2 随时停车。若行至与触点 X4 相连的左限位开关处则自动停车，同时起动定时器 T0 限定装料时间 10s，定时时间一到，由定时器常开触点 T0 起动右行。如此反复。

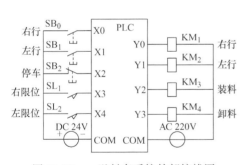

图 10.27 送料车系统外部接线图

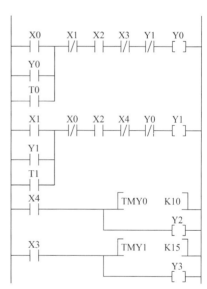

图 10.28 送料车系统梯形图

习　题

填空题

10.1 与传统继电接触器控制系统相比，PLC 控制系统的优点是 _____ 、 _____ 、 _____ 、 _____ 。

10.2 若用 PLC 实现最基本、最简单的逻辑控制系统，请列出 PLC 最精简的 5 个组成部分为 _____ 、 _____ 、 _____ 、 _____ 、 _____ 。

10.3 PLC 是采用顺序扫描、不断循环工作方式运行的，在一个扫描周期内分三步完成扫描，三步分别是_____、_____、_____。

10.4 PLC输出电路有3种形式：（1）继电器型，适用于_____；（2）晶体管型，适用于_____；（3）晶闸管型，适用于_____。

10.5 PLC中以软继电器代替传统的_____，软继电器只是存储器中的_____，当其逻辑状态为1时，表示相应的继电器线圈得电。

10.6 PLC用来接收输入信号（如按钮通、断）的是_____，一般用符号_____来表示，其驱动线圈不会在梯形图中出现。

10.7 PLC用来向外部设备发出信号的是_____，一般用符号_____来表示，其驱动线圈和触点都会在梯形图中出现。

10.8 当计数器的复位输入信号断开时，加入计数脉冲信号开始计数。当前值未达到设定值时，计数器当前值为_____。计数当前值等于设定值时，其常开触点_____，常闭触点_____。

选择题

10.9 可编程序控制器与继电接触器控制系统相比优点很多，下列哪一项不是其优点（   ）。

A. 可靠性高、结构简单　　　　　　　　B. 组合灵活、速度较快

C. 功能完善、编程简单　　　　　　　　D. 通用性差、接线复杂

10.10 可编程序控制器的工作方式为（   ）。

A. 等待命令工作方式　　　　　　　　　B. 循环扫描工作方式

C. 中断工作方式　　　　　　　　　　　D. B和C都对

10.11 PLC输出端的状态（   ）。

A. 随输入信号的变化而变化　　　　　　B. 随程序执行不断变化

C. 根据程序执行结果在刷新输出时变化　D. B和C都对

10.12 编制梯形图时要避免的是（   ）。

A. 同一编号的线圈只出现一次　　　　　B. 输入继电器的线圈不出现

C. 两个继电器的线圈不串联　　　　　　D. 继电器线圈接在左母线上

10.13 下列对PLC软继电器的描述正确的是（   ）。

A. 有无数个触点供编程使用　　　　　　B. 只有有限个触点供编程使用

C. PLC型号不同，供编程的触点数不同　 D. 线圈的电压和功率需要考虑

10.14 PLC一般采用（   ）与现场输入信号相连。

A. 光电耦合电路　　　　　　　　　　　B. 可控硅电路

C. 晶体管电路　　　　　　　　　　　　D. 继电器

10.15 在一个程序中，同一地址号的线圈（   ）次输出，且继电器线圈不能串联，只能并联。

A. 只能有一　　　B. 只能有二　　　C. 只能有三　　　D. 可无限多

10.16 PLC内部继电器是用来传递输入、输出信号的中间继电器，下列表述不正确的是（   ）。

A. 它的线圈不能用外部信号驱动　　　　B. 有通用型和断电保持型两种

C. 它提供有限辅助触点供编程使用　　　D. 它可以接收现场继电器的信号

分析设计题

10.17 为了扩展计数范围，也可以使用两个计数器联用，其总计数值为各设定值之和或为各设定值之积，试分别完成其梯形图。

10.18 用两个定时器（T1、T2）设计一个方波振荡电路，使输出继电器Y0线圈接通时间为10s、断开时间为12s。

10.19 设计一个循环脉冲分配电路，使Y0～Y5这6个输出继电器轮流导通，导通时间为5s、间隔时间为10s。

10.20 在图10.29所示的梯形图中，可对X11的通/断次数进行计数。如果X12处于断开状态，问X11由断开到接通要多少次，才能使线圈Y1接通。

10.21 在图10.30所示的梯形图中，当X3接通后，经过多长时间Y2才有输出？

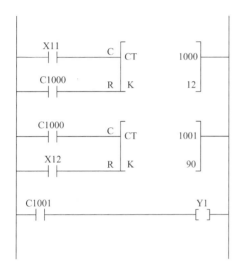

图10.29 题10.20梯形图

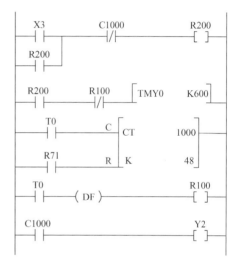

图10.30 题10.21梯形图

10.22 在输入X0接通后，Y0接通并保持，X1输入3个脉冲后（用C1000计数），T1开始定时，5s后Y0断开，同时C1000被复位，具体波形如图10.31所示，在PLC开始运行时C1000也被复位。试设计梯形图。

10.23 图10.32所示为一个报警电路。外来的故障信号由X0输入，则Y0发出令报警灯光闪烁的输出信号；Y1发出令蜂鸣器鸣响的输出信号。其中X1为指示灯检查输入，X2为蜂鸣器复位输入。试分析该电路的工作过程，画出Y0、Y1的输出波形。

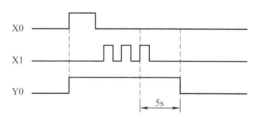

图10.31 题10.22波形图

10.24 某系统的3个输出信号的波形如图10.33所示。输入X0接通后，Y0、Y1、Y2开始周期性地连续变化，输入X1接通后停止运行。编制梯形图。

10.25 设计一个3条运输带顺序动作的控制程序。按下起动按钮，3号运输带开始运行，5s后2号运输带自动起动，再过5s后1号运输带自动起动。停机的顺序刚好相反，时间间隔仍然是5s。编制梯形图。

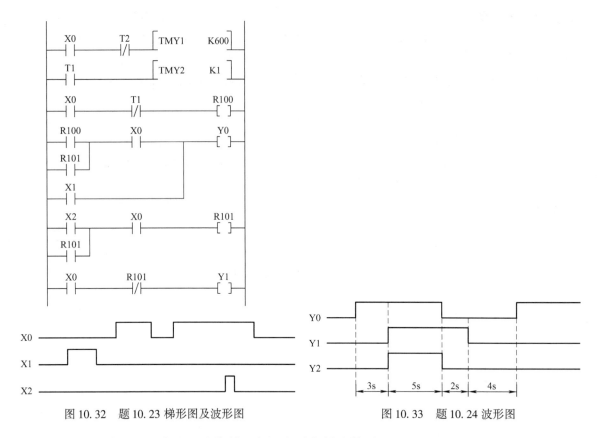

图 10.32　题 10.23 梯形图及波形图

图 10.33　题 10.24 波形图

10.26　利用 PLC 实现下述控制要求，分别编制其梯形图：

（1）电动机 M_1 先起动后，M_2 才能起动，M_2 能单独停车。

（2）M_1 起动后，M_2 才能起动，M_2 并能点动。

（3）M_1 先起动后，经过一定延时后 M_2 能自行起动。

（4）M_1 先起动后，经过一定延时后 M_2 能自行起动，当 M_2 起动后，M_1 立即停止。

10.27　粉末冶金制品压制机（见图 10.34）在模具装好粉末后，按下起动按钮 SB_1，冲头下行。将粉末压紧后，压力继电器 SL_2 接通。保压延时 5s 后，冲头上行碰撞限位开关 SL_1。然后模具下行碰撞限位开关 SL_3。取走成品后按下按钮 SB_2，模具上行碰撞限位开关 SL_4，系统返回初始状态。编制梯形图。

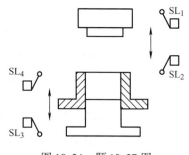

图 10.34　题 10.27 图

10.28　电动葫芦起升机构的动负荷试验，控制要求如下：

（1）可手动上升、下降。

（2）自动运行时，上升 6s →停 6s →下降 6s →停 6s，反复运行 1h，然后发出声光信号，并停止运行。

试用 PLC 实现控制要求，编制梯形图。

10.29　如图 10.35 所示，用 PLC 构成交通灯控制系统。控制要求如下：

按下起动按钮，东西方向绿灯亮8s后闪4s灭；黄灯亮4s灭；红灯亮16s；对应东西方向绿、黄灯亮时南北红灯亮16s，接着绿灯亮8s后闪4s灭；黄灯亮4s后，红灯又亮。按以上循环，编制梯形图。

按下停止按钮，所有灯都灭。

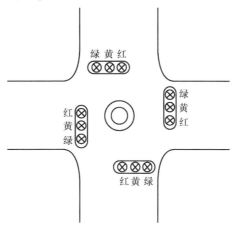

图10.35　题10.29系统图

10.30　用 PLC 控制一台搅拌机。控制要求如下：当按下搅拌按钮后，电动机正转20s，停2s，然后反转20s，停2s，周而复始，循环工作，工作20min后自动停止，在此过程中，若再按一次搅拌按钮，则可中止搅拌。（难点：一个按钮有两个功能）

参 考 文 献

［1］ 段玉生，王艳丹，王鸿明．电工与电子技术：上册 ［M］．3 版．北京：高等教育出版社，2017.
［2］ 段玉生，王艳丹，王鸿明．电工与电子技术：下册 ［M］．3 版．北京：高等教育出版社，2017.
［3］ 邱关源，罗先觉．电路 ［M］．5 版．北京：高等教育出版社，2006.
［4］ 康华光，张林．电子技术基础：模拟部分 ［M］．7 版．北京：高等教育出版社，2021.
［5］ 康华光，张林．电子技术基础：数字部分 ［M］．7 版．北京：高等教育出版社，2021.
［6］ 秦曾煌．电工学简明教程 ［M］．3 版．北京：高等教育出版社，2015.
［7］ 秦曾煌．电工学：上册　电工技术 ［M］．7 版．北京：高等教育出版社，2009.
［8］ 秦曾煌．电工学：下册　电子技术 ［M］．7 版．北京：高等教育出版社，2009.
［9］ 唐介．电工学：少学时 ［M］．3 版．北京：高等教育出版社，2009.
［10］ 李雪飞．电子技术基础 ［M］．北京：清华大学出版社，2014.
［11］ 王楠．电力电子应用技术 ［M］．5 版．北京：机械工业出版社，2020.
［12］ 汤蕴璆．电机学 ［M］．5 版．北京：机械工业出版社，2014.
［13］ 张继和．电路与电子技术 ［M］．北京：高等教育出版社，2016.
［14］ 张继和．电工技术 ［M］．北京：高等教育出版社，2017.